Chengde Shanqu Ganxian Gonglu Shigong Jingxihua Zhinan

承德山区干线公路施工精细化指南

承德市公路工程管理处　编

人民交通出版社股份有限公司
China Communications Press Co.,Ltd.

内 容 提 要

本书根据路基工程、路面工程、桥梁工程、隧道工程、交安工程、绿化工程现行的设计、施工、验收等相关标准、规范，依据河北省内外干线公路工程建设的实践经验编写而成。全书从一般规定、施工工序、施工要点、质量要求、质量问题的预防和保证措施等方面，对施工提出明确要求，细化工序要求，更有效地消除质量问题，提高项目精细化管理水平。另外，依据我国现行公路建设法律法规及行业技术规范的相关规定，对工程项目管理和工地建设提出了具体要求。

本书可供从事道路桥梁工程、公路隧道工程、交安工程、绿化工程建设、施工、监理、管理等岗位的工程技术人员参考使用。

图书在版编目(CIP)数据

承德山区干线公路施工精细化指南 / 承德市公路工程管理处编. —北京：人民交通出版社股份有限公司，2016.2

ISBN 978-7-114-12815-8

Ⅰ.①承… Ⅱ.①承… Ⅲ.①山区道路—干线道路—道路施工—承德市—指南 Ⅳ.①U421-62

中国版本图书馆 CIP 数据核字(2016)第 029965 号

书　　名：承德山区干线公路施工精细化指南
著 作 者：承德市公路工程管理处
责任编辑：刘　倩　李学会　张　洁
出版发行：人民交通出版社股份有限公司
地　　址：(100011)北京市朝阳区安定门外外馆斜街 3 号
网　　址：http://www.ccpress.com.cn
销售电话：(010)59757973
总 经 销：人民交通出版社股份有限公司发行部
经　　销：各地新华书店
印　　刷：北京市密东印刷有限公司
开　　本：787 × 1092　1/16
印　　张：16.75
字　　数：400 千
版　　次：2016 年 2 月　第 1 版
印　　次：2016 年 2 月　第 1 次印刷
书　　号：ISBN 978-7-114-12815-8
定　　价：80.00 元

《承德山区干线公路施工精细化指南》

编写委员会

主　　任：房国民

委　　员：董树国　杨文利　张国杰　董志伟

1　路基、路面、桥梁工程

编写委员会

主　　编：董树国

副 主 编：董志伟　张善氏

编写人员：（按姓名音序排列）

冯承刚　富平洋　郝　磊　姜昌明

李海军　李金龙　李昆鹏　李艳军

王海晨　王宏伟　徐树冠　张桂芬

张龙刚　张小明　张　也　周文伯

2　隧道、交通安全设施、绿化工程
编写委员会

主　　编：董树国

副 主 编：张国杰　张善氏

编写人员：（按姓名音序排列）

冯承刚　何海龙　侯黎阳　康学伟

李立书　刘海儒　王宏伟　王秀芹

翟文武　张龙刚　赵　丹　赵　雅

周文伯

3　管理、工地建设
编写委员会

主　　编：董树国

副 主 编：张国杰　董志伟

编写人员：（按姓名音序排列）

郝　磊　何海龙　侯殿勇　侯黎阳

康学伟　李金龙　李立书　李昆鹏

李艳军　刘海儒　王海晨　杨志武

翟文武　张善氏　张小明　赵　丹

前　　言

为规范承德山区干线公路建设管理，切实提高安全管理及文明施工水平，促进项目建设管理的专业化、标准化、精细化和信息化，确保各环节工作到位，质量优良，提升承德公路建设形象，塑造承德公路建设品牌，结合承德山区干线公路工程的实际情况，制定《承德山区干线公路施工精细化指南》。

本指南是在现行相关标准、规范的基础上，根据河北省内外干线公路工程建设的实践经验编写而成。本指南第1、2部分内容主要针对路基工程、路面工程、桥梁工程、隧道工程、交安工程、绿化工程等，分别从一般规定、施工工序、施工要点、质量要求、质量问题的预防和保证措施等方面，对施工提出明确化要求，细化工序要求，以便更有效地消除质量问题，提高项目精细化管理水平，逐步实现项目整体的全过程、无缝隙管理，确保工程质量。本指南第3部分内容主要包括文化建设、项目管理机构与工作职责、项目建设管理、廉政建设、环境保护以及对工地建设的具体要求和管理措施。

本指南是对招标文件技术规范的进一步明确和细化，当所阐述内容与招标文件、技术规范理解不一致时，以招标文件、技术规范要求为准。

编　者

2015年11月

目　　录

1　路基、路面、桥梁工程

2 隧道、交通安全设施、绿化工程

3 管理、工地建设

1 路基、路面、桥梁工程

1.1 路 基 工 程

1.1.1 总则

1.1.1.1 目的和适用范围

(1)目的

为规范承德山区干线公路路基工程施工,确保各道施工工序工作落实到位,克服质量通病,保证工程质量,保障施工安全,倡导文明施工,编制本指南。

(2)适用范围

本指南适用于承德山区干线公路路基工程施工管理。

1.1.1.2 编制依据

①国家、交通主管部门发布的与工地建设、公路工程相关的文件、标准、规范、规程和指南。

②河北省颁布施行的有关施工管理的文件规定。

1.1.1.3 主要内容

路基工程共13部分,分别为:总则,施工准备,路堤施工,路堑施工,特殊路基施工,强夯路基处理,台背回填,路基排水,路基防护与支挡工程,取、弃土场整治,冬、雨期施工安全生产和文明施工,路基整修。

1.1.2 施工准备

1.1.2.1 一般要求

①在路基施工开工前,承包人总工及其他技术人员在全面理解设计要求和设计技术交底的基础上,进行现场调查和核对后,根据设计要求、合同文件、相关规范和现场的实际情况,编制切实可行的实施性施工组织设计,按规定报批。

②在开工前,建立健全质量、环保、安全管理体系和质量检测体系,并细化到各施工工点;对各类施工班组、施工人员进行岗前培训和技术、安全等交底。

③按计划安排组织施工队、机械设备进场,并满足工程实际需要。

④编制总体(分项)开工报告,规划落实取、弃土场的位置选择,取样试验。

1.1.2.2 人员组织

①按计划安排组织管理、技术人员及主要施工人员进场,并满足工程实际需要。

②根据合同工期,合理安排路基专业施工队陆续进场。

③施工队伍的特殊工种人员(如电工、机手等)应具有职业资格证书,持证上岗。

④适时组织对劳务人员进行安全教育,按时给劳务人员发放劳保用品。

⑤采取切实有效的办法,按时对劳务人员工资进行结算,不准拖欠农民工工资。

⑥各施工工点管理组织机构见图1.1.2-1。

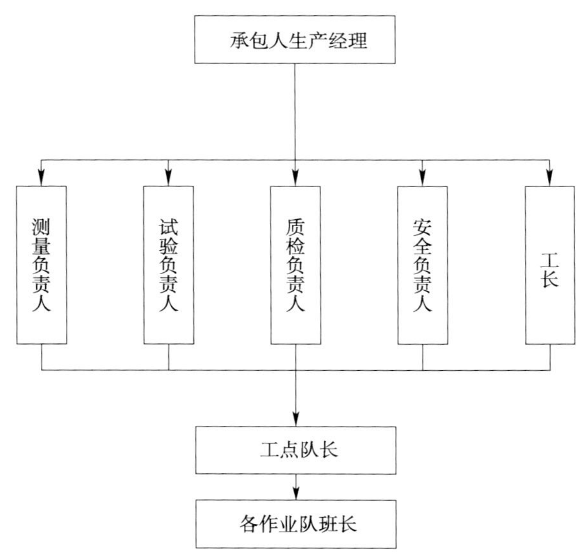

图 1.1.2-1　施工工点管理组织机构

1.1.2.3　主要设备及管理

(1)路基施工主要设备配备

①挖运设备:挖掘机、装载机、自卸汽车等。

②摊铺平整设备:推土机、平地机等。

③压实设备:振动压路机、机械传动拖式振动压路机等。

④特殊设备:强夯机、羊角碾等。

⑤其他设备:洒水车、砂浆拌和机、运输设备等。

(2)设备管理

①施工车辆和各类机械设备按相关要求组织进场,并按照类别统一编号,规范标识。

②定期对施工机械设备进行检查维修和保养清洗,严禁带病作业。设备停放应合理规划,分区布置,摆放整齐。

1.1.2.4　临时设施

(1)施工便道(便桥)

施工便道(便桥)要求见本书 3.2 工地建设相关内容。

(2)施工用水

根据工程的规模,保证有足够的存水量和方便及时取水;配备符合要求的洒水车,以保证每层路基填料达到规定的压实度,以及运输便道、取土场等降尘用水量。

1.1.2.5　技术准备

(1)基本要求

①导线、中线、水准点、横断面复测和补测等工作,测量精度、技术要求等符合《公路勘测规范》(JTG C10—2007)和《公路路基施工技术规范》(JTG F10—2006)的要求。

②在施工过程中,承包人应保护好所有控制桩点,对破坏的桩位点及时恢复。

③对每项测量成果监理工程师必须进行复核,双方签字确认,原始记录应存档。

(2)导线点复测

原有导线点不能满足施工要求时,应进行加密,其精度与原有导线点相同;每标段导线起讫点(最少两个点)与相邻标段依据监理工程师下发的数据进行衔接联测,保证导线控制点全线闭合。

(3)水准点复测

每标段水准点起讫点与相邻标段依据监理工程师下发的数据进行衔接联测,保证水准点全线闭合。

(4)中线复测

开工前进行全段中线放样,固定路线主要控制桩;恢复中桩要与结构物中心、相邻施工段的中线闭合。

(5)横断面复测

路基用地界、路堤坡脚、中桩、路堑坡顶、截排水沟、取弃土场等具体位置设置标识桩,标识清楚并反映地形、地物、地质的变化,标出相关水位、土石分界等;与设计对应逐桩施测,施测宽度满足路基及排水设施的需要。

(6)试验准备

①路基施工前,对路基基底土样进行相关试验。土质变化大时,按实际情况增加取样点数。取样时,监理工程师全程跟踪。

②对来源不同、性质不同的作为路堤填料的材料进行复查和取样试验。土的试验项目包括天然含水率、液限、塑限、标准击实试验、CBR 试验、颗粒分析、密度、有机质含量等。画格备料见图 1.1.2-2。

③路基填料每 5000m^3 或土质变化时重新取样进行试验。

1.1.2.6　场地清理

(1)一般要求

①承包人按设计图纸进行用地放样,确定路基施工界线,并加密界桩。特别要复核桥台锥坡及挡墙等占地线是否与实际需求一致。施工放线后要及时开挖边沟、实现田路分离。

②场地拆除清理及清除表土后进行压实,承包人重测地面高程及横断面,监理工程师复核,并做好填挖方断面及土石方调配方案。

③承包人按工作量的大小,适当划分段落组织实施;清理和拆除工作完成后,承包人在监理工程师验收合格后方能进行下一道施工工序。

(2)清理场地

①路基用地范围内的树木、灌木丛等,应在清表前砍伐或移植(图 1.1.2-3),砍伐的树木堆放在路基用地之外,并妥善处理。

图 1.1.2-2　画格备料

图 1.1.2-3　清理现场

②经过国家级自然保护区或风景区等的路段，清理场地前主动与保护区有关管理部门联系，辨别、确认国家保护的珍稀植物资源，并根据国家有关规定结合保护区管理部门进行移植等妥善处理。

③对已开工的路段，尤其是路堤施工，因清表后原路面有效行车宽度减小，施工单位应在施工路段设置相应的警示标志，避免因施工引发的安全隐患。

(3)拆除与挖掘

①路基用地范围内的旧桥梁、旧涵洞、旧路面和其他障碍物等按设计要求予以拆除，对正在使用的道路设施及构造物，做出妥善安排之后，才能拆除。

②原有结构物的地下部分，其挖除深度和范围应符合设计图纸或监理工程师的要求。对于因拆除施工造成的坑穴，在杂物清除干净后，用合格填料分层回填分层压实，压实度应达到规定的要求。严禁对坑穴进行倾填。

(4)施工及监理要点

①施工组织设计。应达到“一个符合、两个体系、三个特性、六项措施”的要求，即符合国家的技术政策与合同要求；组织建立有效的质量管理体系和技术管理体系，保证工程施工的有效管控；具有针对性、先进性和可操作性；质量、进度、安全、环保、消防和文明施工措施健全且切实可行。

②进行导线、中线、水准点、横断面复测，应确定填挖数量和路堤填筑层数，为计量提供基础数据。

③地表是否彻底清除干净。是否存在坑洞、地穴，如存在，是否按照既定的处理方案处理。坑洞、地穴处理时执行监理工程师旁站制度，严防倾填坑穴。

④基底碾压压实度应满足规定标准。对于达不到标准的地段，查找原因，并重新取样做标准击实试验。监理工程师对所有标准击实试验进行平行验证试验。

⑤核实软土路基段是否与设计文件相符。不符时，与建设单位、设计代表沟通调整。

⑥原地面横坡为 1:5 ~ 1:2.5 时，原地面开挖宽度 2m 的台阶；原地面坡度陡于 1:2.5 时，按特殊路基设计进行处理。

1.1.3 路堤施工

1.1.3.1 一般路堤施工

(1)一般规定

①在进行路基施工前，做好施工期临时排水，确保路基不受水的侵害以及雨水不冲淹农田、淤积河道。临时排水设施应与永久排水设施综合考虑，优先考虑永久排水设施，与路基同步实施，并与工程影响范围内的自然排水系统相协调。

②路基填方材料。

a. 承德地区石方路基填筑宜采用石方填筑，填筑时严格控制石料强度、粒径及填筑、碾压、夯实工艺。

b. 严格控制路床填筑材料质量，尽量使用材质较好的填料(如天然砂砾)，确保路床的压实度。

③填筑前，地基按设计及规范要求处理完毕，测量放样，用白灰撒好施工线，并经监理工程师检查确认。

④涵洞顶部填土，0.5m 以内填筑，采用静碾碾压，且分层最大压实厚度不大于 20cm；0.5m 以上时才允许按正常路堤填筑，振动压实。

⑤按不同填料要求进行路堤试验段的施工，试验段认可后，方可开展同类路基的大规模施工。

⑥根据填筑材料及相关要求，适时进行削坡。削坡时由测量人员现场放样、盯岗，执行监理工程师旁站制度，防止亏坡。

⑦做好亏填、中线偏位、翻浆等常见质量问题的防治和控制。亏填或水毁时，开台阶、分层填筑(图1.1.3-1)，不得倾填。

图1.1.3-1 挖台阶分层填筑

⑧上下路堤坡道使用结束后，开台阶、分层填筑，不得倾填。

⑨停车港湾与路堤同步填筑。

⑩预埋管线、坡面防护等与路基同步施工，不得因施工而危及路基的稳定和安全。

⑪临时便道和场站应设置在路基有效宽度之外。

(2)土方路堤

①路堤填料技术要求：

a.优先选用级配较好的砂类土、砾类土等粗粒土作为填料，严禁使用含草皮、生活垃圾、树根、腐殖土及泥炭、冻土、强膨胀土、有机质土和易溶盐超过允许含量的土。

b.液限大于50%、塑性指数大于26时，不得直接作为填料，必须经过技术处理合格后方能使用。

②土方路基填筑施工工序见图1.1.3-2。

③施工要点：

a.路堤填筑时根据设计断面水平分层填筑和压实，填料分层最大松铺厚度依据采用的碾压设备通过试验段确定，分层最小压实厚度不小于10cm。

b.性质不同的填料分段填筑，同一水平层路基的全宽采用同一种填料，不得混填。每种填料的填筑层压实后的连续厚度不小于50cm，不得纵向分幅填筑。

c.路堤填筑时，从最低处起分层填筑，逐层压实；当原地面纵坡大于12%或横坡陡于1:5时，按设计要求挖台阶，或设置坡度向内倾4%、宽度为2m的台阶。

d.填方路堤必须按路面的平行面高程分层控制填土高度，为利于排水，填筑时路堤顶面应形成不小于2%的横坡；设计纵横坡必须在下路堤范围内形成。

e.填筑、摊铺、碾压。

ⓐ路基每层填筑严格根据松铺厚度均匀卸土。推土机粗平、平地机精平，形成路拱。

ⓑ运输车按要求卸料后，先用推土机粗平，对含水率进行检查，不合格的要洒水或翻拌晾晒，合格后用平地机精平，符合要求后方可碾压(图1.1.3-3)。

f.当路基填高超过1.5m时，路基顶面边缘设置宽度不低于300mm、开口间隔不大于30m的拦水埂，开口处设置临时泄水槽至坡脚排水沟；施工中应随时检查挡水埝和临时泄水槽的完好情况，有问题的及时修补。

④质量控制要点和监理要点：

a.严格控制填筑材料，禁止使用非适用材料填筑。

b.边角是否碾压或夯实到位。

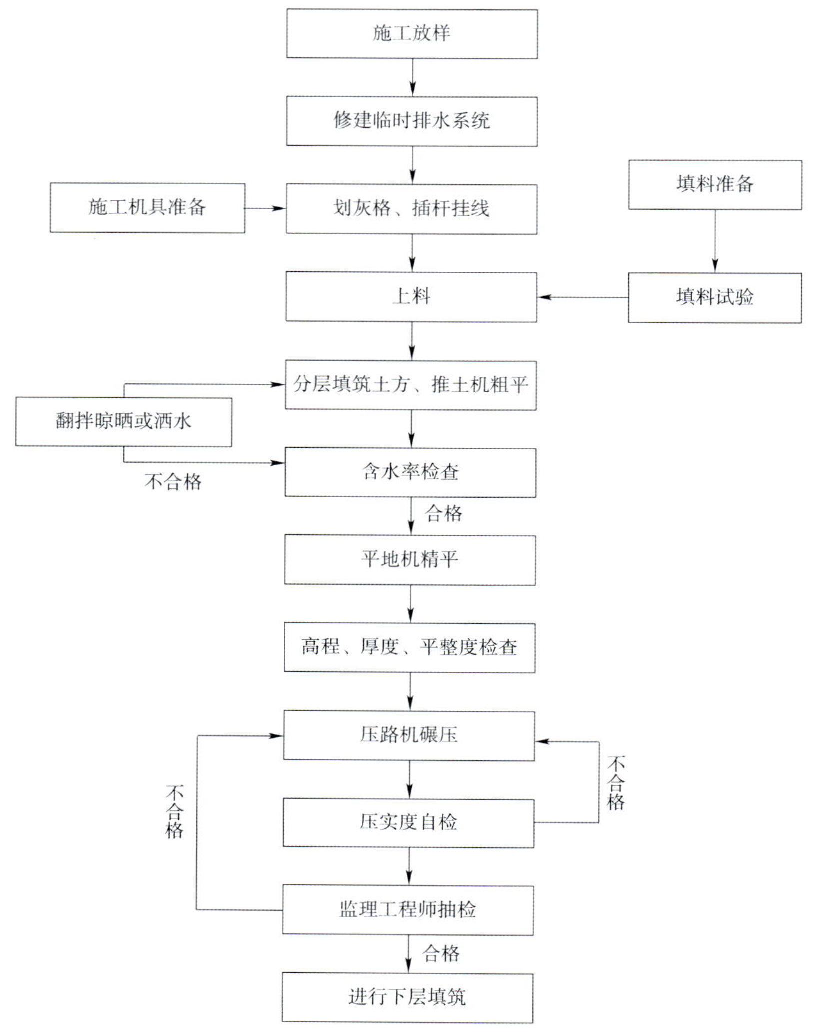

图 1.1.3-2　土方路基填筑施工工序

c. 边线是否顺直，中线是否偏位，宽度是否满足要求，边坡是否超填或亏坡。刷坡后边坡坡面要平顺、稳定，曲线圆滑，不得亏坡。

d. 停车港湾是否与路堤段同步填筑。

e. 路拱设置是否符合要求，表面是否平整，雨后路堤顶面是否有积水。

图 1.1.3-3　路基碾压

f. 雨后边坡是否有冲沟等水毁现象，水毁处是否按要求分层填筑夯实。

⑤土方路堤常见质量问题的防治及管理措施：

a. 中线偏位防治及管理措施。

ⓐ加固保护导线点至交工验收。

ⓑ加大中线复测频率，测定路基高程及宽度。

ⓒ亏坡的一侧按照规范要求开台阶补填，多余的一侧进行削坡处理。

b. 翻浆、“弹簧”现象防治及管理措施。

ⓐ避免用天然稠度小于1.1、液限大于50%、塑性指数大于26的土作为路基填料。

ⓑ土的实际含水率大于最佳含水率，不能达到压实度要求时，采取翻拌晾晒或换填适宜的填料，达到要求后方可进行压实。

ⓒ清除碾压层下软弱层，换填良性填料后重新碾压。

ⓓ不同性质的土不得混填。

c. 路基边缘压实度不够防治及管理措施。

ⓐ按路基填筑宽度要求进行填筑。

ⓑ控制碾压工艺，保证机具碾压到边，确保边缘带碾压频率不低于行车带。

ⓒ返工至符合压实度要求的层次。

d. 起皮、松散防治及管理措施。

ⓐ起皮：严禁薄层贴补；低液限粉土填筑路基时，碾压过程中应适量洒水，尽量保证填料含水率均匀一致；配足碾压设备，尤其是轮胎压路机，及时碾压。

ⓑ松散：适当洒水后重新碾压，适当缩短作业面长度，或配足摊铺碾压设备。

e. 路基边坡冲刷防治及管理措施。

ⓐ削坡后及时进行边坡防护工程。

ⓑ按要求设临时泄水槽，且随时保证完好并发挥作用。

ⓒ雨水冲刷后应及时修补路基，用小型夯实机具分层夯实。

ⓓ路基必须按要求填筑、碾压，亏坡整修时严禁贴补。

f. 压实度不够或有超百现象。

ⓐ材料发生变化，颗粒组成与标准击实试验样品不一致，或不同种类的填料混填。应重新取样进行标准试验。

ⓑ含水率超大或不足，应翻拌晾晒或洒水，重新碾压。

ⓒ松铺厚度过厚，原有压实机械的压实功无法压实。

ⓓ压实机械更换或机械性能降低，压实功达不到试验段确定的标准。

ⓔ作业面不平整，压实设备无法均匀压实。

ⓕ碾压没有达到试验段确定的碾压遍数。

ⓖ碾压速度过快，轮迹重叠宽度过小，层间搭接长度太短。

ⓗ压实设备类型与击实标准不匹配。

(3)石方路堤

①填料要求：

填石路堤松铺厚度与最大粒径要求示意图见图1.1.3-4。

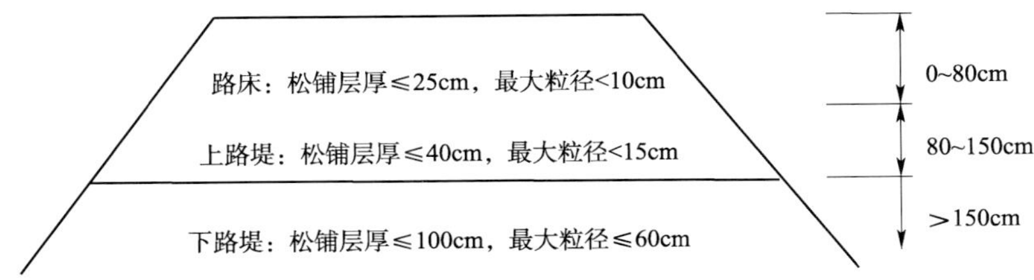

图1.1.3-4　填石路堤松铺厚度与最大粒径要求示意图

a. 填石路堤的石料强度不小于15MPa，填料不均匀系数宜为15~20。

b. 为充分利用超大粒径填料，路床顶面150cm以下填料最大粒径不大于60cm，填料最大粒径均不超过层厚的2/3。

②填石路堤填筑施工工序见图1.1.3-5。

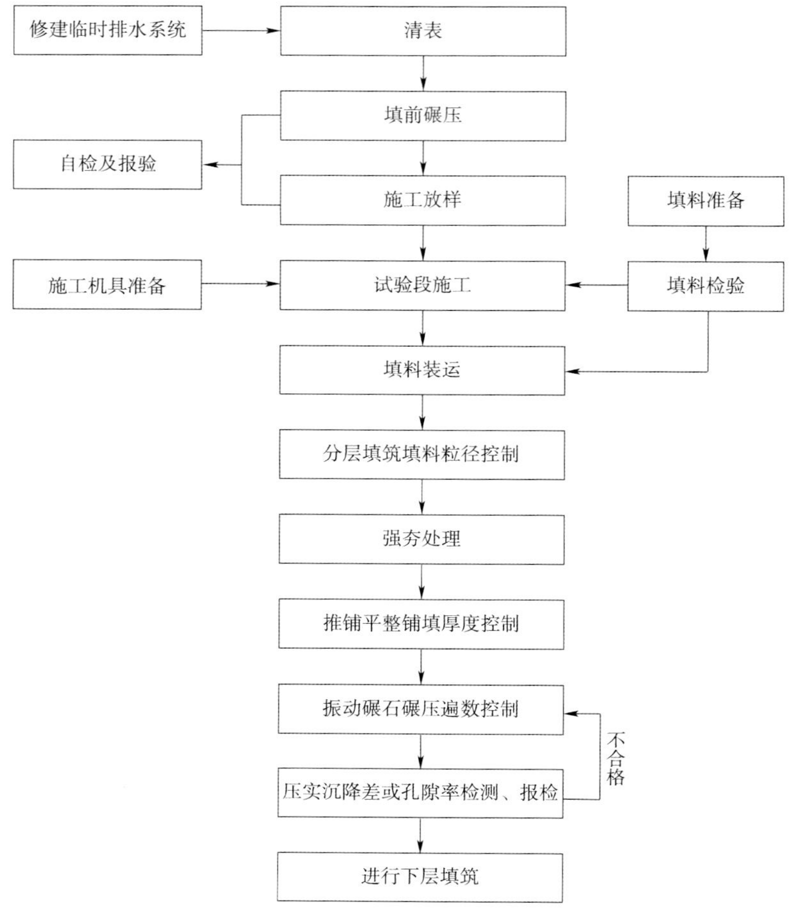

图1.1.3-5　填石路堤填筑施工工序

③施工要点：

a. 填筑的石料如岩性相差较大，特别是岩石强度相差较大时，应进行分层或分段填筑。

b. 当填筑石料级配较差、粒径较大、石块间空隙较大时，必须于每层表面空隙间填入石渣、石屑或中粗砂，使空隙填满为止。

c. 填筑、摊铺、碾压。

ⓐ根据石料粒径大小及组成采用相应摊铺方法。对细料含量较多的石料宜采取"卸上推下"法（图1.1.3-6）铺料。运料汽车在已压实的层面上后退卸料，形成梅花形密集料堆，采用推土机推铺整平。

ⓑ人工铺填粒径25cm以上石料时，应先铺填大块石料，大面向下、小面向上、摆平放稳，再用小石块找平，石屑塞缝，最后压实。

ⓒ填石路基在压实前，应摊铺平整，填料最大粒径要严格控制，超出规定的应予以剔除或解小，局部不平处人工配合机械以细石屑找平。摊铺完成后的石料表面平整，无明显大石料露头，表面无明显孔洞、孔隙。路基整平后碾压见图1.1.3-7。

d. 填石路堤填筑宽度，每侧应宽于填层设计宽度不小于50cm，以保证压实质量合格，路基完成后削坡。

e. 压实沉降差检测。

ⓐ首先在压实后的路堤上沿着纵向布点，在布好的点位上，用油漆做醒目的标记。用水准仪测量高程，为减少误差，准备 ϕ10cm 钢球，放置在测点上。

ⓑ用振动压路机做碾压检测（碾压参数为 2.0～4.0km/h，碾压 2 遍），碾压后应无明显轮迹。然后再用水准仪测定各点高程，各测点在碾压前后的高差，就是测点的压实沉降差。

ⓒ压实合格的质量标准为：碾压两遍之间的沉降差应不大于 2mm。

图 1.1.3-6　卸上推下法

图 1.1.3-7　路基整平后碾压

④质量要求和监理控制要点：

a. 上下路堤的压实质量标准符合《公路路基施工技术规范》（JTG F10—2006）中表 4.2.3-1 的要求。

b. 严格控制填筑石料强度、粒径、松铺厚度、孔隙率。

c. 填石路堤填筑至设计高程并整修完成后，其施工质量应符合《公路路基施工技术规范》（JTG F10—2006）中表 4.2.3-2 的规定。

d. 填石路堤成形后的外观质量标准为：路堤表面无明显孔洞，大粒径石料不松动，铁锹挖动困难；边坡码砌紧贴、密实，无明显孔洞、松动，砌块间承接面向内倾斜，坡面平顺。

（4）土石路堤

①填料要求：

a. 膨胀岩石、易溶性岩石、崩解性岩石和盐化岩石等不得用于路堤填筑。

b. 天然土石混合填料中，石料强度大于 20MPa 的中硬、硬质石料，最大粒径不得大于压实层厚的 2/3，石料强度小于 15MPa 的强风化石料或软质石料，其 CBR 值应符合《公路路基施工技术规范》（JTG F10—2006）中表 4.1.2 的规定。

c. 利用工业废渣及建筑垃圾填筑路堤，应先进行试验，并将试验报告及其施工方案报监理工程师批准后方可使用。

②施工工序：土石路堤施工工序根据材料不同分别参照石方路堤和土方路堤。

③施工要点：

a. 施工前，应根据土石混合材料的类别分别进行试验段的施工，确定能达到最大压实干密度的松铺厚度、压实机械型号及组合、压实速度及压实遍数、压实度、压实沉降差等参数。

b. 土石路堤应分层填筑压实，整平应采用大功率推土机辅以人工按填石路堤的方法进行，松铺厚度控制在 40cm 以内；碾压前应使大粒径石料均匀分散在填料中，石料间孔隙应填充小粒径石料、土和石渣。

c. 土石混合材料来自不同料场，其岩性或土石比例相差较大时，必须分层或分段填筑。

d. 填料由土石混合材料变化为其他填料时，土石混合材料最后一层的压实厚度必须小于30cm，该层填料最大粒径应小于15cm，压实后，表面必须无孔洞。

1.1.3.2 高填方路堤施工

(1)一般规定

①长年积水或水稻田地带，用细料填筑路堤高度在6m以上，其他地带填石路堤高度在10m以上时，均视为高填方路堤。

②基底承载力满足设计要求，特殊地段或承载力不足的地基按设计要求进行处理；覆盖层较浅的岩石地基，应清除覆盖层。

③施工前人工挖十字沟，查明场地范围内的地下构筑物和各种地下管线的位置及高程等，并采取必要的措施，以免因施工而造成损坏。

图1.1.3-8 高填路基整修

(2)施工工序

高填方路堤除按正常路堤施工工序施工外，还需采用强夯处理，具体见强夯处理路基一节。高填路基整修见图1.1.3-8。

(3)施工要点

①承包人详细核实边坡坡率、排水系统的可行性。核实软土、盐渍土等不良地质路段的特殊地基处理设计方案的可行性。

②填料优先选用强度高、水稳性好的材料，或选用轻质材料。受水淹浸的部分，采用水稳性和透水性好的材料。

③通过实地察看、试验等，提出施工方案，报监理工程师审批。必要时，对施工方案进行专家论证。

④优先安排施工，并做好临时排水系统。

⑤严格按照设计的填筑宽度填筑，不得缺填、补填。

⑥必要时，基底应设置盲沟、渗沟或反滤层等截、排水设施。

⑦按照设计要求控制填筑速率。

⑧进行沉降和位移观测。

a. 高填方路堤施工过程中和预压期内进行沉降和位移观测，以监测路堤变形情况，控制填筑速率，指导施工；并根据实测资料推算评估工后沉降，指导后续工程施工。

b. 沉降通过地表型沉降计(沉降板或桩)、位移通过地表水平位移桩(边桩)进行检测，必要时设地下水平位移计(测斜管)对地下土体分层水平位移量进行监测。

c. 观测点的位置、数量及埋设，严格按照设计或合同文件的要求执行。

d. 沉降和位移观测应遵循“五固定”原则：依据的基准点、工作基点和被观测点点位要固定，仪器、设备要固定，观测人员要固定，观测时的环境条件基本固定，观测路线、镜位、程序和方法要固定。

(4)质量控制要点和监理要点

除参照一般路堤填筑和强夯的要求外，高填方路堤施工应执行监理旁站制度，重点监理“五度”，即松铺厚度、填筑宽度、压实度、平整度、横向坡度。

(5)高填方路堤常见质量问题的防治及管理措施

①路堤整体下沉或局部沉降防治及管理措施:

a. 施工时高填方路基要早开工,避免填筑速度过快,同时确保高填方路基有充分的沉降。

b. 严格控制填料质量,施工中做好排水,防止局部积水。

c. 在软弱地基上进行高填方路基施工时,除按设计对软基进行处理外,填筑硬质石料,并用小碎石、石屑等材料嵌缝、整平、压实。

d. 视情况采取补救措施,延长预压时间,按规范补宽和补高。

e. 基底地质存在较大差异。填筑前详细核查地质情况,并提前采取相应措施。

f. 半填半挖处处治不当。按照半填半挖工艺进行施工。

g. 水文影响。做好地表水、地下水的截、疏系统,防止侵入路堤。

②路堤滑动或边坡坍塌防治及管理措施:

a. 填料来源不同,性质相差较大时,分层或分段填筑,不得纵向分幅填筑。

b. 按路基填筑宽度要求填筑、碾压。

c. 基底处于斜坡地带时,严格按要求开挖台阶。

d. 施工中做好防排水工作,工序衔接紧凑,防护工程如急流槽等及时修筑。

1.1.3.3 半填半挖路基施工

半填半挖路基施工包括半填半挖路基、路堤与桥涵、路堤与隧道,以及路堤与路堑过渡段施工。

(1)半填半挖处施工工序

半填半挖处施工工序见图1.1.3-9。

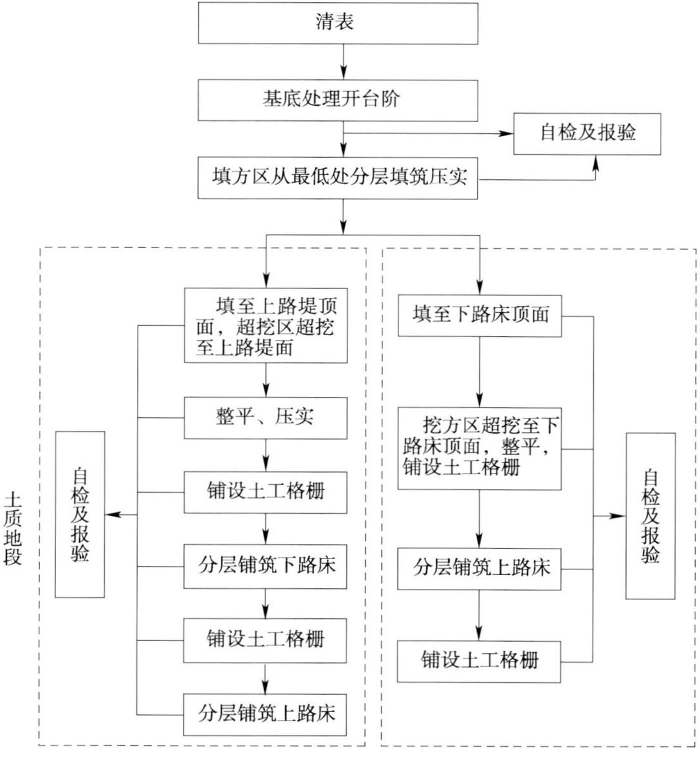

图1.1.3-9 半填半挖处施工工序

(2)施工要点

①半填半挖地段填料严格控制填料种类,选用适宜性、材质较好的填料;填筑时,严格处理横向、纵向、原地面等结合面,确保路基的整体性。

②按规范清理半填断面的原地面,并从填方坡脚起向上设置向内侧倾斜的坡度为4%的台阶,台阶宽度为2m,在挖方一侧,台阶与每条行车道宽度一致,位置重合。

③受碾压设备自身的影响,按照正常的碾压在台阶局部存在碾压空白区,在台阶接合部位增加横向碾压。

④结合部有地面水汇流的路段,在施工前做好临时排水沟导排水流;结合部的原坡面有地下水露出时,根据设计文件或规范要求设置截排水盲沟等设施。

⑤高度小于800mm的路堤、零填及挖方路床的加固换填宜选用水稳性较好的材料。

⑥铺设土工格栅。

图1.1.3-10　铺设土工格栅

a. 铺设土工格栅(图1.1.3-10)时,拉直平顺紧贴下承层,不能出现扭曲、折皱、重叠,用人工拉紧。

b. 铺设土工格栅时,将强度高的方向垂直于填挖交界的轴线方向布置;两幅土工格栅之间的联结必须牢固,其搭接宽度为30cm。

c. 土工格栅铺好,及时填筑上层填料,填土时不能移动土工格栅,在土工格栅上填筑上层填料时采用倒卸法,禁止运料车及其他施工机械在土工格栅上直接碾压。土工格栅不能长时间在野外暴露,剩余土工格栅及时放回库房存放。

d. 施工中随时检查土工格栅的质量,发现有折损、撕裂等损坏时,及时更换。

(3)质量控制要点和监理要点

①横向半填半挖地段:

a. 填筑时,从低处往高处分层摊铺碾压,特别注意填、挖交界处的拼接,铺设双向土工格栅,碾压做到密实无拼痕。

b. 半填半挖路段的开挖,须待半填断面原地面处理好,经监理工程师检验合格后,开挖上部挖方断面。对挖方中非适用材料不得填在半填断面内。

②纵向半填半挖地段:

a. 清理半填断面填方路段的原地面,清理长度依据填土高度和原地面坡度而定,当填方高度小于等于1.5m时,将原边坡填料彻底摊平碾压处理;填方高度大于1.5m时,挖设每层高度不大于0.8m的台阶切入稳固土层或岩层,形成台阶工作面。台阶顶做成4%的内倾斜坡。挖方段设置长度不小于10m的过渡段。

b. 纵向填、挖交界处填筑时,从低处往高处分层摊铺碾压,特别注意填、挖交界处的拼接,铺设双向土工格栅,碾压要做到密实无拼痕。

c. 纵向填挖交界处常伴随半填半挖横断面,在施工时按横向半填半挖要求妥善安排,做到纵、横交界填筑均衡,碾压密实无拼痕。

d. 在上路床和下路床顶面各铺设一层土工格栅,铺设时采用搭接法,顺路线方向搭接,搭接宽度为30cm,锚固土工格栅采用直径10mm的钢筋弯制的铆钉,长度不小于20cm,锚固间距为 1m×1m。

(4)填挖交界处出现裂缝防治及管理措施

①严格按规范清理半填断面的原地面,从填方坡脚起向上设置内倾台阶。

②施工前做好临时排水沟导排地表水,结合部有地下水时,根据设计文件或规范要求设置截排水盲沟等设施。

③倾斜度过陡的山坡坡脚应设支挡结构。

1.1.3.4 低填浅挖路基施工

①路基填土高度小于路面结构层和路床总厚度时,为低填路基,需进行低填浅挖处理。同时,挖方深度小于路面和路床总厚度时也需要处理。

②特殊处理:低填浅挖石方路基,从路床顶面起 0.2m 内挖除,并回填粒径小于 15cm 的天然砂砾。

③施工要点参照一般路堤施工及路堑施工章节。

1.1.3.5 路基拓宽改建

(1)一般要求

①施工前,已提交详细的交通管制方案,包括横向和纵向。报有关部门审批,施工期间应严格落实。

②详细核查拓宽区域内是否有电缆、光缆等设施。

③加强基底处理,将永久占地界内的垃圾彻底清理,并运至指定地点。

④老路堤与新路堤交界的坡面,挖除清理法向厚度不宜小于 30cm,必须按设计要求设宽度不小于 50cm 的台阶。严禁将边坡挖出料作为新路堤填料。

⑤填筑施工时,必须在原有排水设施位置设置相应的临时排水设施。

(2)施工要点

①加强拓宽路基的基底处理,保证地基承载力符合设计要求。

②拓宽路堤的填料宜选用与老路堤相同的填料,或者选用水稳性较好的填料。

③填方作业时,对旧路边坡低于 1.5m 的路段进行老路开挖整平、填前碾压处理,再进行填方施工;旧路边坡高于 1.5m 的路段进行挖台阶处理,台阶宽度为 2m,阶面设置向内倾斜 4% 的横坡,要求每 80cm 挖一层台阶。

1.1.3.6 零填挖路基施工

处理方法与低填浅挖路基施工相同。

1.1.4 路堑施工

1.1.4.1 一般规定

①对现场技术人员、施工人员进行详细的技术、安全等交底。

②开挖前要做好截水沟、排水沟等排水设施,形成完善的排水系统,保证水流畅通,保证施工作业面不积水。

③应根据不同的地质情况,确定适宜的开挖方案。深挖路堑开挖时进行边坡稳定性监测。

④不得乱挖超挖,严禁掏底、掏洞开挖;开挖坡面一次成形,开挖一级,防护一级。

⑤开挖前开口线经监理工程师复核,在开挖过程中,跟进测量复核,确保不欠挖、不超挖。超挖后,严格按规定的材料和工艺进行回填处理。

⑥土质挖方开挖至路床后,先开挖排水边沟,并尽快进行路床施工。

⑦合理规划土石方调配方案,加强协调调度,填挖平衡、协调一致。在不增加永久占地、

不危及周边安全等情况下，可利用弃方拓宽路基、设置停车港湾和观景台等。

⑧核实土石方调配利用及弃方数量，核实停车港湾设置位置，避免在深挖方地段设置停车港湾而增加弃方量。

⑨软弱松散、岩质风化较严重地段，路堑开挖必须及时跟进防护，防止岩层进一步风化。

⑩路堑边坡坡率、边沟、防护和支挡等工程进行动态设计。

1.1.4.2　土质路堑开挖

(1)土质路堑开挖施工工序

土质路堑开挖施工工序见图1.1.4-1。

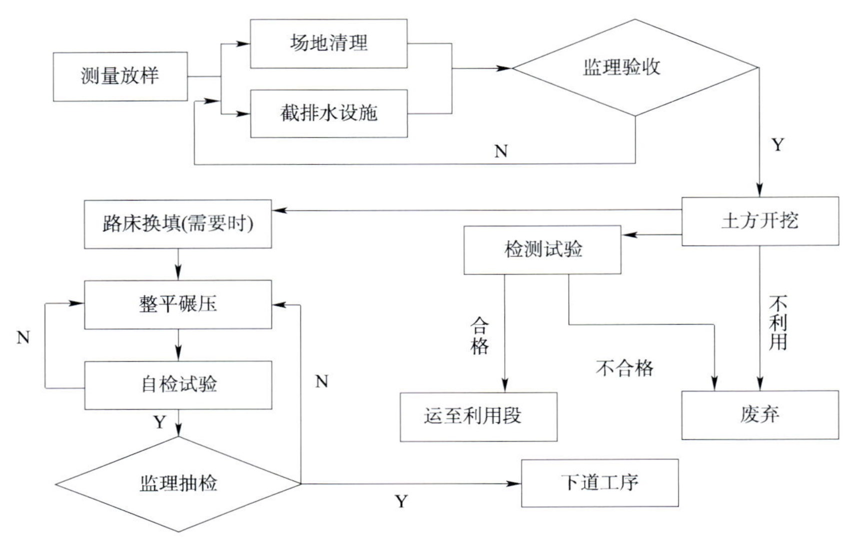

图1.1.4-1　土质路堑开挖施工工序

(2)施工要点

①土方路堑开挖根据地面坡度、开挖断面、纵向长度及出土方向，结合土方调配距离，选用安全、经济的开挖方案。

②可作为路基填料的土方，分类开挖和使用，非适用材料做弃方处理。

③较短的路堑采用横挖方法，路堑深度较大时，分成几个台阶进行开挖；较长的路堑采用纵挖法，按横断面全宽纵向分层开挖或采用通道式纵挖法开挖；超长路堑采用分段纵挖法开挖。挖方施工见图1.1.4-2。

图1.1.4-2　挖方施工

④开挖过程中，确保刷坡过程中设计边坡线外的土层不受到扰动，同时对已开挖的坡面进行复核，确保开挖坡面不欠挖、不超挖。

⑤当路床土含水率高或为含水层时，及时按照设计的盲沟、换填、改良土质、土工织物等处理措施进行施工。

⑥土方开挖应自上而下进行，不得乱挖、超挖，严禁掏底开挖；开挖坡面必须一次性成形。

⑦必须根据现场实际情况，采取临时排水措施，将水导入路基排水系统，确保施工作业

面不积水。

(3)质量控制要点和监理要点

①防、排、截水设施系统应完善;

②经常检查开挖边坡的稳定性,防止边坡溜塌。

③开挖将至路床顶面时,复测高程,防止超挖。超挖后,不得用虚土回填,必须用压实设备或小型夯实设备分层(夯)实到规定要求。

④路基表面平整,线形平顺、圆滑;边坡坡面平顺、稳定,没有亏坡现象,曲线圆滑;碎落台位置准确、整齐。

(4)土质路堑常见质量问题的防治及管理措施

①路堑边坡溜塌防治及管理措施。

a. 施工中应经常对边坡加以复核,确保边坡坡率符合设计要求。

b. 及时进行边坡支护。

c. 开挖至边坡时预留足够的宽度。

②边坡坡面超欠挖防治及管理措施:加强施工过程中的测量检查,增加测设点位,为施工提供准确的数据。

1.1.4.3 石质路堑开挖

(1)石质路堑开挖施工工序

石质路堑开挖施工工序见图1.1.4-3。

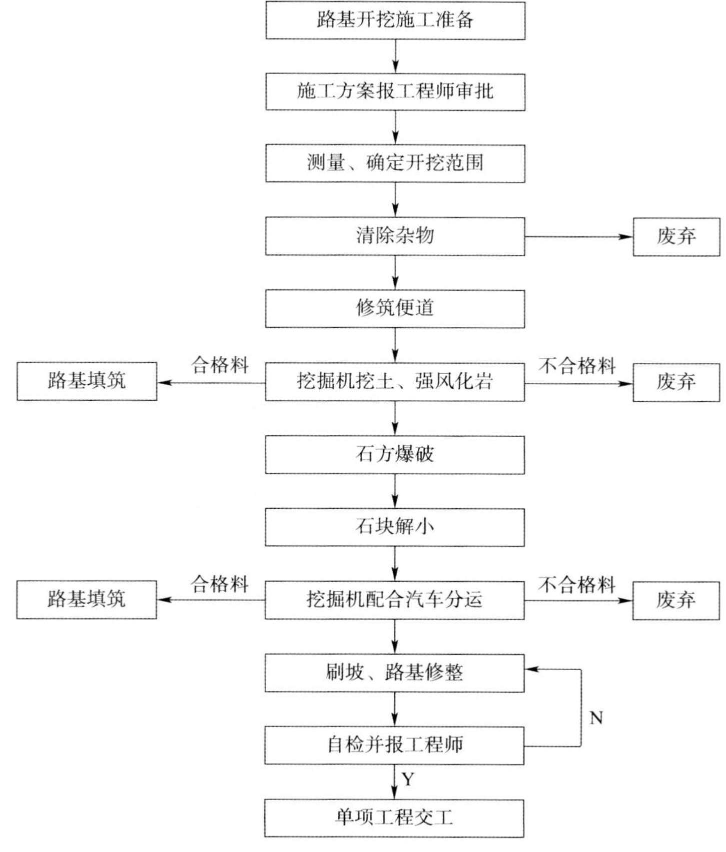

图1.1.4-3 石质路堑开挖施工工序

(2)施工要点

①开挖石方,应根据岩石的类别、风化程度和节理发育程度等确定开挖方式;软石或强风化岩石,采用机械直接开挖,作业方式可参照土方路堑开挖进行;机械不能直接开挖的石方,采用爆破法开挖。近边坡部分采用光面爆破或预裂爆破。石方施工见图1.1.4-4,石方边坡见图1.1.4-5。

图1.1.4-4　石方施工

图1.1.4-5　石方边坡

②爆破法开挖石方路堑施工。

a.施工前必须调查爆破区内有无空中缆线并查明其平面位置和高度,调查地下有无管线并查明其平面位置和埋置深度,同时应调查开挖边界线外的建筑物结构类型、完好程度、距开挖界距离等。

b.一般情况下采用光面爆破附破碎锤施工,严禁采用大爆破方案。

c.根据确定的爆破方案,进行炮位、炮孔深度和用药量设计;设计图纸和资料必须报送监理和有关部门审批。

(3)质量控制要点和监理要点

①路基表面平整,线形平顺、曲线圆滑,上边坡没有松石。

②石质路床底面有地下水时,必须严格按照设计要求对地下水进行防、排、截施工。

③边沟是否满足设计要求,是否满足使用要求。

(4)爆破安全生产、文明施工

①爆破器材的储存、管理。爆破器材必须存放在专用仓库内,并有专人管理;必须建立严格的领取、清退制度;爆破员按领取制度领取器材,领取数量不得超过当班使用量,剩余的要在规定时间内退回仓库。

②爆破器材装卸、搬运安全。爆破器材在从仓库运到施工现场时,应在白天进行,有专人在现场监督,并设警卫。在卸货地点,严禁使用烟火和携带发火物品。领取爆破器材后,应直接送到爆破地点,严禁炸药和雷管混放。

③爆破作业必须由经过考试合格的持有爆破证的爆破员操作。

1.1.4.4　深挖路堑

(1)深挖路堑施工工序

参照土方开挖施工工序。

(2)施工要点

①深挖路堑的施工方法与普通路堑的施工方法基本相同,其开挖量大,施工时间长,影响边坡稳定的因素多,承包人对深挖路堑必须做出专项施工方案,并经监理工程师审批。

②在施工前详细复查深挖路堑地段的工程地质资料，包括土层有关特性，不良地质、地下水情况等。

③开挖前，先修筑坡顶的截水沟。施工过程中逐级开挖，根据开挖情况随时进行地质核查。定期对边坡坡度进行测量，并及时加以修正。

④深路堑开挖遵循及时开挖及时防护的原则，每开挖到一级台阶时立刻进行防护工程的施工。

⑤开挖时设置临时排水沟，将路堑内积水排出路基以外。每一级开挖完成后，及时按设计修筑平台及排水设施。

1.1.4.5 挖方路床处治

①以路床顶面起下挖0.2m，并回填粒径小于15cm的天然砂砾。

②发现超挖顶面有地下水时，可设置渗沟进行排导，渗沟应用坚硬碎石回填。

③石质路床的边沟应与路床同步施工。

1.1.5 特殊路基施工

1.1.5.1 一般规定

①特殊路基施工，应进行必要的基础试验，复核处治方案的可行性，编制专项施工组织设计，经监理工程师批准后方可实施。

②施工中如实际地质情况与设计不符或设计处治方案因故不能实施，按有关规定办理。

③特殊地区路基施工满足一般路基施工的要求。

1.1.5.2 软土地基路基施工

(1)软土地基施工工序

软土地基施工工序见图1.1.5-1。

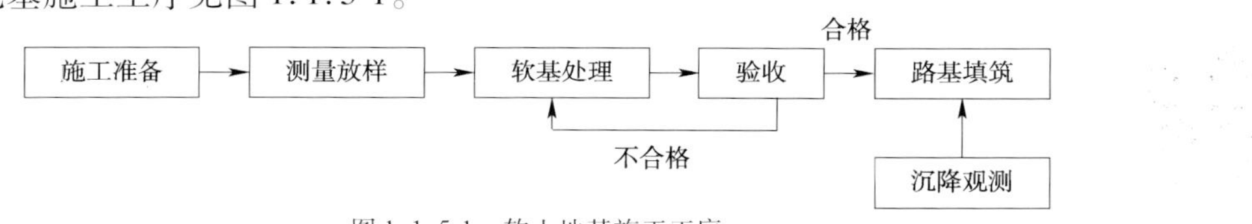

图1.1.5-1 软土地基施工工序

(2)施工要点

①挖除换填适用于表层分布的软土。

②按设计要求，将原地面以下的软土挖除，换填料选用天然砂砾或炮渣石，换填厚度为0.8m，分层填筑并压实至设计规定的压实度。

(3)质量控制要点和监理要点

基底不得超挖，基底地质情况；换填材料质量、换填宽度、压实度(灌砂法)等。

1.1.5.3 沿河地段路基施工

(1)沿河地段路基施工工序

沿河地段路基施工工序见图1.1.5-2。

图1.1.5-2 沿河地段路基施工工序

(2)施工要点

①山坡地质、路基基底、水文条件、洪水影响等情况必须查清，并制订相应措施，选择合

理的施工方法。

②选用水稳性良好、不易风化的透水性材料。

③根据水流冲刷情况对边坡坡脚进行防护。防护形式采用7.5号浆砌片石护脚。

1.1.5.4　不良地质处理

项目涉及的不良地质为湿陷性黄土。

(1)一般规定

①黄土地段施工前、施工期,做好防、截、排水系统,且不渗水。

②采用强夯处理方案(详见强夯处理路基一节)。

(2)施工要点

①采取措施拦截、排除地表水。地下、地面排水构造物采取防渗措施。路侧严禁积水。

②对地基进行强夯处理。

1.1.6　强夯处理路基

1.1.6.1　一般要求

①强夯适于高填方路堤、湿陷性黄土地基、半填半挖路基及路堤与路堑过渡段。

②夯击次数按现场试夯得到的夯击次数和夯沉量关系曲线确定。同时满足:最后两击平均夯沉量不大于5cm,夯坑周围不发生过大隆起。

图1.1.6-1　强夯施工

③强夯施工(图1.1.6-1)前,对拟强夯场地进行整平,保证强夯机就位和夯锤落地平稳。当需要在高压线下作业时,满足电力部门的相关要求,并加强安全生产防护措施。

④施工前,对强夯设备进行安装调试,并进行试运转。

⑤强夯前,将施工测量控制点引至不受强夯影响的稳固地点。

⑥垫层材料采用透水性好的砂、砂砾、碎石土等。

1.1.6.2　强夯处理法适用范围

①湿陷性黄土地基清理表土整平压实后,进行两遍强夯,即点夯2000kN·m一遍,满夯2000kN·m一遍。

②凡路堤填高达10m以上的路段,从原地面起每间隔4m高度强夯一遍,路基填筑至设计高程后,只强夯路面宽度以内。

③填挖交界路段及半填半挖的结合路段,完成一个工序有工作面后强夯一遍。

1.1.6.3　夯点布置和夯能要求

(1)夯点及满夯布置

湿陷性黄土点夯间距为4.5m,按矩形布置。高填方路基夯击间距为4m,按梅花形布置。点夯夯击6~8击,最后两击沉降量不得大于5cm,否则增加夯击次数。满夯夯击次数为2遍,两击重叠1/4宽度。

(2)夯能要求

强夯击能为2000 kN·m以上。

1.1.6.4　施工工序

强夯施工工序见图 1.1.6-2。

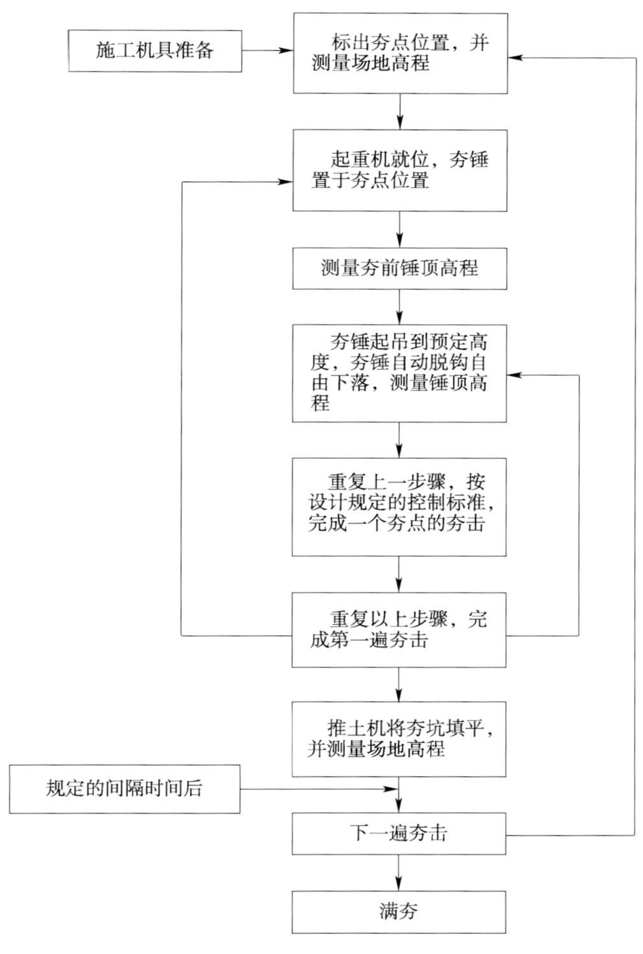

图 1.1.6-2　强夯施工工序

1.1.6.5　施工要点

①强夯前检查强夯机型号、锤重和落距。严格称量锤重，经监理工程师复合、确认，留存记录，并将锤重、直径、提升高度、应夯击次数等信息标于明显部位。

②强夯前对夯击点位置、处理范围等进行放样，并设置明显的标记。严禁边夯击边测量放样。

③施工机械采用带有自动脱钩装置、与夯锤重量相匹配的履带式起重机。中、高能级强夯施工时，起重机宜配门架或采取其他措施，防止落锤时机架倾覆。脱钩器应保证强度和耐久性。石方强夯见图 1.1.6-3。

图 1.1.6-3　石方强夯

强夯锤底面形式采用圆形，重心在中垂线上，且低于 1/2 锤高。锤的底面对称设置若干个与顶面贯通的 20 ~ 50cm 的排气孔。强夯置换锤周边设排气槽。

④按照规定的夯击能、夯击遍数、夯点的夯击次数、间歇时间等参数施工。

⑤强夯法施工工艺采用点夯、满夯的工艺组合。当点夯夯深过大时，增加一遍复夯，复夯能级可取主夯能级的一半，或按夯坑深度确定。

⑥在每一遍夯击前，对夯点进行复核，夯完后检查夯坑位置，按设计要求检查每个夯点的夯沉量。在夯锤顶测量，严禁在坑内测量。

⑦夯击时要注意安全：驾驶室加设防护罩，以防夯击施工中飞石伤人；起锤后现场人员远离10m以上并戴好安全帽，严禁在吊臂前站立。

⑧强夯时承包人设专人进行监测。

1.1.6.6　质量控制要点与监理要点

①夯点定位允许偏差±5cm，夯锤就位允许偏差±15cm，满夯后场地整平平整度允许偏差±10cm。

②检查夯锤质量、落距、单点夯击次数、间歇时间、夯击遍数等。

③检测、记录每个夯点的夯沉量，以及最后两下的夯沉量。

④在每一遍夯前，对夯点放线进行复核，夯后检查夯坑位置，防止偏夯或漏夯。

⑤强夯施工结束后，通过标准贯入、静力触探等原位测试，测量夯后的地基承载能力是否达到设计要求。

1.1.6.7　强夯施工中注意的事项

①强夯施工前，对夯击范围内的地下构造物和各类管线采取必要的措施，以免受到损坏。

②强夯施工设备，宜采用带有自动脱钩装置的履带式起重机。为保证施工安全，在臂杆端部设置辅助门架，或采用其他安全措施，防止落锤时机架倾覆。选用组装起吊设备及辅助框架时，应关注起重机械的自身稳定性，以确保施工安全。

③路基基底横向或纵向坡度陡于1∶5时，须先开挖出满足机械作业要求的台阶后，再进行夯击。

④检查夯锤上通气孔，如遇堵塞，应立即打通。

⑤强夯时有土块、石子等飞击，现场人员必须戴安全帽。

1.1.7　台背回填

1.1.7.1　一般要求

①台背回填（图1.1.7-1）执行“五专”管理（专业队伍、专门设备、专业负责人、专门材料及专项施工工艺）。台背回填前，应在台背背墙两端和中央用油漆画每一层压实厚度标志线，并标明层次。

图1.1.7-1　台背回填

②结构物应达到设计强度的100%，隐蔽工程验收合格，并进行混凝土防腐处理后才能进行台背回填施工。

③安装梁板后，方可进行对称回填。两侧填筑高差不超过50cm。

④基础施工完毕及时进行基坑回填，基坑要严格分层夯实回填。基坑回填完毕，原地表清理压实。

⑤构造物桥台必须安排提早开工，以便台背回填与相邻路堤同步填筑。否则，与路堤交界处必须开挖坡率不大于1:5的斜坡。填筑时必须开台阶，台阶高度与台背填筑厚度应一致，宽度不小于2m。

⑥与路基整体填筑时，不应使用路基填料填筑台背。

⑦台背填筑底面宽度不得小于压路机横宽度的1.5～2.0倍。

⑧每层台背填筑压实厚度不应大于15cm。

⑨应台背回填结束后，及时封闭顶面，防止渗水。

⑩回填材料采用碎石时，最大粒径不超过50mm。

⑪压路机碾压不到位的边角部位必须配备振动冲击夯人工夯实。

⑫台背回填的每一层（包括基底）必须有照片作为质量资料的一部分，照片背景要有表明构造物桩号、台背位置、具体层位等内容的标牌，同时反映本压实层的整体面貌。

1.1.7.2 施工工序

台背回填施工工序见图1.1.7-2。

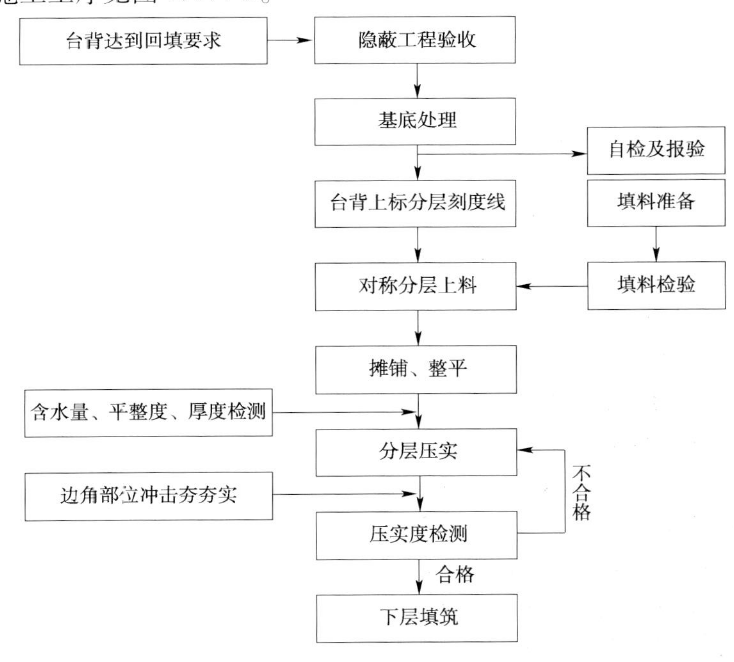

图1.1.7-2 台背回填施工工序

1.1.7.3 施工要点

①台背回填的范围必须严格按照设计文件执行，做好过渡段，过渡段路堤压实度不小于96%，同时纵向和横向防排水系统应连接通畅。

②桥台背和锥坡的回填必须同步进行，并保证压实整修后能达到设计宽度。

③涵洞应在盖板安装及浇筑支撑梁（或浆砌片石铺底）后，在洞身两侧对称分层回填

压实。

④在回填过程中，应防止水的浸害。回填结束后，顶部应及时封闭。

⑤锥护坡回填与台背回填同时填筑，台前护坡设置检修平台，每个锥坡后设置人行踏步，检修平台与踏步连接。踏步及检修平台立面图和平面图分别见图 1.1.7-3 和图 1.1.7-4。

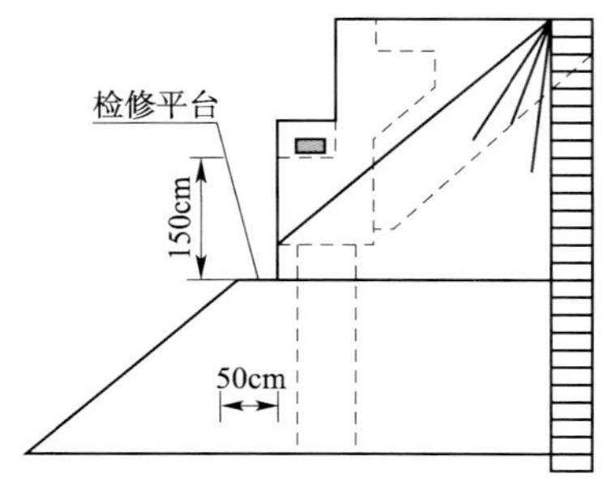

图 1.1.7-3 踏步及检修平台立面图

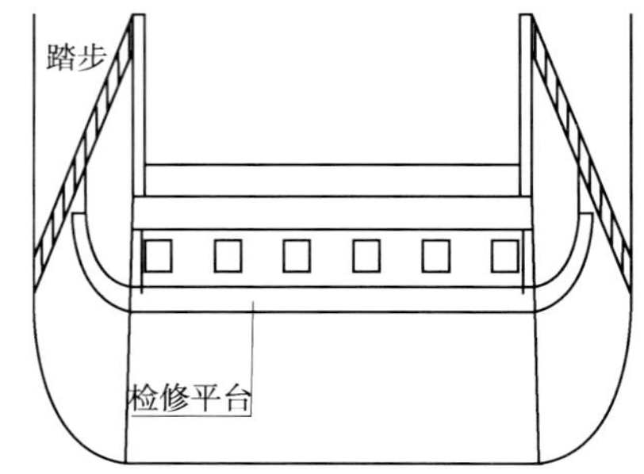

图 1.1.7-4 踏步及检修平台平面图

1.1.7.4 监理工程师旁站要点

①检查、记录施工人员、管理技术人员到岗情况。

②检查设备是否齐备，重点是平地机、压路机及小型夯实机具是否到位，及其工作性能状况。

③检查墙体标线刻度及填筑层数。

④填筑材料是否符合要求，检测材料含水量。

⑤检测摊铺整平后的平整度，松铺厚度及摊铺范围是否符合要求。

⑥记录碾压遍数，边角小型夯具夯实情况。

⑦压路机、平地机作业时是否碰撞混凝土构件。碾压过程中观测桥涵、锥坡等是否有异常。

⑧记录压实度检测结果，以及检测方法、频率等。

⑨记录施工天气、温度、每工作日填筑层数等。

1.1.8 路基排水

1.1.8.1 一般要求

①施工前，校核全线排水设计是否完善、合理，必要时提出补充和修改意见，保证其使用功能，并形成完善的排水系统。

②临时排水设施尽量与永久排水设施相结合，排水方案应因地制宜、经济实用。

③各种排水设施尽量少占农田，并与当地水利建设相配合。

④施工期间，各种临时、永久排水设施形成完整、畅通的排水系统，并做好日常维护。

⑤排水设施砌筑用砂浆，采用砂浆拌和机集中拌和。

⑥施工期加强排水设施的动态设计。

1.1.8.2 边沟、截水沟与排水沟

(1)施工工序

边沟、截水沟与排水沟施工工序见图 1.1.8-1。

(2)施工要点

①路基边沟(图 1.1.8-2 和图 1.1.8-3)对于汇水面积较小，水量不大的路段应采用浅碟式边沟，宜采用预制块成形。

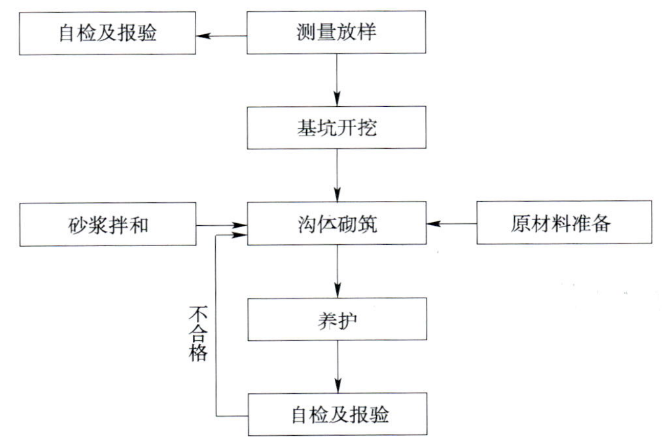

图 1.1.8-1　边沟、截水沟与排水沟施工工序

图 1.1.8-2　边沟施工

图 1.1.8-3　边沟

②边沟、截水沟与排水沟应精确放样并适当加密，确保直线线形顺直、曲线线形圆滑，并根据设计要求设置沉降缝。沉降缝两侧壁要顺直、齐平，无搭接。放样一般以两个结构物之间的长度为一个单元，以确保边沟、排水沟与结构物的进出水口顺利连接。

③根据实际地形，选择合适的位置将水排导至路基外，并与自然水系相衔接。平原区，重点加强农田、鱼塘等地段的排导，防止外溢或冲刷，排水沟不与通道专用的蒸发池、渗井连通。

④路堑施工前先施工截水沟。截水沟顶面略低于自然坡面，若遇冲沟，设缺口将水导入截水沟。

⑤截水沟砌筑后，在坡体上方一侧的砌体与山坡土体连接处严格进行夯实和防渗处理。特别是在地质不良、土质松软、透水性大或岩石裂隙较多的地段，截水沟采取沟底、沟壁、出水口加固措施。防护排水工程见图 1.1.8-4。

⑥截水沟的长度超过 500m 时，设置出水口，并将水引入自然河沟或桥涵进水口。截水沟的出水口，设置排水沟、急流槽或跌水，与其他排水设施平顺衔接。

⑦采用机械开挖时，开挖至设计高程前，留出 5 ~ 10cm 的余量，由人工修整成形，防止超挖。开挖的土石方运走。

⑧开挖后，进行沟底高程复测，确保沟底纵坡平顺。

⑨路堑与路堤连接处，边沟缓顺引向路堤两侧的排水沟，不得使路堤附近积水，更不得冲蚀路堤。

⑩对于黄土等水敏感性强的不良地质段的边沟、排水沟、截水沟等分段开挖、及时防护，并严格按照设计要求进行防渗处理。

（3）质量控制要点和监理要点

①纵坡顺直，曲线线形圆滑；沟壁平整、稳定，无贴坡；排水畅通，无冲刷和阻水现象；各类防渗、加固设施坚实稳固。沉降缝顺直见图1.1.8-5。

图1.1.8-4　防护排水工程

图1.1.8-5　沉降缝顺直

②浆砌片石工程：片石的最小断面尺寸不小于20cm，片石强度不小于30MPa，表面应干净，严禁采用风化石；砌体底坐浆，砌体砂浆嵌缝均匀、饱满、密实，砌缝宽度不大于40mm；勾缝采用宽度和深度为10mm的凹缝，保证平顺无脱落、密实、美观，缝宽均衡协调；砌体咬扣紧密；抹面平整、压光、顺直，无裂缝、空鼓。砌筑一片后，立即覆盖土工布喷淋养生。

a. 检查片石断面尺寸、强度和外观质量。

b. 检查拌和砂浆工艺、配合比、强度，水泥、砂子质量；不得使用二次拌和的砂浆。

c. 检查砌体底部坐浆、嵌缝砂浆情况，随时开挖检查砌体厚度。

d. 查看勾缝、抹面情况。

e. 查看覆盖养生情况。全覆盖滴灌养生见图1.1.8-6。

图1.1.8-6　全覆盖滴灌养生

③水泥混凝土砌块的强度符合设计要求，表面平整，无蜂窝，颜色一致，无掉角、碰边、破裂；砌体基底砂垫层厚度符合要求，且不小于10cm厚，用砂找平；砌体平整，无凹陷，勾缝饱满、顺直、牢固，砌块后无空洞。

a. 检查混凝土砌块强度。

b. 查看砌筑外观破损情况、平整度、嵌缝等。

c. 开挖查验砂垫层。

d. 敲击或开挖查看砌块后是否有空洞。

e. 查看覆盖养生情况。

④边沟、截水沟与排水沟，沟面不平整，线形不顺畅，表面凹凸不平的防治及管理措施。

a. 准确放样，立牢标准杆，挂线稳定，有专人负责检查标准杆牢固情况。

b. 注意小半径弯道处的标准杆距，以防出现折角等问题。

c. 随砌筑随检查，保证平整度不超限。

1.1.8.3　跌水与急流槽

图 1.1.8-7　急流槽

(1)跌水与急流槽(图 1.1.8-7)施工工序同边沟、截水沟与排水沟施工工序。

(2)施工要点

①跌水的台阶高度按设计或根据地形、地质等条件确定。

②跌水按设计要求设置消力槛,消力槛设置泄水孔,以便消除消力池中的积水。

③长急流槽应分段砌筑,每段不超过 10m,接头处以防水材料填缝,密实无空隙。

④急流槽的基础嵌入地面以下,设置抗滑平台。

⑤砌筑的急流槽宜砌成粗糙面,用以消能减小水流速度。

⑥水泥混凝土浇筑的急流槽,支设钢模板,采用干硬混凝土由下至上一次浇筑完成,振捣密实,并用钢抹子压光。浇筑基底每隔 1m 开挖一个平台,防止混凝土向下滑溜。长于 10m 的急流槽,可在急流槽底每隔 5m 左右设置 1 道宽 5cm、高 2cm 的混凝土消力槛。

⑦急流槽底部设消力槛时,两侧的急流槽高出消力槛高度不小于 10cm。

⑧水簸箕做成弧形。混凝土浇筑水簸箕,使用定型钢模板支设浇筑,并与路面拦水带顺接。

⑨急流槽或跌水采用水泥混凝土预制件时,不采用素混凝土,预制件长度不应过短,减少接头并便于拼接,接口采用企口型,安装时接头采取水泥砂浆等措施进行密封处理,并注意企口安装方向。

⑩水泥混凝土中央分隔带护栏超高段排水采用横向直排时,保证在弯道最低点设置急流槽,其几何尺寸适当加大。

⑪超高段中央分隔带排水沟要在路面施工前完成。采用预制排水管时,在排水管连接企口位置嵌入遇水膨胀橡胶条,防止接头漏水。

(3)质量控制要点和监理要点

①急流槽、跌水用水泥混凝土现浇时,所用的混凝土强度应符合设计要求。设置坡度顺直,无折坡现象,槽内抹面平整、直顺,不得有裂缝和空鼓现象。

a. 检测混凝土坍落度、和易性。

b. 检查定型钢模板支设的牢固性、顺直度。

c. 急流槽是否按要求伸入地面以下,以及抗滑平台、端防护情况。

d. 急流槽混凝土浇筑厚度是否符合设计要求。

e. 超高段的急流槽是否设置在最低点。

f. 超高段中央分隔带排水管接头处理是否密实不漏水。

②浆砌片石及水泥混凝土预制件遵照“1.1.8.2 边沟、截水沟与排水沟”的要求执行。

1.1.8.4　盲沟与渗沟

(1)盲沟与渗沟施工工序

盲沟与渗沟施工工序见图 1.1.8-8。

(2)施工要点

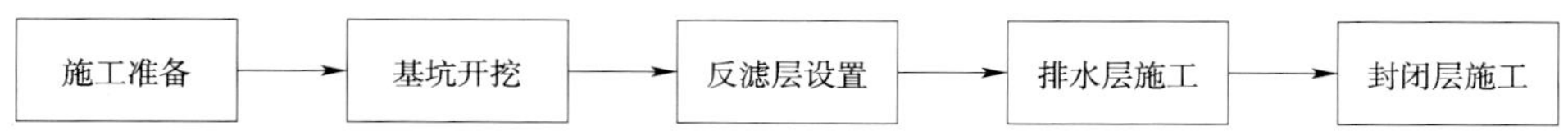

图 1.1.8-8　盲沟与渗沟施工工序

①渗沟与盲沟的基坑开挖，自下游向上游进行，随挖随支撑或回填；暴露时间不超过 7d，以免造成坍塌；支撑渗沟间隔开挖。

②各类渗沟均设置排水层、反滤层和封闭层。

③当渗沟开挖深度超过 6m 时，选用框架式支撑。在开挖时，自上而下随挖随支撑；施工回填时，自下而上逐步拆除支撑。

④盲沟的埋置深度，满足渗水材料的顶部（封闭层以下）不得低于原有地下水位的要求。当需排除层间水时，盲沟底部低于最下层的不透水层。

⑤当采用无纺土工布作反滤层时，先在底部及两侧沟壁铺好就位，并预留顶部覆盖所需的土工布。拉直平顺紧贴下垫层，所有纵向或横向的搭缝交替错开，搭接长度均不小于 30cm。

⑥渗沟的出水口设置端墙，端墙下部留出与渗沟排水通道大小一致的排水沟，端墙排水孔底面比排水沟沟底高出的部分不小于 0.2m。对端墙出口的排水沟应进行加固，防止冲刷。

⑦暗沟沟底埋入不透水层内，沟壁最低一排渗水孔高出沟底至少 20cm，并设置一排或多排向沟中倾斜的渗水孔；沿沟槽底每隔 10 ~ 15m 或在软硬岩层分界处设置沉降缝和伸缩缝。

⑧填石渗沟石料应洁净、坚硬、不易风化，砂采用含泥量小于 2% 的中砂，严禁采用粉砂和细砂，渗水材料的顶面（封闭层以下）不低于原地水位；洞式渗沟填料顶面高出地下水位，顶部应设置厚度大于 50cm 的封闭层。

1.1.9　路基防护与支挡工程

1.1.9.1　一般要求

①路基防护工程必须与路基挖填方工程紧密、合理衔接，开挖一级防护一级，并及时进行养护。各类防护和加固工程置于稳定的基础或坡体上。

图 1.1.9-1　边坡防护

②根据开挖坡面地质水文情况逐段核实路基防护设计方案，进行动态设计。

③坡面防护施工前，对边坡进行修整，清除边坡上的危石及不密实的松土。坡面防护层与坡面应密贴结合，不留有空隙。边坡防护见图 1.1.9-1。

④在多雨地区或地下水发育地段，路基防护工程施工中，采取有效措施截排地表水和导排地下水。

⑤临时防护措施与永久防护工程相结合。

⑥防护工程中所用片石的最小断面尺寸不应小于 20cm，且强度不小于 30MPa。严禁采用风化岩石。

⑦勾缝统一采用宽度和深度为 5mm 的凹缝。

⑧路基边坡防护工程，必须在路面基层施工前全部完成。

1.1.9.2　边坡坡面防护

(1)一般规定

①施工作业面按设计要求整修完毕。完成施工放样，施工控制基线和施工水准点已设置好。

②施工所需各种合格材料已进场，相关配合比已确定和批准。

③路堤防护在沉降稳定后进行，路堑防护在开挖后及时进行；路基防护工程与路基挖填方工程紧密衔接，宜开挖一级防护一级。

④防护前，对泉水、渗水进行处治，并按设计要求设置泄水孔排、防积水，并采取必要的防冻措施。

⑤所有非植物防护和路缘石、急流槽等结合部位用同强度等级混凝土、同形式现浇连接；结合部缝隙采用宽度不大于5cm的C25以上混凝土现浇，现浇部分要顺直。

⑥圬工等防护在砂浆初凝后，用土工布覆盖喷淋养生至养生期。

(2)浆砌片石(混凝土预制块)防护

①浆砌片石(混凝土预制块)防护施工工序见图1.1.9-2。

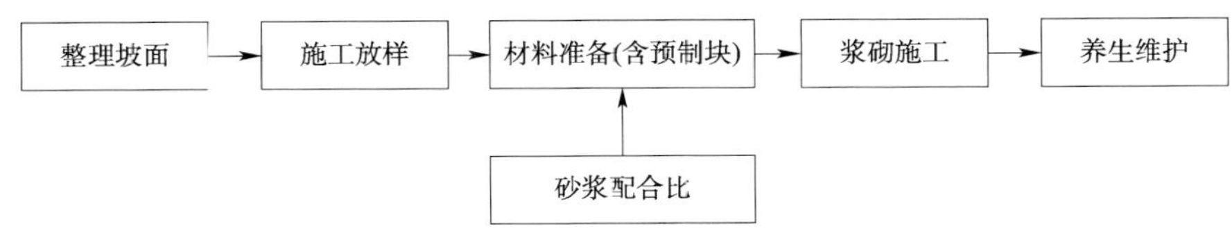

图1.1.9-2　浆砌片石(混凝土预制块)防护施工工序

②施工要点：

a.路堤边坡防护在完成刷坡后由下往上分级砌筑，路堑边坡防护的砌筑应在每级边坡完成后由下往上砌筑。路堤边坡防护应在路堤沉降稳定后施工。

b.砌筑前，坡面整平、拍实，凸出部分人工凿除，低洼处用浆砌片石找平。

c.砌筑石料表面干净、无风化、裂缝和其他缺陷，石料符合规范要求；砌筑时平铺卧砌，石料的大面朝下，坡脚坡顶等外露面选用较大的石块，并加以修整。

d.混凝土预制块集中统一预制。预制场地按照场地建设相关规定布置。预制块防护采用嵌入式槽防护(在坡面开挖槽)，必要时打入支撑钢筋，防止预制块移位；不得在防护后回填土石方。坡面找平采用厚度不小于10cm厚的碎石或砂砾垫层。预制块要错缝砌筑。浆砌片石防护见图1.1.9-3。

图1.1.9-3　浆砌片石防护

e.所用砂浆由项目部统一安排供应，每个施工段落采用有电子计量设备的强制式拌和机集中拌和砂浆，砂浆保持适宜的和易性和流动性，随拌随用，使用时放置在钢板上。

f.砌筑时，砂浆饱满密实，坐浆应饱满，采用下座上灌法施工；做到接缝交错、坡面平整、勾缝严密、养护及时。

g. 进行路堤边坡预制块铺砌时，铺砌层的砂砾垫层材料粒径一般不大于50mm，含泥量不超过5%。垫层应与铺砌层配合铺砌，随铺随砌；铺砌时分段施工，按图纸要求设置伸缩缝、沉降缝，并做好泄水孔。反滤层严格按照设计要求执行。遇渗水或泉水较大时，根据流量适当增大泄水孔孔径。

h. 砌筑骨架时，先砌筑衔接处，再砌筑其他部分骨架；骨架底部和顶部以及两侧范围内，镶边加固，骨架嵌入坡面，与坡面密贴。骨架完成后及时种草或铺种草皮，骨架流水面与草皮表面平顺。

i. 勾缝采用凹缝，勾缝前冲洗干净，砂浆嵌入缝中与石料牢固结合。

j. 砂浆初凝后，及时进行养生，砂浆终凝前砌体覆盖保湿，保湿养护不少于养生期。

③质量控制要点和监理要点参照“1.1.8.2 边沟、截水沟与排水沟”执行。

④常见质量问题的防治及管理措施。

a. 勾缝脱落，勾缝不饱满、不协调防治及管理措施。

ⓐ认真清理砌筑缝，并在勾缝前清洁、润湿砌筑缝。

ⓑ勾缝砂浆要嵌入砌缝内2cm以上，缝内密实。

ⓒ勾缝砂浆严格按照设计配合比集中拌和，覆盖并不间断洒水养生。

b. 砌石护坡塌落，导致砌体开裂、沉陷防治及管理措施。

ⓐ路基施工时，按规定做足宽度，保证削坡后的土体符合压实要求，出现亏坡时，层层夯实且挖台阶与路基衔接好。

ⓑ砌体施工时，亏坡部分用浆砌片石找平，砌体石质坚硬，浆砌砌体砂浆要饱满密实，严把勾缝质量关，防止路面水直接渗入砌体下。

ⓒ路肩处做好截排水措施，严禁底部脱空，防止雨水流入，导致防护工程脱空塌落。

c. 砌体厚度不够或外观质量差防治及管理措施。

ⓐ严格控制砌筑材料的质量、几何尺寸及表面清洁度，禁止不同材质的片石混砌。

ⓑ按设计厚度进行挂线施工。

ⓒ对表面砌筑的片石进行人工清洗加工，保证表面清洁度、面积、砌石棱角和平整度。

ⓓ找平采用片石砂浆，严禁用土找平。

(3)护面墙防护

①施工工序同“浆砌片石(混凝土预制块)防护”施工工序。

②施工要点：

a. 修筑护面墙前，清除边坡风化层至新鲜岩面。对风化迅速的岩层，清挖到新鲜岩面后立即修筑护面墙。

b. 坡面平整密实，线形顺直。局部有凹陷处，应挖台阶后用与墙身相同的圬工找平，不得回填土石或干砌片石；施工时，立杆挂线或样板控制。

c. 墙基应坚固可靠，当地基软弱时，采取相应的措施进行处理。

d. 墙面及两端要砌筑平顺，反滤层与坡面贴合密实。墙顶与边坡间的缝隙要密封；局部边坡镶砌时，砌入坡面，表面与周边平顺衔接。

e. 按设计要求设置伸缩缝和泄水孔，泄水孔位置有利于泄水流向路侧边沟和排水沟，并保持顺畅。有潜水露出且边坡流水较多的地方，应引水并适当加密泄水孔。伸缩缝和沉降缝两侧壁应顺直、齐平，无搭接。

f. 石质、砂浆拌和、砌筑工艺及砌体养生同“浆砌片石(混凝土预制块)防护”相关规定。

1.1.9.3　沿河路基防护

(1)一般要求

①基础埋设在局部冲刷线以下不小于1m或嵌入基岩内。

②导流构造物施工前，根据现场具体情况，采取相应措施，避免冲刷农田、村庄、公路和下游工程。

(2)砌石或混凝土防护施工要点

①石质、砌筑工艺、砂浆拌和及养生同“浆砌片石(混凝土预制块)防护”相关规定。

②开挖基坑时，核对地质情况，与设计要求不符时，进行处理。基础完成后及时用符合设计要求的材料回填。

③铺砌层底面的碎石、砂砾石垫层或反滤层，应符合设计要求。

④坡面密实、平整、稳定后方可铺砌。砌块应交错嵌紧，严禁浮塞。砂浆饱满密实，不得有悬浆。

⑤每隔10~15m或地质变化处设置伸缩缝、沉降缝，并按设计要求做好泄水孔。

⑥采用铺砌混凝土预制块时，按设计规格和要求检验合格后方可铺筑。

⑦就地浇筑混凝土时，应采取措施提高早期强度，混凝土表面平整光滑。

(3)抛石防护施工要点

①抛石体石料选用质地坚硬、耐冻且不易风化崩解的石块，粒径大于30cm，用大小不同的石块掺杂抛投。坡度不陡于抛石石料浸水后的天然休止角。

②抛石厚度符合设计要求并为粒径的3~4倍，用大粒径时，不得小于2倍。

③除特殊情况外，抛石防护在枯水季节施工。

(4)石笼防护

①石笼选用浸水不崩解、不易风化的石料填充，石料的规格、石笼的几何尺寸及制作工艺必须满足设计要求。

②基底必须平整，必要时用碎石或砾石垫层找平。

③石笼应做到位置正确，搭叠衔接稳固、紧密，确保整体性。

1.1.9.4　重力式挡土墙

(1)一般要求

①挡土墙施工前，做好截排水及防渗设施。

②在岩体破碎、土质松软或地下水丰富地段修建挡土墙，应避开雨期施工。

③地面有纵坡时，沿纵向挖成台阶。

④砌筑基础的第一层时，如基底为基岩或混凝土基础，应先将其表面加以清洗、湿润、坐浆砌筑。

⑤分层砌筑，砌筑上层时不得振动下层。

⑥砌石分层错缝，坐浆挤紧，嵌填饱满密实，无空洞。

⑦在每隔10~15m或在岩质变化处设置沉降缝，伸缩缝两侧壁应顺直、平齐，无搭接。严格按照设计要求设置泄水孔，反滤层材料级配符合设计要求。遇渗水或泉水较大时，根据流量适当增大泄水孔孔径。

⑧每层砌筑完成后应及时用土工布覆盖喷淋养生，保证养生期。

⑨浆砌片石挡土墙墙顶应勾凹缝，而且是真凹缝，严禁勾假凹缝。

⑩砌缝宽度不大于2cm，均采用宽度、深度均为10mm的凹缝勾缝。

⑪挡土墙端部外露时,应顺直平整;伸入岩体时,与岩体结合部位要嵌紧,并用砂浆挤密。

(2)挡土墙施工工序

挡土墙施工工序见图1.1.9-4。

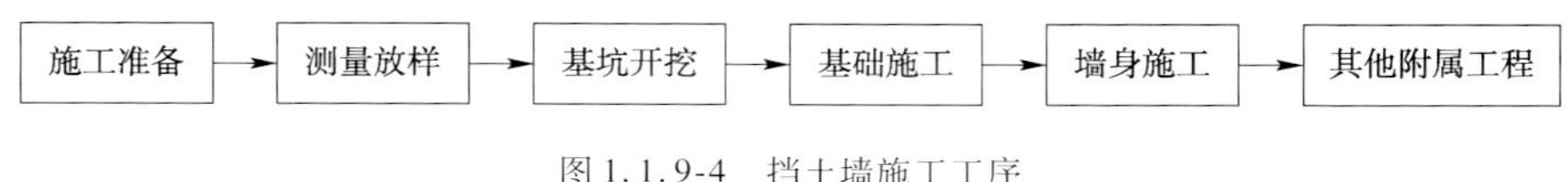

图1.1.9-4　挡土墙施工工序

(3)施工要点

①基坑开挖:

a. 基坑开挖进行详细的测量定位,标出开挖线。基坑分段跳槽开挖,边坡稳定性差或基坑开挖较深时,设置临时支护。

b. 基坑开挖时,核对地质情况,对基底进行承载力检测,达到设计要求时,方可进行下一道施工工序。

c. 基坑开挖时做好临时防、排水措施,做到坑内积水随时排干,确保基坑不受水的侵害。

②挡土墙基础:

a. 基础施工前,土质基坑应保持干燥,受水浸泡的基底土全部清除,并以满足填筑要求的土体回填(或以砂、砾石夯填)至设计高程。

b. 硬质岩石基坑中的基础,应满坑砌筑。

c. 当基底设有向内倾斜的稳定横坡时,采取临时排水措施,并在基底设置泄水孔,坐浆后砌筑基础。

d. 当挡土墙基础设置在有横坡的岩石上时,应清除岩石表面风化层,并按设计凿成台阶;当沿墙长度方向有纵坡时,沿纵向按设计要求做成台阶。

e. 基坑随砌筑分层回填夯实,并在表面留3%的向外斜坡。有渗透水时,及时排除;在岩体或土质松软、有水地段,避开雨期,分段集中施工。

③挡土墙墙身:

图1.1.9-5　路肩墙

a. 浆砌片(块)石挡土墙砌筑时两面立杆或样板挂线,外面线顺直整齐,逐层收坡,内外线顺直。在砌筑过程中,经常校正线杆,以保证砌体各部尺寸符合设计要求。路肩墙如图1.1.9-5所示。

b. 砌筑墙身时,先将基础表面加以清洗、湿润,坐浆砌筑。砌筑工作中断后再进行砌筑时,将砌层表面加以清扫和湿润。

c. 砌体分层坐浆砌筑。砌筑上层时,不得振动下一层,不得在已砌好的砌体上抛掷、滚动、翻转和敲击石块。砌筑完后,及时进行勾缝。

d. 挡土墙分段砌筑,分段位置设在伸缩缝或沉降缝,各段水平缝应一致。

e. 挡土墙的泄水孔预先埋设,向排水方向倾斜,保证排水顺畅,并设置反滤层。

f. 砌体石块应互相咬接,砌缝砂浆饱满。砌缝宽度一致(浆砌块石),上下层错缝(竖缝)距离不小于8cm,使每层石料顶面自身形成一个较平整的水平面。

g. 混凝土挡土墙的浇筑符合设计和规范要求。当进行分层浇筑时，注意预埋石笋，连接处混凝土面必须凿毛，并在浇筑前清洗干净。浇筑结束后，用土工布覆盖喷淋养生，保证养生期。

h. 砌石挡土墙分层砌筑时，每工作班后立即进行覆盖保湿养生。

④墙背填料、填筑：

a. 墙背填料选用水稳定性和透水性良好的碎石类土、砂类土。填料中严禁含有有机物、草皮、树根、冰块等杂物及生活垃圾。

b. 挡土墙的墙体达到设计强度的75%以上时，方可进行墙后填料施工。挡土墙顶面做成与路肩一致的横坡度，以便排除路面水。

c. 墙后回填均匀、摊铺平整，填料顶面按设计要求设置横坡。在墙后1m范围内，不得有大型机械行驶或作业。墙后填筑时，分层填筑，松铺厚度不超过20cm，压实度应满足规范和设计文件的要求。

(4)质量控制要点和监理要点

参照“1.1.8.2 边沟、截水沟与排水沟”要求执行。

1.1.9.5 边坡锚固防护

(1)一般规定

①破碎且不平整的边坡，必须将松散的浮石和岩渣清除，用浆砌片石填补空洞，对坡面缝隙进行封闭处理。边坡修整后平整、密实。框格防护见图1.1.9-6。

图1.1.9-6 框格防护

②边坡开挖和钻孔过程中，对岩性及构造进行编录和综合分析，与设计相比出入较大时，报监理单位审批。

③修整边坡的弃渣应按有关规定堆放，不得污染环境。

④浇筑混凝土时，模板应加支撑固定。

(2)锚杆框架施工

①锚杆框架施工工序见图1.1.9-7。

②施工要点：

a. 锚孔位置及框架精确定位，并挖出竖梁、横梁肋轮廓，坡面必须刻槽，深度满足设计要求。

b. 锚孔钻进应采用无水干钻，以防因钻孔施工使坡体地质条件恶化。

c. 钻孔过程应有专人负责，对地质情况及钻进情况详细记录，如与设计不符，应立即停钻并及时反馈、采取措施。

d. 钻孔结束后用高压风进行清孔，孔壁不得有黏土或粉砂。

e. 框架模板拼装应平整、严密，净空尺寸应准确，符合设计要求。模板表面应刷隔离剂，便于脱模。浇筑混凝土时，模板应加支撑固定。

f. 框架应分片施工，每片由2~3根立柱及其横梁、顶梁组成。

③质量要求：

a. 孔位、孔径和倾角等符合设计要求。

b. 锚杆框架外观顺直、美观、无麻面，混凝土强度符合设计要求。

c. 钢筋制作与安装符合《公路桥涵施工技术规范》(JTG/T F50—2011)的规定。

d. 检查施工记录,查锚杆轴线误差 ±3°。

e. 检测锚索(杆)拉拔力和长度。

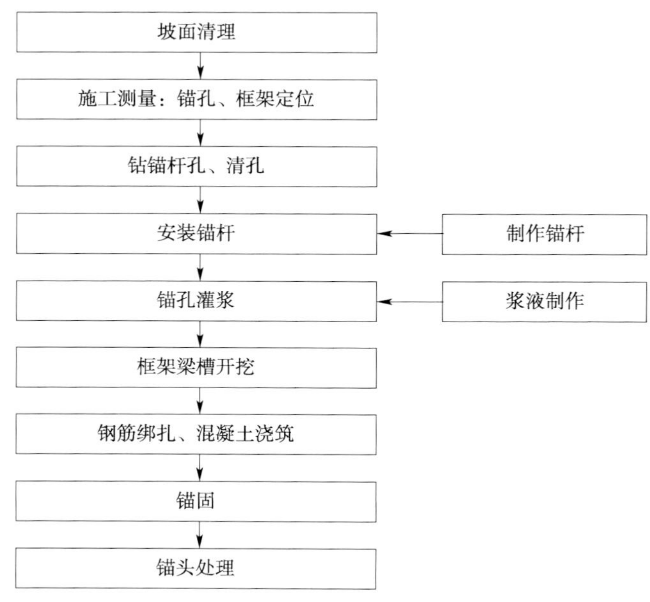

图 1.1.9-7 锚杆框架施工工序

1.1.9.6 SNS 主动防护网防护

(1)施工方法

①对坡面防护区域内的浮土及浮石进行清除或局部加固。

②放线测量确定锚杆孔位,并在每一孔位处凿一深度不小于锚杆外露环套长度的凹坑,口径为 20cm,深 20cm。

③按设计深度钻凿锚杆孔并清孔,孔深应比设计锚杆长度长 5cm 以上,孔径不小于 ϕ45mm。

④注浆并插入锚杆,采用 1:2 的水泥砂浆,在进行下一道工序前注浆体养护不少于 3d。

⑤安装纵横向支撑绳,张拉紧后两端各用 2 ~ 4 个(支撑绳长度小于 15m 时用 3 个,大于 30m 时用 4 个,其间用 3 个)绳卡与锚杆外露环套固定连接。

⑥从上向下铺挂格栅网,格栅网间重叠宽度不小于 5cm,两张格栅网间的缝合(以及格栅网与支撑绳间)用 ϕ1.2mm 铁丝按 1m 间距进行扎结,有条件时该道工序在上道工序前完成。

⑦从上向下铺设钢绳网并缝合,缝合绳为 ϕ8mm 钢绳,缝合后预张拉,缝合绳两端各用两个绳卡与网绳进行固定连接。

⑧预应力加固:支撑绳和 ϕ16mm 网片的加固力不得小于 2t。

(2)施工技术要求及注意事项

①施工过程中要求各道施工工序必须有详细记录。

②施工所用材料(钢筋、水泥)等必须有出厂证明和合格证。

③钻机固定牢靠,在岩层钻进反推力作用下仍能保证钻机稳定。

④在钢绳网下铺设小网孔的 S0/2.2/50 型格栅网，以阻止小尺寸岩块的塌落。

⑤施工中如发现地质条件与设计有较大出入时，及时与设计人员联系。

1.1.10 取、弃土场整治

1.1.10.1 一般要求

①承包人进场后首先对取、弃土场设计进行调查，对运输道路进行整修。

②避开植被茂密区，取土场利用荒山包、弃土场利用荒山沟，并与开荒造田一起考虑，力求少占用农田。

③取、弃土场位置的选择要与当地政府密切沟通，为新农村建设提供服务。

④靠近公路占地界的在路基基底表面以下开挖的取土场，应距离公路界至少 10m 以外。

⑤按照相关法律法规要求严格控制取土深度。

1.1.10.2 取土场

①取土场在施工过程中要求做到随取随平整，周界规则；取土完毕后，利用保存的地表土进行植被恢复。

②取土时注意环境保护，取土后的裸露面按设计采取土地整治或防护措施。在风景区或有特殊要求的施工地段，按设计要求及时完成配套的环保工程。

③取土场表面种植土铲除后集中保存；取土结束后，及时复垦或植被恢复。

1.1.10.3 弃土场

①严格按照路基土石方调配方案，做好施工组织安排，避免因不合理施工组织导致弃土弃渣数量的增加。

②弃土场的选择还应符合下列要求：

a. 弃土优先选择在临近的取土坑和低洼地；尽量远离村庄、厂矿、公路、铁路等。

b. 严禁在岩溶漏斗、暗河口、泥石流沟上游及贴近桥墩、台处弃土、弃渣。避免雨水大、冲刷严重的地段。

c. 沿河岸或傍山路堑的弃土，不得弃入河道、挤压桥孔或涵管口，以及改变水流方向和加剧对河岸的冲刷，及时设置挡护设施。

d. 严禁向江、河、湖泊、水库、沟渠内弃土、弃渣。

e. 弃土堆与路堑顶部保持足够的安全距离，确保路堑边坡的稳定。

③在地形条件允许的前提下，弃土与高填路段的路基填筑同步进行，为高填路段整体稳定性、行车安全提供保证，并能减少防护工程数量。弃土填筑形成的部分可以设置观景台或临时停车平台。

④弃土场的位置与高度应保证山体和自身的稳定，不得影响附近建筑物、农田、水利、河道、交通和环境等，并提前完成防护与排水工程。

⑤弃土堆放规则，按设计要求进行整平碾压，不得任意倾倒，弃土场要做到顶面平整，坡面平、顺、直，并对弃土场顶面和坡面及时进行植被恢复。弃土场整修见图 1.1.10-1。

⑥弃土场弃土前做好地质勘查、支挡防护等，防止发生滑坡、泥石流等次生灾害。

图 1.1.10-1 弃土场整修

1.1.11 冬、雨期施工

1.1.11.1 一般规定

①冬、雨期施工,根据季节特点和施工段的地质地形条件,制订合理的施工方案。

②雨期施工做好临时排水,并与永久排水设施衔接顺畅。

③冬、雨期施工应加强安全管理,制订安全预案,加强气象信息的收集工作,避免灾害和事故发生。

1.1.11.2 冬期施工

①土质路堤、半填半挖地段不得在冬期施工,挖方路基、填石路堤可进行冬期施工。

②冬期施工路基基底处理:填筑前将基底范围内的积雪和冰块清除干净,对需要换填地段的基底及时进行整平压实,基底处理采用透水性好的材料。

1.1.11.3 雨期施工

①施工中,挖、运、摊平、碾压等各道工序应连续进行,雨前及时压完已填土层。

②低洼地段和高填深挖地段、填方地段的土质路基、工程地质不良地段以及沿河路段,尽量避开雨期施工。

③施工便道平整不积水,路基及施工场地周围保持排水畅通,雨后加强施工便道的维修、养护,确保道路畅通。

④提前做好路基排水系统,急流槽、排水沟、边沟等设施在雨期来临前进行施工。排走的雨水不得流入农田、耕地,不得冲刷路基。

⑤路基施工集中力量做到随挖、随运、随铺、随平整和压实,每层填土表面筑成3% ~4%的施工横坡以利于排水,收工前将铺填的松土碾压密实,雨后待表面干燥并重新碾压,经测试达到要求后,进行上一层的填筑。

⑥雨期土方填筑时,应严格控制土料含水率,过湿的土料应予晾晒;当天铺土,当天压实,雨天积水应及时抽出,浸泡的部分晾晒后重新压实或换土。

⑦车辆机具停放地、库房、生活区域、生产设施选在最高洪水位以上或高地上,做好防洪措施,并与可能产生泥石流冲击的地方保持一定的安全距离。

1.1.12 安全生产和文明施工

1.1.12.1 安全生产

①对作业人员必须进行安全技术交底,并记录存档。

②夜间施工要有足够的照明,施工现场临时安装的电器必须符合安全用电要求,严禁私拉乱接。

③现场各类机械设备施工必须满足以下要求:

a. 机械施工应严格执行一机一人专职使用制度,每台机械必须悬挂机械设备标识牌。

b. 机械设备在施工现场定点停放,停放时拉上驻车制动闸。定期检查机械设备的性能,禁止带病作业。

c. 打桩机实行准入制,验收合格后方可使用,且有超高限位装置。

d. 机械操作室内必须悬挂安全操作规程。机械出入场所、施工现场出入口应设置禁止和警示标志。

e. 挖掘机、装载机、起重机,强夯设备等机械作业范围内如有高压线、管线等,应有专人指挥作业,并设置危险源警示标志和安全隔离措施。

f. 大型施工机械进场必须做到“四严禁”，即严禁使用没有制造资质的企业生产的设备，严禁使用没有经过专业培训的人员进行机械操作，严禁施工现场机械违章作业；严禁机械带故障作业。

④基地处理。

a. 地下管线不明时，应挖十字沟进行探测，在显著位置标出管线位置，加以保护。

b. 及时联系相关部门，对管线、电缆、光缆等进行迁移；无法迁移的，应会同设备管理单位采取防护措施。

c. 进行爆破作业前，向所在地有关部门办理审批手续，由具备爆破资质的专业机构实施。爆破作业应根据地形、地质和施工地区环境的具体情况，采取相应的防护措施。爆破器材库严格管理，严格执行入库、出库、退库手续，爆破作业现场设置安全警戒防护，由专人统一指挥。在清方过程中发现有瞎炮、残药、雷管时，必须由爆破人员处理。

⑤路基填筑施工应符合下列要求：

a. 滑坡、崩塌、高陡边坡等高风险路基作业，必须编制专项安全施工方案，经监理工程师审批后方可施工。施工过程中设置明显的禁止、警告标志。

b. 边坡按照图纸要求设置泄水槽，要求临时与永久相结合，采用预制急流槽时，随路基填高及时安装，防止雨水毁坏边坡。

⑥路基开挖施工应符合下列要求：

a. 路基开挖作业自下而上开挖，严禁掏底开挖。

b. 开挖与装运作业相互错开进行，严禁双层作业。松动的土、石块及时清除，弃土下方和滚石危及范围内的道路，要在距现场 200m 处设警告标志，作业时禁止通行，并设专人负责。

c. 挖方边坡及时防护。

⑦路基上的预埋管线等宜与路基同步施工，不得因其施工而损坏、危及路基的稳固与安全。

1.1.12.2　文明施工

①施工单位应成立以项目经理为组长的现场文明施工领导小组，负责文明施工的管理工作。明确划分文明施工责任区，责任区明显位置设置公示牌。

②每个施工合同段应在起点设置宽 4m、高 2.5m 的公示牌，写明单位名称、合同段。山区施工标段，可设置在标段主干道或主便道进口处。

③标段的起点应设置路线平面图、工程简介、责任单位、施工单位责任人等公示牌。

④施工现场水、电等临时设施应合理规划、布置，做到整齐美观。

⑤施工现场道路平整，施工机械状态良好、停放整齐、标识清晰，施工材料堆放有序、标识规范。

⑥圬工材料不得侵占施工便道，不得卸在路基边坡或路面上，在路基上卸的材料有隔离和警示措施，不得长期堆积占用公路。

⑦路基上坡道尽量不占用路基。

⑧施工范围内场地整洁无杂物，做到工完场清。

⑨取土场形状规则、底部平整，取土深度符合相关要求，并及时复垦交付。

⑩所有施工工点的临时警卫房宜统一采用白墙、红顶的彩钢瓦，面积不小于 $5m^2$。不得搭建窝棚、帐篷作为警卫房，更不得作为劳务队用房。

1.1.13 路基整修

1.1.13.1 路堤整修

(1)整修要点

①填土路堤用机械刮土或补土的方法整修成形,配合压路机碾压。补填的土层压实厚度不小于100mm,压实后表面平整,不得松散、起皮;石质路基表面用石屑嵌缝紧密、平整,不得有坑槽和松石。

②测量放样,撒白灰标示出路堤两侧设计宽度,填土路堤两侧超填的部分,采用机械粗刷,人工刷坡到位。当坡面填土不足时,自下而上将边坡挖成台阶,分层填补、夯实,再按设计坡面刷坡。

③填石路床松散的或半埋的尺寸大于100mm的石头,从路基表面层移走,并按规定填平压实。

④边沟整修应挂线进行,如遇边沟缺损,补砌部分与原有部分衔接顺畅。

(2)质量要求

①各实测项目满足《公路工程质量检验评定标准 第一册 土建工程》(JTG F80/1—2004)和《公路路基施工技术规范》(JTG F10—2006)规定的要求。

②整修后的坡面应顺适、美观、牢固,坡度符合设计要求,不得亏坡。取土坑、护坡道应整齐稳定。

③永久性排水系统的沟、槽,表面整齐,沟底平整,排水畅通不渗漏;临时排水设施与现有沟渠连通。

1.1.13.2 路堑整修

(1)整修要点

①土质路基路床用人工或机械刮土或补土的方法整修成形。

②深路堑边坡整修按设计要求的坡度,自上而下进行刷坡。

③在整修加固坡面时,预留加固位置。当边坡受雨水冲刷形成小冲沟时,沟深≥10cm时将原边坡挖成台阶,分层填补、夯实。

④边沟整修应挂线进行,如遇边沟缺损,补砌部分与原有部分应衔接顺畅。

⑤路堑边坡如出现超挖,用浆砌片石填补超挖坑槽。

(2)质量要求

①各实测项目满足《公路工程质量检验评定标准 第一册 土建工程》(JTG F80/1—2004)和《公路路基施工技术规范》(JTG F10—2006)规定的要求。

②路堑边坡坡度不低于设计要求,坡面平顺稳定,不得亏坡,石质边坡无险石、悬石和浮石。

1.2 路面工程

1.2.1 总则

1.2.1.1 目的和适用范围

(1)目的

为规范承德山区干线公路路面工程施工,提高管理水平,确保各道施工工序工作到位,克服质量通病，保证工程质量，保障施工安全，倡导文明施工，编制本指南。

(2)适用范围

本指南适用于河北省承德市干线公路建设项目路面工程施工管理。

1.2.1.2　编制依据

①国家、交通主管部门发布的与工地建设、公路工程相关的文件、现行标准、规范、规程和指南。

②河北省颁布施行的有关施工管理的文件规定。

③行业内通用的先进施工工艺和管理办法。

1.2.1.3　主要内容

路面工程共7部分，分别为总则，施工准备，水泥稳定碎石底基层、基层，透层、粘层和防水层，热拌沥青混合料路面，水泥混凝土路面，路肩石、中央分隔带混凝土护栏。

1.2.2　施工准备

1.2.2.1　一般要求

①承包人进场后立即进行料源分布、交通条件、临时用电的调查，进行拌和场统筹规划，承包人项目部等的建设应符合本项目招标文件和《承德山区干线公路施工精细化指南》"管理、工地建设"部分的要求。

②承包人按合同文件计划要求安排组织施工队、机械设备(图1.2.2-1)进场，并满足工程实际需要。

图1.2.2-1　机械设备

③承包人在开工前必须建立健全质量、环保、安全管理体系和质量检测体系，细化到各施工工点，并落实到责任人；应适时对各类施工班组、施工人员进行岗前培训和技术、安全等交底。

④承包人各分项工程开工前均应做试验段(或首件工程)。有条件时试验段尽量选择在非主线段且长度不小于200m的路段进行，并根据试验段总结指导以后施工。

1.2.2.2　人员准备

①承包人按投标书承诺组织技术人员及主要施工人员进场，并满足工程实际需要。

②根据合同工期合理安排各专业施工队陆续进场，编制(月、季、半年、年)劳务用工计划，确保特殊季节(农忙、节假日等)劳务人员数量。

③各施工工点管理组织机构见图1.2.2-2。

1.2.2.3　技术准备

①在开工前，承包人应对设计文件进行复核，并做好设计技术交底工作，包括施工工艺、质量控制、污染防治等。

②承包人接桩后立即进行导线、水准点的复测和加密测量工作，并经过监理工程师认可。

③按合同规定完成临时路面试验室建设，组织有关技术人员完成所用材料试验工作和施工配合比设计工作，并报监理工程师批复。

④做好安全防卫和安全技术交底工作，避免天气、施工机械等对施工人员的生命财产构成威胁。

⑤承包人应在工程开工前，根据《公路工程质量验收评定标准　第一册　土建工程》(JTG F80/1—2004)编制本项目《单位、分部、分项工程的划分表》，并报监理工程师审批，作为工程内业资料编制的依据之一。

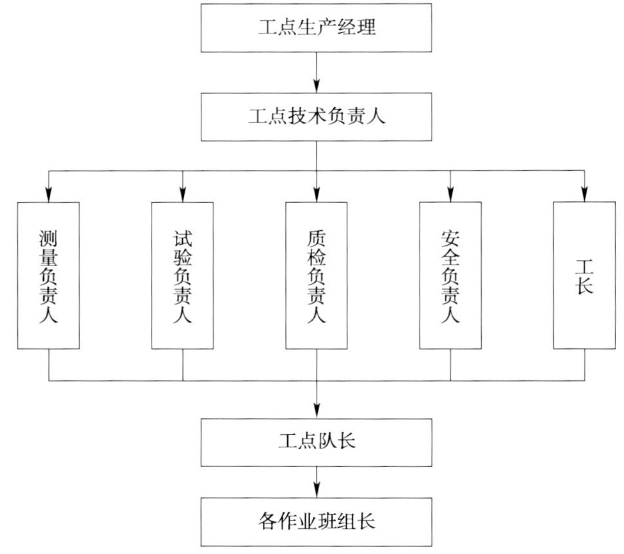

图 1.2.2-2　施工工点管理组织机构

注：施工工点的管理、技术人员均为承包人的人员，而非劳务队人员。承包人应根据施工工点安排，明确工点管理的相关负责人。

1.2.2.4　机械准备

(1)路面施工机械设备

拌和设备、摊铺整平设备、压实设备、装运输设备及其他设备满足招标文件要求。

(2)设备管理

①承包人的机械设备按业主要求、同时要满足工程进度和质量需要进场。

②设备停放位置要合理规划、分区布置、摆放整齐、确保安全。

③应明确各施工工点机械组合配置情况。

1.2.2.5　材料准备

(1)准备工作

路面施工前，应提前做好所需各种材料的招标采购工作，杜绝不合格材料进入现场。

(2)道路石油沥青

①沥青必须按品种、标号分开存放。

②道路石油沥青在储运、使用及存放过程中应有良好的防水措施，避免雨水或加热管道蒸汽进入沥青中。

(3)改性沥青

①成品改性沥青到达施工现场后应存储在改性沥青罐中，改性沥青罐中必须加搅拌设备并进行不间断地搅拌；使用前改性沥青必须搅拌均匀，在施工过程中应每天取样检验。

②改性沥青的剂量以改性剂占改性沥青总量的百分数计算，胶乳改性沥青的剂量应以扣除水以后的固体物含量计算。用作改性剂的 SBR 胶乳中的固体物含量不得少于 45%，使用中严禁长时间曝晒或遭冰冻。

(4)集料

①路面基层、面层用粗集料采用片石加工的碎石,自行破碎筛分。

②加工面层集料所用的片石采用岩性为石灰岩、玄武岩、安山岩的片石进行加工。细集料宜机制砂,自行加工,不允许采用天然砂。多孔性玄武岩不得使用。

③碎石破碎场地要统一、合理规划,不同规格碎石要分开堆放在硬化、无污染的场地上,场内应排水良好,道路畅通。

④不同岩性、不同料源的片石不得混杂破碎。

⑤路基弃方片石、隧道洞渣在满足质量的情况下,应经过高压水冲洗干净,确保片石无表层土石块、无风化石块、无泥块及杂草等,方可用于破碎;否则不允许使用。

⑥沥青面层集料的破碎筛分设备在工艺流程设计时必须配有以下5个主要设备:喂料机、颚式破碎机、反击式破碎机、振动筛、整形(制砂)机。示意图如图1.2.2-3所示。

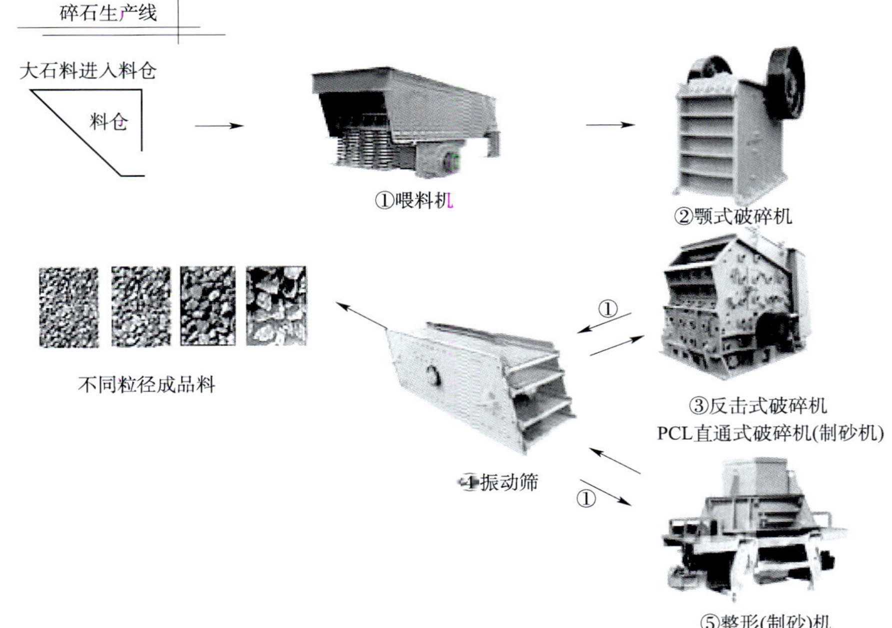

图1.2.2-3 沥青面层集料的破碎筛分设备示意图

⑦在进行基层级配碎石和沥青混合料碎石的生产时,石料破碎场为减少污染应配备干式除尘装置,减少集料中0.075mm颗粒的含量。严禁为了减少污染采用在振动筛上喷水的方法。

⑧混合料分筛后再进行水洗,严禁边水洗边进行粒料筛分作业。沥青路面使用的粗集料必须对单粒级的集料进行水洗。雨天不得进行碎石生产。

⑨在碎石生产过程中应加强试验检测,以保证生产的碎石性能稳定,各项技术指标应符合规范要求。

⑩集料加工的规格应满足路面各结构层的要求,基层用碎石与沥青面层用碎石的振动筛的筛孔尺寸根据各结构层的配合比需要进行确定。

⑪振动筛子的竖向倾斜角度规定为70°,未经允许不得随意调整筛子的倾斜度。

⑫每个路面结构层在开工前,所采备的碎石数量不得低于该结构层设计数量的30%,同时要满足大规模连续施工的需要。

⑬应系统做好拌和场地的地面排水与硬化,防止各类砂、石集料污染。

1.2.2.6　路基与桥梁交验

①路面承包人进场后，发包人、监理工程师应督促路基承包人及时进行路基和桥涵交接验收，所移交连续路基的长度应不小于2km；若路基、路面为同一承包人，路基交验仍需按程序进行。

②路基、桥涵交接应按照《公路工程质量验收评定标准　第一册　土建工程》(JTG F80/1—2004)所规定的检查项目进行交接。

③路基交验后，路面承包人在路基两侧设置路面排水设施，防止水毁路基。

④路面承包人在接收路床后，应对路槽进行整修和碾压。

1.2.3　水泥稳定碎石底基层与基层

1.2.3.1　一般要求

①底基层与基层组成设计采取低剂量水泥稳定碎石，施工前宜在下承层培好土路肩后进行摊铺施工，并保持下承层湿润。

②水泥稳定碎石混合料要集中厂拌，摊铺机摊铺。

③严格掌握底基层、基层厚度和高程，路拱横坡应与面层一致。

④每一段碾压完成并经压实度检查合格后，应立即开始养生，严禁其他车辆通行。

⑤两个相邻路面施工单位的交界处接缝做法，先施工底基层的单位把底基层做至路段交界处，以上每层退后5m，由相邻施工单位把各结构层做至接缝处。

1.2.3.2　机械要求

机械的配备要能够满足招标文件和项目工程总体进度计划的要求，设备间产量相互匹配。

低剂量水泥稳定碎石底基层、基层机械设备配备的最低要求如表1.2.3-1所示。

底基层、基层机械设备配备表　　表1.2.3-1

机械名称	规格型号或品牌	额定功率(kW)或容量(m^3)或吨位(t)	数量(台)
稳定土厂拌设备		400t/h	1
稳定土摊铺机			2
振动压路机		激振力≥40t	4
平地机		≥180	1

1.2.3.3　材料要求

①水泥：普通硅酸盐水泥和矿渣水泥，采用32.5或42.5的强度等级散装缓凝水泥，快硬、早强水泥以及受潮结块变质的水泥不得使用。

②碎石：采用反击式破碎机生产的碎石，应洁净、无软弱颗粒、无泥块、无植物草根等。

③水：凡是饮用水(含牲畜饮用水)均可用于水泥稳定碎石施工。

④底基层和基层原材料的试验项目符合规范要求。

1.2.3.4　配合比设计

基层配合比的设计采用重型击实与振动击实相对照的方法制成试件，标准养生7d测得的无侧限抗压强度确定。

1.2.3.5　施工准备

①将拌和设备安装调试完毕后，由计量部门进行计量系统的标定，并经发包人与监理工程师认可。基层拌和楼见图1.2.3-1。

②建立施工工点质量保证体系、制定质量技术控制措施、工程进度计划等提交监理工程

师批准后进行技术交底工作。

③根据设计图纸提供的纵断面参数，桩号按照5m为最小单位依次计算好设计中桩、边桩的高程。

④对已交验的路基放出底基层的中线和边线。

⑤对下承层用清扫机清扫干净，洒水湿润下承层；若提前设置土路肩，应在土路肩内侧铺一层塑料膜，防止碎石与土混合，水分散失。清除杂物见图1.2.3-2。

图1.2.3-1　基层拌和楼

图1.2.3-2　清除杂物

1.2.3.6　试验路段

①试验路段流程图见图1.2.3-3。

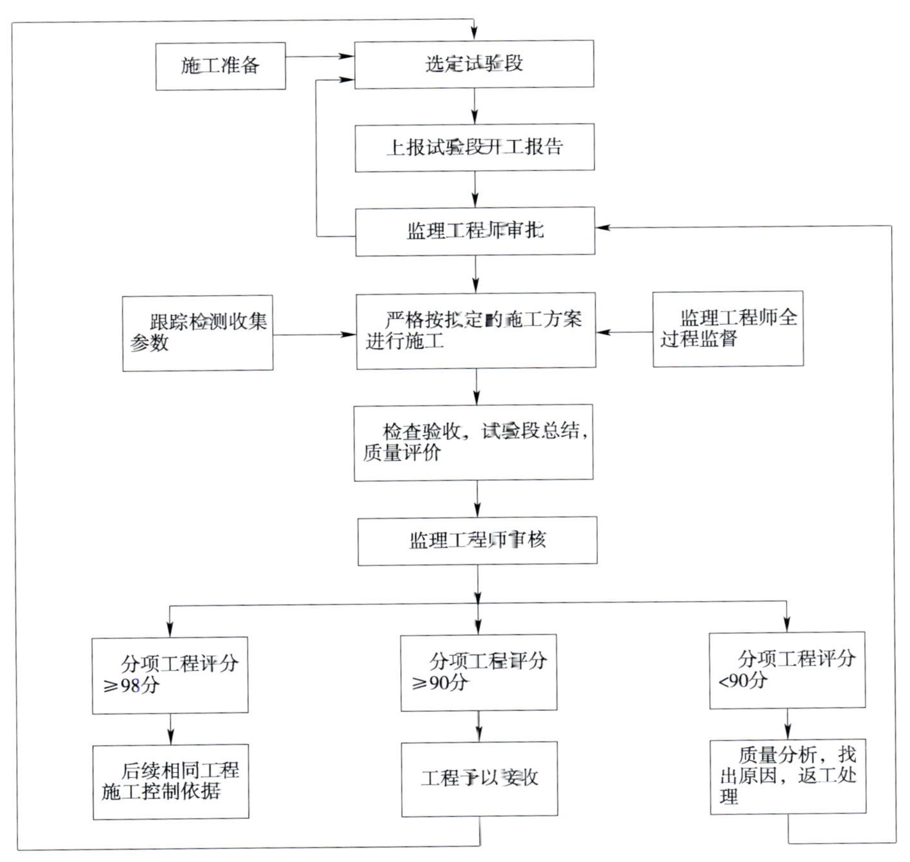

图1.2.3-3　试验路段流程图

②在试验段开始前14d,承包人应提出施工方案报送监理工程师审批。试验段铺筑长度不应少于200m。

③试验段施工方案的内容包括:管理人员、技术人员(测、试、检)、机械设备、施工工序和施工工艺等详细说明。

④试验段应在监理工程师的监督下进行。铺筑过程中及时检测混合料的级配、含水率、水泥剂量,每遍压实之后的压实度、松铺系数等,做好观察和记录。

⑤试验段质量检验结果必须满足规范质量验收标准,试验段检测频率应是正常标准中规定频率的2~3倍。

⑥当使用的原材料和混合料、施工机械、施工方法及试铺段的各项检测项目都符合规定,即可编写《试验段总结报告》报监理工程师认可,作为申报正式开工报告的依据。

⑦通过铺筑试验段,要确定以下主要内容:

a. 用于施工的原材料、集料级配和混合料配合比。

b. 主要参数:机械组合及性能(机械的技术性能、工作效率、工作质量、可靠性,以及安全、环保等要求)、摊铺机行走速度、振幅、频率;压实机械规格、松铺厚度、碾压遍数、碾压速度;最佳含水率及碾压时含水率允许偏差等。

c. 摊铺过程质量控制标准、方法。

ⓐ原材料用量的控制,拌和方法和拌和时间。

ⓑ混合料含水率的调整与控制。

ⓒ控制水泥剂量和拌和均匀性的方法。

ⓓ混合料摊铺方法和适用机具。

ⓔ压实机械的选择和组合,压实的顺序、速度和遍数。

ⓕ拌和、运输、摊铺和碾压机械的协调和配合调整。

d. 根据试验段确定的机械组合、进场设备数量和施工工期安排,进一步调整优化施工组织方案,调配机械设备,布设施工工点。

e. 优化后的施工工艺。

f. 优化后的工点管理组织机构和质量、安全等体系。

g. 原始记录、过程记录。

h. 确定每一压实作业段的长度。

i. 试验段确定的各项参数作为正式施工现场控制的依据。

1.2.3.7 施工工序

水泥稳定碎石施工工序见图1.2.3-4。

1.2.3.8 施工要点

(1)施工工作面

①设立侧模,要求线条直顺,内侧竖直,并保持湿润。模板高度要高于基层或底基层的虚铺厚度2cm,并保持下承层湿润。基层采用挂钢索、立侧模见图1.2.3-5。

②承包人应在施工前一天保证下承层表面平整、坚实、干净,没有松散的材料和软弱点,具有规定的路拱。基层碾压见图1.2.3-6。

③如施工期天气炎热,为了避免水分流失过快,下承层含水率小导致基层下部的水分损失,造成下部松散,在基层铺筑前,由多台洒水车交替洒水作业,并指定专人对洒水效果进行控制,保证下承层含水率适宜。

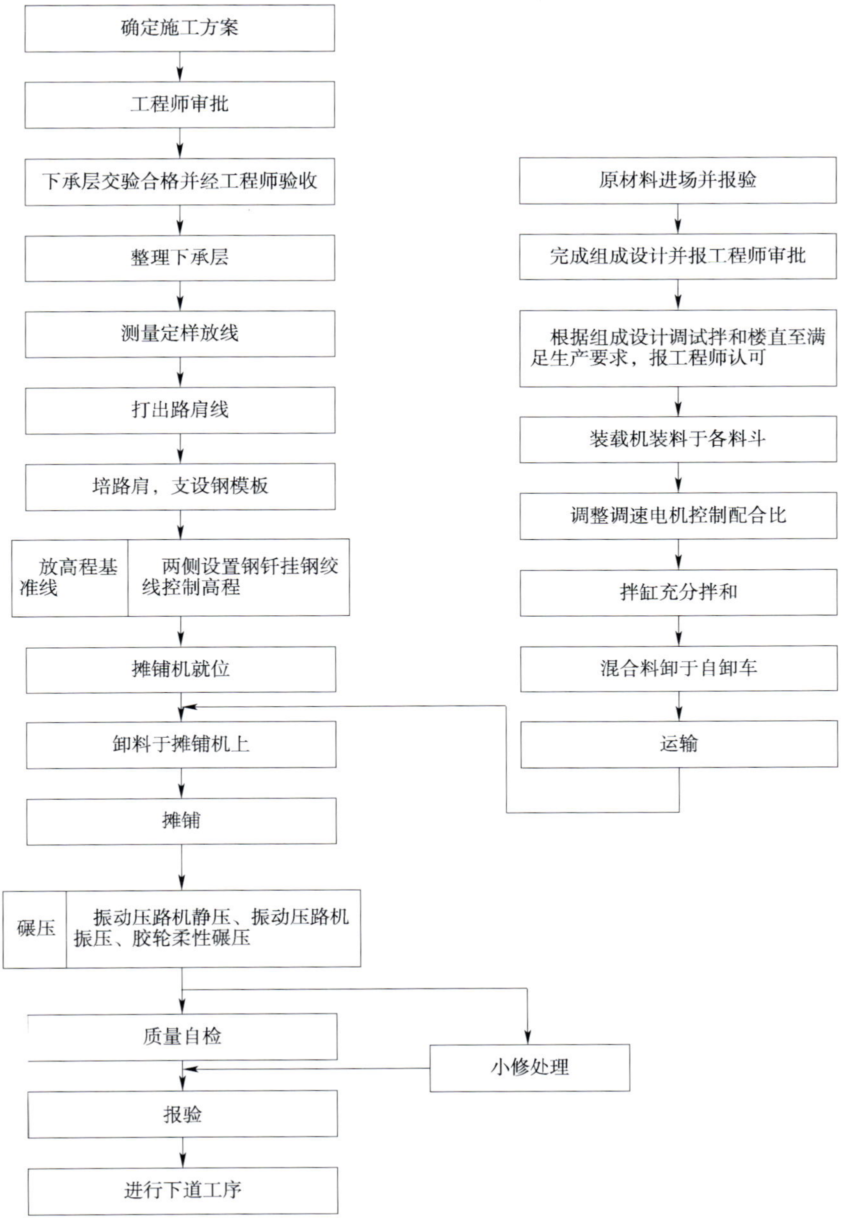

确定施工方案
↓
工程师审批
↓
下承层交验合格并经工程师验收
↓
整理下承层
↓
测量定样放线
↓
打出路肩线
↓
培路肩，支设钢模板
↓
放高程基准线	两侧设置钢钎挂钢绞线控制高程

↓
摊铺机就位
↓
卸料于摊铺机上
↓
摊铺
↓
碾压	振动压路机静压、振动压路机振压、胶轮柔性碾压

↓
质量自检（→ 小修处理）
↓
报验
↓
进行下道工序

原材料进场并报验
↓
完成组成设计并报工程师审批
↓
根据组成设计调试拌和楼直至满足生产要求，报工程师认可
↓
装载机装料于各料斗
↓
调整调速电机控制配合比
↓
拌缸充分拌和
↓
混合料卸于自卸车
↓
运输 → 卸料于摊铺机上

图 1.2.3-4　水泥稳定碎石施工工序

图 1.2.3-5　基层采用挂钢索、立侧模

图 1.2.3-6　基层碾压

(2)施工放样

①承包人在施工前恢复中线时,放中线、边线、定桩、撒白灰线。

②高程控制采用钢绞线控制,每段长 300 ~ 400m。在两端用紧线器同时张紧,钢丝绳的挠度不大于 2mm。

③钢钎选用直径 3cm 光圆钢筋加工而成,高度不小于 1.0m,并配固定架,固定架采用丝扣。相邻钢钎间距直线段 10m,曲线段 5m。

④钢钎打设在距摊铺边缘线外 40cm 处。高程控制误差为 -2mm、+3mm。钢纤固定后,测量固定横板外侧端部顶面挂线处高程,作为控制高程(设计高程 + 虚铺厚度 + 施工高度)。

(3)拌和

①混合料的拌和全部采用厂拌法。

②在拌和之前,对拌和设备反复调试,使其符合级配要求。拌和时按调试过程中确定的各料仓调速电机转速控制材料配合比。

③拌和前应测定各种规格原材料的含水率,根据含水率、天气情况和运距调整用水量。

④每次开始拌和时应对拌和设备前几盘做筛分试验,随机从皮带上截取 1m 长的混合料进行筛分试验。

⑤拌和过程中设专职试验员对拌和料的水泥剂量进行滴定试验,指导拌和站拌和,并对拌和料的含水率、级配、拌和的均匀性、混合料颜色进行盯岗控制。

⑥拌和时设专人对各料仓进行监控,避免因缺料或下料口堵塞发生断料现象,影响混合料级配。

⑦拌和机出料不允许采取自由跌落式的落地成堆、装载机装料运输的办法。必须配备带活门料斗的料仓,由料斗出料装车运输。

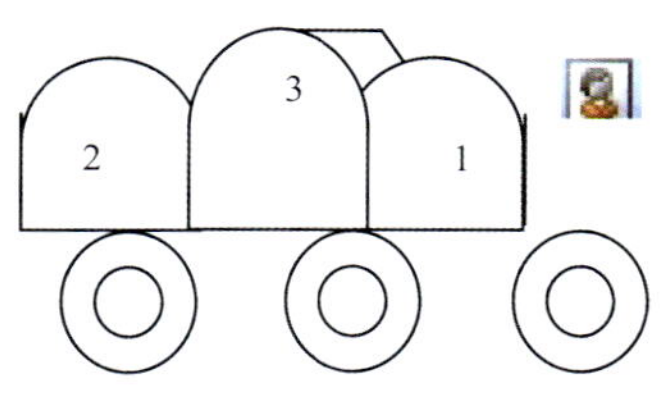

图 1.2.3-7　运输车装料示意图

(4)运输

①混合料运输车必须在车斗上安装车盖。

②采用自卸汽车运输。装料时,车辆应前、后、中移动(采用三次卸料法,见图 1.2.3-7)。

③从拌和到运至现场时间超出水泥的初凝时间的混合料作为废料处理,卸在指定地方。

(5)摊铺

①摊铺机起步时应注意慢慢调节夯锤频率与摊铺速度成一定正比关系。摊铺时应注意含水率大小,及时反馈。

②双机摊铺时前台摊铺机采用路侧钢丝和设置在路中的导梁控制高程,后台摊铺机路侧采用钢丝、路中采用滑靴控制高程。

③摊铺机最大限度地保持匀速前进,摊铺不停顿、间断,以每台摊铺机前有 3 辆以上车辆等候卸料为宜。

④局部离析现象采用专人人工消除。

⑤无法采用机械摊铺的部位采用人工摊铺,人工摊铺时采用挂线法控制高程。

(6)碾压

①混合料摊铺成形后,立即在全宽范围内由低处向高处碾压。要根据试验段确定的碾压设备型号、碾压速度、遍数等参数进行碾压。

②纵向碾压时成锯齿状(最小错开1m),接头处应错成横向45°的阶梯形状。示意图见图1.2.3-8。

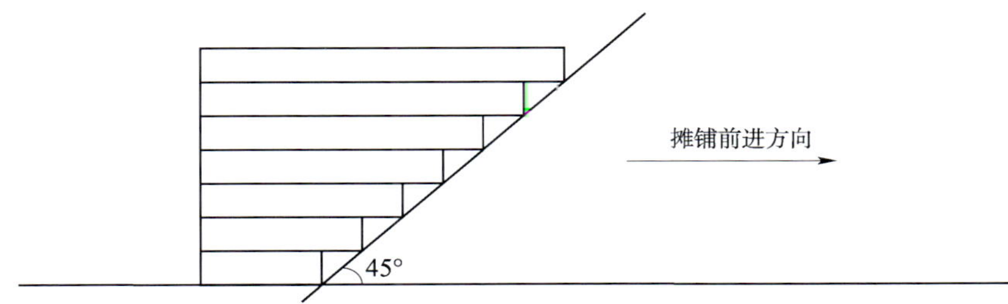

图1.2.3-8　纵向碾压示意图

③对于搭板等边角地段要重点加强压实,采用大型压路机结合小型压路机进行横向加强碾压。

(7)接缝处理

①水泥稳定粒料作业摊铺时因故中断时间超过2h必须设横缝。

②两作业段的接缝应与路中心线垂直。同一幅路面严禁出现纵向接缝现象。

③上、下层的横缝应错开。

④压路机碾压完毕,沿端头斜面开到下承层上停机过夜。

(8)施工期间污染防治措施

①所有临时便道上路口处要进行必要的硬化,长度不小于30m。

②中央分隔带临时开口前后30m范围内整幅路面要满铺土工布。路缘石防污染措施见图1.2.3-9。

③施工运输便道、拌和场内和施工现场要经常洒水,防止扬尘。

④施工横缝铲除的废弃混合料要拉到指定地点,严禁扔到路基边坡上或中央分隔带内,造成污染。

(9)养生及交通管制

①压实后第一时间采用土工布湿养,养生时用土工布覆盖成型的路面基层,由多台洒水车交替喷洒土工布表面,以基层表面(含两侧)和土工布始终保持湿润。基层覆盖养生见图1.2.3-10。

图1.2.3-9　路缘石防污染措施

图1.2.3-10　基层覆盖养生

②养生期间封闭交通,设有专人看管。

1.2.3.9　质量控制要点

①水泥稳定碎石基层在保证强度的情况下，采用低剂量水泥，水泥用量不大于3.5%。

②摊铺作业面表面质量情况为：平整、坚实，设路拱，无松散材料、无浮土，表面湿润、无积水。

③涉及半幅施工时，为了保证两幅接缝处摊铺料的厚度、平整度、压实度，宜采用固定槽钢或木方等不易变形的侧模方式进行拦挡，槽钢支设牢固，线性顺直、曲线圆滑。

图1.2.3-11　铣刨不平整基层

④材料运输过程中全程覆盖。

⑤摊铺过程中应随时记录摊铺速度、松铺厚度、路拱坡度、摊铺平整度、振动频率。

⑥随时检查碾压情况，包括：碾压速度、遍数等，碾压终止时是否有轮迹或隆起、是否漏压或碾压是否到边、碾压是否密实。铣刨不平整基层见图1.2.3-11。

⑦全面检查摊铺成品各项情况（包括压实度、平整度、纵断高程、厚度、宽度、横坡度、强度、含水率、水泥剂量等）。

1.2.3.10　质量问题的预防措施与管理措施

（1）横向裂缝防治措施

①严格控制水泥剂量。

②控制原料中细集料的用量、减少含泥量、混合料粉尘含量。

③合理安排工序衔接，确保各结构层的养护时间。

④施工中严格控制含水率。养生期间基层表面处于湿润状态。

⑤保证混合料摊铺的连续性和均匀性，碾压及时。

（2）平整度质量较差的防治措施

①要设专职挂线员对高程和钢丝松紧程度及脱落进行随时检查。

②试验人员现场及时抽查含水率、水泥用量和碎石级配情况，保证拌出混合料色泽一致，级配良好。

③严格控制碾压速度及均匀性，提高静压遍数，降低初压、复压速度。减少压路机的停止、启动次数。

④安排专人对刚碾压成型段用6m直尺进行平整度检查，对高出部位采用压路机进行振动碾压，达到合格。

（3）对于冒浆的防治

①施工过程中严格控制碾压遍数，避免出现“唧浆”现象。

②严格控制含水率。现场摊铺过程中加强含水率检测频率，发现偏差及时调整。

③对碾压中出现的软弹部位及时进行混合料更换。

1.2.3.11　施工安全措施

①建立健全拌和站和施工机械的安全操作规程，对施工人员进行安全技术交底，电工、机械操作人员必须持证上岗。

②拌和站发生故障或维修时，必须关机、断电后方可进行，并必须锁住电源闸箱，设专人监护。

③施工现场卸料应由专人指挥，指挥人员应位于摊铺机料斗外侧2m外的安全地带。

④施工机械运转时，严禁人员上下机械；在进行压实作业区域内，严禁人员来回走动或停留。

⑤安全资金专款专用，安全防护设施配备要齐全。

1.2.4 透层、黏层与防水层

1.2.4.1 一般要求

①对下承层表面全面清扫。用强力吹风机吹净浮尘。

②洒布沥青时的表面要晾干，气温低于10℃或大风、浓雾、下雨时不得施工。

③洒布透层、黏层、防水层时，必须用土工布或塑料膜将混凝土护栏、路缘石、路肩石等表面覆盖保护，防止污染。

④洒布时间：应在下步工序开展前提前一天完成。

1.2.4.2 材料要求

①透层材料根据基层类型选择具有良好渗透性能的液体沥青、乳化沥青或煤油稀释沥青。

②透层油的黏度通过调解稀释剂的用量或乳化沥青的浓度得到适宜的黏度，基质沥青的针入度通常宜不小于100。

③水稳层透层油渗透深度应不小于5mm，级配碎石层透层油渗透深度应不小于10mm。

④透层油的洒布量应通过试洒确定。透层施工见图1.2.4-1。

图1.2.4-1 透层施工

1.2.4.3 机械要求

①透层、黏层必须采用配有电脑控制洒布量和导热保温装置的智能型沥青洒布车，洒布车应有独立操作的油泵、速率计、压力表、计量器、温度计及罐内循环泵搅拌装置。

②防水层必须使用智能型沥青碎石同步封层车施工。

1.2.4.4 施工工艺流程

透层、黏层、防水层施工工艺流程见图1.2.4-2。

1.2.4.5 施工要点

(1)透层

①喷洒前先将基层表面的浮尘彻底吹净、表面骨料外露。

②透层沥青在水泥稳定碎石基层的喷洒量为0.7～1.5kg/m²，渗透深度应不小于5mm；透层沥青在级配碎石基层的喷洒量为1～2.3kg/m²，渗透深度应不小于10mm。透层沥青用量根据试洒渗透情况确定。

③透层油的洒布量应通过试洒确定，不宜超出《公路沥青路面施工技术规范》(JTG F40—2004)表9.1.4要求的范围。

④洒布前要对结构物采取覆盖措施，保证水泥混凝土结构物不受污染。

⑤喷洒的黏层油按设计用量呈雾状一次浇洒均匀，喷洒过量处应立即撒布石屑或砂吸油，遗漏部位人工补洒。

⑥交通管制。喷洒透层沥青后，应严格封闭交通，防止破坏其对水泥稳定碎石的养生和透层沥青的黏结作用。

(2)黏层

①喷洒黏层沥青前，应清扫干净，雨后的面层，水分应蒸发干净、晒干。

②沥青路面层下的黏层油应在沥青摊铺的当天洒布，确保黏层不受污染，但应待改性乳化沥青破乳、水分蒸发完后才能铺筑沥青混合料。

③喷洒的黏层油必须成均匀雾状，在路面全宽度内均匀分布成一薄层，不得有洒花漏空或成条状，也不得有堆积。喷洒不足的要补洒，喷洒过量处应予刮除。

④所有结构物混凝土与沥青层接触部位，在洒布后必须人工均匀涂刷黏层油。

⑤喷洒黏层油后，应封闭交通，禁止除沥青运输车辆以外的车辆通行。

⑥前一天施工结束后应设置隔离层。

图 1.2.4-2　透层、黏层、防水层施工工艺流程

(3)防水层

①沥青中面层上的防水层应在上面层施工前一天洒布。桥面及搭板上的防水层应在面层施工前 2 ~ 3d 洒布。

②喷洒防水层前，应将沥青中面层、桥面及搭板表面清扫干净，吹净浮灰，雨后或用水清洗的面层，水分应蒸发干净、晒干；桥面应经过精铣刨法彻底处理。

③喷洒防水层后，应封闭交通，禁止除沥青运输车以外的车辆、行人通行；经检查防水层实干后，方可进行沥青层施工。

1.2.5　热拌沥青混合料路面

1.2.5.1　一般要求

①施工前对拌和楼计量设备进行标定，施工期间应定期进行标定。

②开工前，各种原材料的试验结果及目标配合比设计和生产配合比设计，应提前 28d 向监理工程师提出正式报告。

③沥青混合料在铺装过程中严格推行“零污染”施工。合理安排房建、机电、交通安全设施、绿化、防护工程等的交叉作业。

④摊铺前应对路缘石、混凝土护栏路面铺装层以下的侧面人工涂刷沥青。

⑤应用土工布或塑料膜覆盖混凝土护栏等构件,防止污染。

⑥桥面沥青混凝土铺装时,应采用振荡压路机。

⑦上面层可采用3~4cm SMA沥青玛蹄脂碎石、3~4cm普通沥青SMA或3~4cm密级配改性沥青混凝土。下(中)面层可采用6~7cm ATB密级配沥青稳定碎石或5~6cm沥青混凝土。

⑧野外路段沥青混合料采用SMA-16型或AC-16C型,城区路段沥青混合料选用SMA-13型或AC-13C型。中、下面层粒径控制不低于25mm。

1.2.5.2 机械要求

机械的配备要能够满足招标文件和项目工程总体进度计划的要求,设备间产量相互匹配。

路面工程机械设备配备的最低要求如表1.2.5-1所示。

路面机械设备主要配备表 表1.2.5-1

机械名称	规格型号	额定功率(kW)或容量(m^3)或吨位(t)	数量(台)
沥青混凝土拌和站	3000型	240t/h	1
沥青混合料摊铺机	沃尔沃8820及以上型号		2
双驱双振压路机	BW 80 AD-2及以上型号	1.5t	1
双驱双振压路机	DD110以上型号	11t	1
双驱双振压路机	DD130以上型号	13t	4
胶轮压路机		30t	2
沥青洒布车		8t	1

1.2.5.3 材料要求

(1)总体要求

①粗集料采用具有足够强度和耐磨性的碎石,其表面应清洁、干燥、表面粗糙、无风化、无杂质,各项技术指标符合规范要求。

②经过水洗后的粗集料存储必须搭棚、隔离、分层、呈台阶式堆放,防止离析。沥青路面开始施工时,应备足总量的60%。

③细集料包括机制砂、石屑。机制砂采用专用的制砂机生产,并选用10~30mm的洁净石灰岩生产。

④沥青混合料的矿粉宜采用石灰岩加工,原料石中的泥土杂质应除净。

⑤沥青混凝土宜选用70号沥青,在储运、使用及存放过程中应有良好的防水措施。

(2)SMA-13沥青混合料

①石料规格:SMA-13沥青混合料包括10~15mm、5~10mm和0~3mm三种规格。

②不同规格石料的通过率要求如表1.2.5-2所示。其中0~3mm规格石料的通过率以水洗筛分试验为准。

不同规格石料的通过率要求 表1.2.5-2

石料规格(mm)	不同筛孔质量通过率(%)									
	16	13.2	9.5	4.75	2.36	1.18	0.6	0.3	0.15	0.075
10~15	100	85~97.5	0~10	0~5	0	0	0	0	0	0
5~10	100	100	85~97.5	0~10	0~5	0	0	0	0	0
0~3	100	100	100	100	80~100	50~80	25~60	8~45	0~25	0~15

(3)ATB-25沥青稳定碎石混合料

①石料规格:ATB-25沥青稳定碎石混合料包括10~25mm、10~20mm、5~10mm和0~

5mm 四种规格。

②不同规格石料的通过率要求如表 1.2.5-3 所示。其中 0 ~ 5mm 规格石料的通过率以水洗筛分试验为准。

不同规格石料的通过率要求 表 1.2.5-3

石料规格（mm）	不同筛孔质量通过率(%)												
	31.5	26.5	19	16	13.2	9.5	4.75	2.36	1.18	0.6	0.3	0.15	0.075
10 ~ 30	100	90 ~ 97.5	—	—	0 ~ 10	0 ~ 5	0	0	0	0	0	0	0
10 ~ 20	100	100	85 ~ 97.5	—	—	0 ~ 10	0 ~ 5	0	0	0	0	0	0
5 ~ 10	100	100	100	100	100	85 ~ 97.5	0 ~ 10	0 ~ 5	0	0	0	0	0
0 ~ 5	100	100	100	100	100	100	90 ~ 100	60 ~ 90	40 ~ 75	20 ~ 55	7 ~ 40	2 ~ 20	0 ~ 10

(4)石料加工场振动筛筛孔尺寸建议

①对于 SMA 沥青混合料,石料加工场振动筛筛孔尺寸从上往下依次建议为:16mm + 11mm + 7mm + 4mm。

②对于 ATB-25 沥青混合料,石料加工场振动筛筛孔尺寸从上往下依次建议为:28 或 29mm + 22mm + 11mm + 7mm + 4mm。

③拌和楼振动筛尺寸。

a. ATB-25:4mm + 7mm + 11mm + 22mm + 32mm。

b. SMA-13:4mm + 7mm + 11mm + 17mm。

1.2.5.4 配合比设计

沥青混合料配合比设计应严格按目标配合比设计、生产配合比设计及生产配合比验证三阶段进行。

(1)目标配合比设计

①设计中混合料的最大理论密度。对于道路石油沥青,应采用最大理论密度仪进行测定,并用理论计算值进行校核;对于改性沥青,应采用理论计算方法,实测值进行校核。

②水稳定性检验。

a. 采用 48h 浸水马歇尔试验。残留稳定度:普通沥青混合料≥80%,改性沥青混合料≥85%。

b. 采用冻融劈裂试验。残留强度比:普通沥青混合料≥75%,改性沥青混合料≥80%。

③高温稳定性检验采用车辙试验。动稳定度:普通沥青混合料 DS≥1200 次/mm,改性沥青上面层混合料 DS≥3000 次/mm。

④目标配合比设计报告应包括如下内容:

a. 总说明。包括工程概况、材料性能汇总表、合成级配一览表、马歇尔试验技术指标汇总表、最佳用油量的确定,以及其他说明等。

b. 附相关材料试验的数据与表格。

c. 附混合料试验过程的数据及表格,设计混合料性能检验结果。

d. 附中心试验室的配合比检验报告(包括旋转压实检验等)。

(2)生产配合比的设计

①对沥青拌和楼冷料仓的送料速度与电机转速的关系应进行标定,根据形成的关系曲

线，选定相应的电机转速进行送料。

②根据目标配合比设计确定的各冷料仓比例进行上料，采用试配法使合成级配最大限度地与设计级配相一致。

③采用目标配合比设计的沥青用量及沥青用量 ±0.3% 对混合料进行试拌，确定适合的拌和温度与拌和时间，并进行马歇尔试验。

④根据试拌结果，确定生产配合比的级配及最佳沥青用量。最佳沥青用量与目标配合比设计的结果的差值不得大于 ±0.2%。

(3)生产配合比的验证

按生产配合比结果进行试拌，并取样进行马歇尔试验。生产配合比的矿料合成级配中，至少应包括 0.075mm、2.36mm、4.75mm 及公称最大粒径筛孔的通过率接近设计级配范围的中值。生产配合比的验证应通过试拌试铺，并对各项指标进行检测后确定。

(4)生产配合比设计报告应包括如下内容：

①总说明。生产配合比设计过程的简要介绍及结论，包括所确定的热料仓筛网尺寸、各热料仓的比例、混合料的拌和时间及其马歇尔试验的关键数据等。

②附件。各热料仓的筛分试验、合成级配、马歇尔击实试验、抽提试验，以及水稳定性检验等。

1.2.5.5　施工准备

①将拌和设备安装调试完毕后，由计量部门进行计量系统的标定，并经发包人与监理工程师认可。

②建立施工工点质量保证体系、制定质量技术控制措施、工程进度计划等提交监理工程师批准后进行技术交底工作。

③根据设计图纸提供的纵断面参数，桩号按照 5m 为最小单位依次计算好设计中桩、边桩的高程。

④对已交验的基层放出下面层的中线和边线。下面层采用挂钢索，见图 1.2.5-1。

图 1.2.5-1　下面层采用挂钢索

⑤铺筑沥青混合料前应检查下承层的质量，不符合要求的不得铺筑沥青面层。

1.2.5.6　试验段

①试验段铺筑前，承包人要进行技术交底工作。

②试验段的长度不少于 200m。

③试验段的铺筑应达到如下目的：

a. 确定大面积施工的标准配合比。

b. 确定摊铺厚度和松铺系数。

c. 确定合理的施工机械配置，包括机械数量、组合方式及机械性能（机械的技术性能、工作效率、工作质量、可靠性，以及安全、环保等要求）。

d. 确定标准施工方法。

ⓐ混合料配比的控制。

ⓑ拌和楼的拌和温度、拌和时间。

ⓒ摊铺机的摊铺温度、摊铺速度、摊铺宽度、自动找平方式等。

ⓓ压路机的压实顺序、碾压温度、碾压遍数、碾压组合方式。

ⓔ接缝方法以及确定每一作业段的合适的作业长度。

④试验段总结报告应包括如下内容：

a. 总说明。就试验段的全过程进行简要介绍，并应有试验段抽检的主要数据。

b. 附试验表格。混合料的马歇尔试验、抽提试验、所取芯样的试验及试验段的其他相关数据。

c. 附件。目标配合比及生产配合比试验报告，工地试验室的试验段抽检报告。

d. 优化后的施工工艺。优化后的工点管理组织机构和质量、安全等体系。

e. 每一段作业的长度。

⑤试验段总结报告应报监理工程师审批后，方可作为大面积施工的指导方案。

1.2.5.7　施工工序

热拌沥青混凝土面层施工工序见图 1.2.5-2。

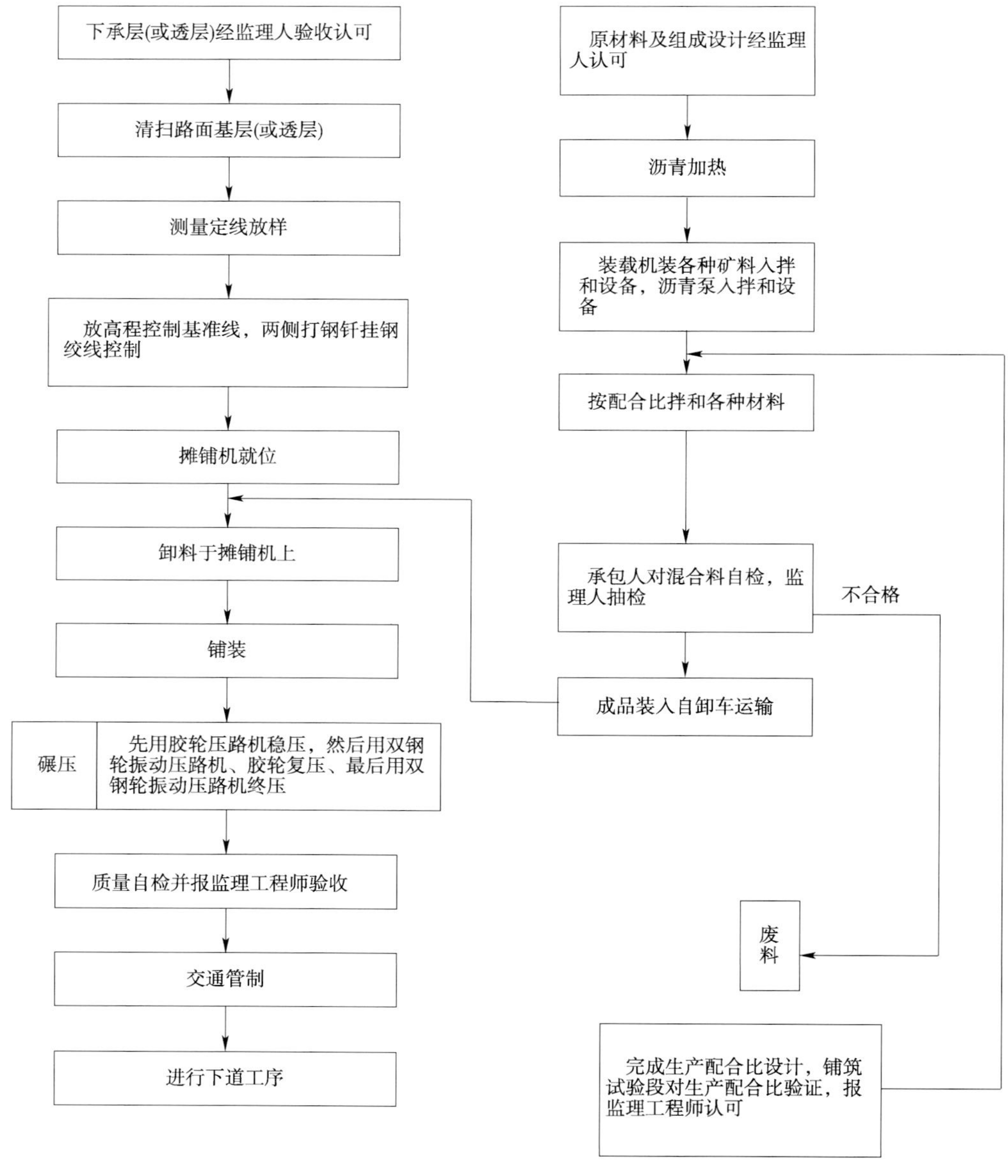

图 1.2.5-2　热拌沥青混凝土面层施工工序

1.2.5.8 施工要点

(1)沥青混合料的拌和

①在摊铺桥面沥青混合料时,改性沥青拌和混合料温度宜采用控制的高限。

②拌和时,每种规格的集料、矿粉和沥青都必须按批准的生产配合比准确计量,其计量误差应控制在规定的范围内。

③沥青混合料的拌和时间由试验确定,普通沥青混合料每盘拌和时间不少于45s(其中干拌时间不得少于5s),改性沥青混合料每盘拌和时间为60s左右(其中干拌时间不得少于5~10s),保证沥青均匀裹覆,严禁出现花白料。

④使用改性沥青时,应有专人随时检测沥青泵、管道、计量器是否受堵,堵塞时应及时清洗。

⑤每个台班结束时进行沥青混合料生产量及铺筑厚度的检验对比。

⑥拌和楼宜备有保温性能好的成品储料仓,储存过程中混合料温降不得大于10℃,且不能有沥青滴漏。当天拌和的普通沥青混合料或改性沥青混合料要当天铺完。

(2)混合料的运输

①在运输车装料前可在车厢内侧表面涂刷一薄层肥皂水或油水(柴油:水为1:3)混合液,但不得有余液积聚在车厢底部。

②运输车应严密覆盖并采取保温措施。混合料运到施工现场时温度应符合要求。

③装料时运输车要前后移动,按五次卸料法装料(图1.2.5-3),避免混合料在装车滚动过程中产生离析。

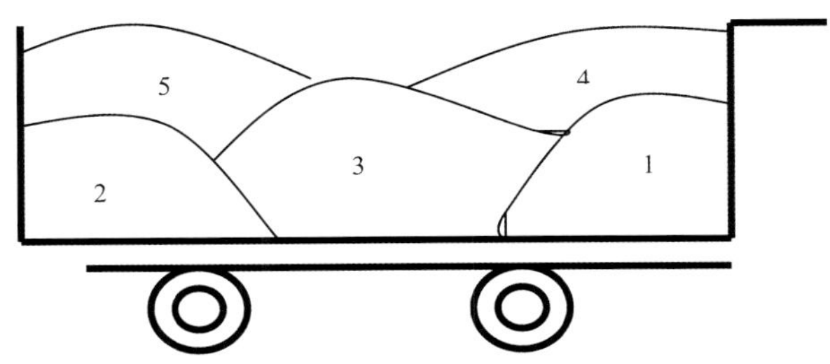

图1.2.5-3 沥青混合料运输车装料示意图

④运料车进入摊铺现场时,轮胎上不得黏有泥土等可能污染路面的脏物,否则应设水池先洗净轮胎后方可进入工程现场。

⑤对不符合温度要求或已经结成团块、已遭雨淋湿的混合料应废弃处理。

(3)沥青混合料的摊铺

①摊铺机开始摊铺前应提前1h预热熨平板,其温度不低于120℃。铺筑过程中,应使熨平板的振捣及夯锤的振动频率和振幅与摊铺速度成一定比例。

②每台摊铺机前的运料车有3~5辆时,方可开始摊铺,摊铺必须保证连续作业。摊铺机起步时应缓慢加速。确保既不停机待料,又不积压车辆。

③两台摊铺机摊铺前后错开3~5m成梯队方式同步摊铺,两幅之间应有3~6cm宽度的搭接,上、下层纵向接缝错开20cm以上,同时接缝位置应躲开车道轮迹带位置。

④摊铺沥青下面层ATB沥青稳定碎石时,必须采用挂钢丝绳控制高程和横坡度;摊铺上面层沥青混合料时宜采用非接触平衡基准梁装置施工。

⑤摊铺沥青下面层ATB沥青稳定碎石时,为了防止无路缘石侧厚度、压实度不能得到保证和两幅接缝处不直顺现象出现,宜采用固定角钢拦挡摊铺料。利用角钢做下面层侧模,

见图1.2.5-4。

⑥沥青混合料摊铺过程中应配备足够数量的测量、试验、质检人员对沥青混合料的各项指标进行检测，并及时反馈与调整。摊铺中检查平整度见图1.2.5-5。

图1.2.5-4　利用角钢做下面层侧模

图1.2.5-5　摊铺中检查平整度

⑦在路面狭窄部分、平曲线半径过小的匝道、加宽部分、斜交桥头等可用伸缩摊铺机进行作业。

⑧在雨季摊铺沥青路面时，应加强与当地气象部门联系，已摊铺的沥青路面因遇雨未能压实的应铲除。

图1.2.5-6　组合碾压

(4)沥青混合料的碾压

①初压、复压、终压都应在尽可能高的温度下进行，宜采用列车式紧跟碾压；不得在低温状况下作反复碾压，避免石料棱角磨损、压碎，破坏集料嵌挤。组合碾压见图1.2.5-6。

②碾压要遵循"紧跟、慢碾、高频、低幅、小水"的原则。

③横向碾压时压路机应位于已压实的混合料层上，伸入新铺层的宽度为15cm。然后每压一遍向新铺混合料移动15～20cm，直至全部在新铺层上为止，再改为纵向碾压。

④碾压轮在碾压过程中应保持清洁，有混合料黏轮时应立即清除。

⑤ATB沥青碎石碾压时，每台摊铺机后应至少配备1台胶轮压路机和2台双钢轮压路机；采用1台轮胎式压路机错幅揉搓碾压4遍。复压紧接在初压后进行，采用2台DD130双驱动钢轮振动压路机(振动压实)错幅振压4遍。终压紧接在复压后进行，采用DD110双驱动钢轮压路机静压至下面层表面无明显轮迹。

⑥经济型SMA沥青混合料碾压时每台摊铺机后应至少配备2台双钢轮压路机。摊铺后紧接碾压，采用2台DD130双驱动双钢轮振动压路机列车式紧跟振压6遍，以保证高温压实效果及防渗水效果。最后采用DD110双驱动双钢轮压路机静压至无轮迹。

⑦每个作业面应至少配备1台备用压路机，确保处于上述工作状态。同时应配备小型振动压路机及人工用热夯等设备，以便对边角等部位进行处理。

⑧严禁在未成型的路面上停放机械。碾压完毕，压路机停放在当天碾压区以外(包括加水时)。

⑨整个碾压过程中压路机必须保持匀速，不得在碾压区内转向、调头、左右移动位置、中途停留、变速或突然制动。

(5)接缝

①上、下层油面的横向接缝应错位2m以上。

②横向缝接续施工前，应在切断面积上涂刷黏层油。

③各层横向接缝均应采用垂直的平接缝。应在前半幅沿边刨除成毛茬，将浮渣清扫干净。在后半幅铺筑时侧面涂少量黏层油，再进行摊铺和跨缝碾压。禁止使用切割机进行切割。接缝处理见图1.2.5-7。

④两个相邻路面施工单位的交界处接缝做法：先施工沥青底面层的单位把底面层做至距基层接缝处向后5m位置，以上每层退后5m，由相邻施工单位把各结构层做至接缝处。

图1.2.5-7　接缝处理

(6)气候条件

①沥青混合料的摊铺应避免在雨天进行，当路面滞水或潮湿时应暂定施工。

②一级公路当施工气温低于10℃、其他等级公路施工气温低于5℃时，不得进行沥青面层施工，在临近最低气温10～15℃施工时，应采取以下措施：

a.提高混合料拌和温度至高限。

b.运输车辆严格覆盖保温。

c.采用高度密实的摊铺机，熨平板加热，降低摊铺速度。

d.摊铺后紧接碾压，缩短碾压段长度。

e.增加振荡压路机数量至4台，采用振荡压路机进行碾压。

③未经压实即遭雨淋的沥青混合料应全部清除，更换新料。

(7)施工期间零污染防治措施

①所有临时便道上路口处应进行必要的硬化，长度不小于30m。

②中央分隔带临时开口前后30m范围内整幅路面应满铺土工布。

③所有进入施工现场的车辆应全部进行轮胎冲洗，务必干净彻底。

④施工过程中产生的废弃黑色混合料应拉到指定地点，严禁扔到路基边坡上或中央分隔带内，造成污染。

⑤施工便道和拌和场内经常洒水，防止扬尘污染环境。

⑥其他工程(如急流槽浇筑、泄水口制作、中央分隔带混凝土护栏安装以及分隔带填土等)涉及需要在路面进行作业的，应采取垫铁板或塑料布等隔离措施以防污染路面。

(8)交通管制

按照规范合理设置警告标志、限速标志等交通标志牌与交通管制设备。

1.2.5.9　质量控制要点

①按《公路沥青路面施工技术规范》(JTG F40—2004)附录G的方法进行沥青混合料生产过程中的在线监测和总量检验。

②检查下承层表面干净，无浮尘、无积水，控制高程用的钢绞线拉紧度、高程等情况，检

查、记录各种设备的调试情况,熨平板的余热温度。

③检查压路机碾压顺序、碾压速度、混合料的碾压温度,碾压完毕混合料的温度;摊铺机是否有间断摊铺,停止时间、原因等;是否有漏压情况等。

④严把材料、混合料配合比设计、混合料拌制、摊铺、碾压五关,控制好混合料的级配、沥青用量和路面孔隙率三个关键因素。

1.2.5.10 质量问题的防治措施与管理措施

(1)桥面沥青混凝土铺装层质量缺陷和病害的防治

①摊铺机作业应连续,沥青混凝土铺装层厚度均匀,保证铺装的最小厚度。

②桥面混凝土铺装采用精铣刨等方式保证平整度和粗糙度,防水层沥青洒布均匀适量,避免漏洒或防水层沥青集中的现象。

③纵坡较小的桥面要保证雨水快速排出。

(2)沥青混凝土面层平整度控制要点

①保证摊铺机的均匀连续作业,不在中途停顿,不得随意调整摊铺机的行驶速度和振动的频率。

②上面层铺筑前对下面层平整度不合格或不理想的部位进行精铣刨或补油处理。

③合理选择碾压速度,严禁在未成形的油面上急刹车或快速起步,选择合理的振频、振幅。

④在摊铺机前设专人清除掉在“滑靴”前的混合料及摊铺机履带下的混合料。

(3)沥青混凝土面层离析现象的防治

①对于整体出现的离析现象,可通过配比调试,改进拌和楼,改进机械设备的组合进行解决。

②对于摊铺过程中出现的局部部位离析现象,可以通过增加摊铺机反向螺旋叶片、调整反向叶片尺寸、输料器连接片等措施进行解决。

1.2.5.11 施工安全措施

①建立健全拌和楼和施工机械的安全操作规程,对施工人员进行安全技术交底。

②拌和场内沥青罐、油罐等处应设置“小心烫伤”、“禁止烟火”的明显标志,并配备齐全的消防器材。

③施工人员应正确穿戴劳动防护用品,防止烫伤,夏季高温季节施工应采取防暑降温措施。

④施工机械运转时,严禁人员上下机械;在进行压实作业区域内,严禁人员来回走动或停留。

⑤在交叉路口、转弯处应设置导向标志和安全警告标志,设专人指挥交通。

⑥项目部按招标文件配备足够专职安全员,全面负责安全生产,教育施工人员严格执行安全操作规程,并定期进行安全检查。

1.2.6 高性能水泥混凝土路面

1.2.6.1 一般要求

①水泥混凝土路面一律采用高性能混凝土。

②路面板块划分按小板块设置,纵向板块长度宜为 2.5m,横向板块宽度宜为 2.5m ± 0.2m。

③高性能水泥混凝土路面应采用集中厂拌法拌制混合料,应优先选配间歇式强制搅拌

楼，采用三滚轴机组铺筑施工，从拌和到摊铺终了的时间不应超过混凝土的初凝时间。

1.2.6.2　设备要求

①机械设备配备必须满足施工要求，主要设备最低要求见表1.2.6-1。

所需主要设备　　表1.2.6-1

工作内容	设备名称	单位	数量
钢筋加工	钢筋锯断机	台	2
	钢筋折弯机	台	2
	电焊机	台	2
测量	GPS或全站仪	台	1
	水准仪	台	4
	线桩	个	50
	紧线器	个	5
	基准线	米	500
模板	侧模板	块	若干
	端模板	块	若干
	钢钎	个	若干
拌和	间歇式混凝土搅拌站	座	1
	装载机	辆	2
	发电机组	套	1
	供水泵	台	1
	蓄水池	个	1
	外加剂池	个	1
运输	自卸车或农用车	辆	8
摊铺	三辊轴机组	台	1
	密排式振捣器	台	1
	振捣棒	个	4
整平	铝合金刮杠	个	2
	磨平机	台	2
	电抹子	台	2
切缝	切缝机	台	3
	移动发电机	台	2
灌缝	灌缝机	台	1
养生	洒水车	辆	2
	土工布		若干

②必须进行二次收浆，第二次收浆必须用机械收浆（提浆机），机械压光。

③应及时采用切缝机对混凝土路面进行切缝，切割完毕后即刻对切缝灌注高强度水泥浆。

④混凝土路面抗滑措施采取精铣刨。

1.2.6.3　材料要求

(1)原材料

水泥、碎石、砂、粉煤灰、磨细矿渣粉、外加剂、钢筋等材料按施工进度要求保证一定储备量，满足施工需求，为确保原材料质量符合试验规程及施工技术规范的要求，由质检员和试验员按规定频率进行检验,监理工程师按规定频率抽检。

(2)粗集料

①粗集料级别不低于Ⅱ级,应使用质地坚硬、耐久的碎石,不得含有泥块等杂物,且压碎值不大于10%,含泥量不大于0.5%。

②粗集料不得使用不分级的统料。粗集料最大公称粒径为31.5mm,应按最大公称粒径的不同采用2~4个粒级的集料进行掺配。

(3)细集料

①细集料应采用质地坚硬、耐久、洁净的天然砂、机制砂。

②天然砂应采用中粗砂,机制砂磨光值宜大于35。

(4)水泥

①水泥宜采用旋窑42.5级道路硅酸盐水泥、硅酸盐水泥、普通硅酸盐水泥。

②水泥进场时每批量应附有产品合格证及化验单。承包人应对品种、强度等级、包装、出厂日期等进行检查验收,并报监理人审批。

③水泥混凝土路面施工应选用散装水泥,其初凝时间应在3h以上、终凝时间应在4.5h以上。

④混凝土搅拌时的水泥温度不得高于50℃,且不得低于10℃。

⑤进场水泥的抗压强度、抗折强度、安定性和凝结时间必须经检验合格并经监理人员认可后方可用于施工。

(5)粉煤灰及其他掺和料

①高性能混凝土路面在掺用粉煤灰时,应采用Ⅰ、Ⅱ级干排或磨细粉煤灰。粉煤灰宜采用散装灰,进货应有等级检验报告。粉煤灰的掺量不得超过30%。

②磨细矿渣粉是制作高性能道路混凝土的必备原材料,使用前应经过试配检验,确保路面混凝土的弯拉强度、工作性、抗磨性、抗冻性等技术指标合格,磨细矿渣粉细度宜为400~600m^2/kg。

(6)水

施工用水应洁净,不得含有害物质。

(7)外加剂

①减水剂。高性能混凝土路面中必须掺加减水率大、坍落度损失小、可调控凝结时间的高效减水剂或复合型减水剂,选定减水剂品种前,必须与所用的水泥进行适应性检验。

②引气剂。承德地区属于有抗冰(盐)冻要求地区,路面混凝土必须使用引气剂。引气剂应选用表面张力降低值大、水泥稀浆中起泡容量多而细密、泡沫稳定时间长、不溶残渣少的产品。

1.2.6.4　施工前准备

(1)技术准备

①开工前由设计单位路面设计负责人向施工及监理单位进行设计图纸及文件技术交底。

②审查图纸、设计文件和熟悉施工技术规范;编制路面施工组织设计。

③校核控制桩平面位置及高程,恢复路线中桩及边桩,桩间距为:直线段10m,缓和曲线与圆曲线段5m。

④施工技术交底工作。摊铺开始前,对施工、试验、机械、管理等岗位的技术人员进行技术交底,编写详尽的技术交底报告书,施工单位对项目部技术人员进行一级交底,现场技术管理人员对施工队进行二级技术交底。

(2)施工生产配合比的确定

设计配合比应满足混凝土抗弯拉强度、工作性、耐久性和经济性的要求,施工配合比应根据天气、温度及运距等的变化,微调减水剂、引气剂或保塑剂的掺量,保证施工现场坍落度等工作性适宜于三辊轴机组摊铺,且波动最小。同时,根据当天早中晚温度、湿度、风速等变化微调外加剂量,维持坍落度基本稳定。

(3)试验路段

路面摊铺前,路外应做不少于20m的试铺路段,以便检验机械性能、机械配套组合、施工工艺、路面的成形质量控制、生产时拌和站与摊铺现场之间的协调能力等能否达到路面施工要求,否则加以调整。

(4)作业条件

①拌和站设置。一般设置在摊铺路段的中间位置,满足材料储运、存放、混合料拌和及运输要求。设置专门的钢筋加工及存放场地,同时供电、供水、防、排水满足使用要求。各种原材料进场前场地硬化,同时设置隔离墙,单独堆放,避免混合,为避免雨水日晒含水量变化,影响生产,要求用塑料布苫盖。拌和场内应设置排水沟,保证排水顺畅,避免原材料遭到浸泡。拌和站设置安全标志牌、悬挂安全生产标语;易燃易爆物品严格控制存放、使用,设专人看管。

②拌和站及配套设备安装、计量标定、调试等工作在正式开工前进行完毕,处于待用状态,同时备齐可供使用10d以上的材料。

③基层、封层的检查验收及修补。检测基层的强度、压实度、结构层厚度、平整度、高程、横坡等,各项指标均应满足规范要求,否则应修整至符合要求为止。封层如出现局部损坏,则采用相同的封层材料进行修补。

④人员培训。业主单位编制高性能混凝土路面施工作业指导书,施工单位依据作业指导书对各工种技术工人进行技术操作培训,技术人员、操作工人对工序衔接、各工序技术要求做到心中有数,把握操作要点,不经培训不得上岗操作。

1.2.6.5　施工工序

水泥混凝土路面结构层施工工序见图1.2.6-1。

1.2.6.6　施工步骤

(1)测量放样

①模板安装前在基层上进行模板位置的测量放样,直线段10m、曲线段5m布设中桩和边桩。

②每100m布设临时水准点,核对路面高程、面板分块、胀缝和构造物位置。

③测量放样的质量要求和允许偏差符合相应测量规范的规定,且不能超出规范对模板安装精确度的规定。

(2)模板技术要求及安装

①模板使用刚度足够的槽钢,不应使用木模板、塑料模板等其他易变形的模板,模板顺直无变形,内侧表面平整光滑,保证模板支设牢固,线形顺直。模板高度应为面板设计厚度,模板长度直线段为2~4m,缓和曲线与圆曲线长度为0.5~1m,每块模板中心应安装在曲线切点上。模板按图1.2.6-2要求制作。

②模板安装后应稳固、顺直、平整,无扭曲,相邻模板连接紧密平顺,不得有底部漏浆、前后错茬、高低错台的现象。

③模板安装检验后,与混凝土拌和物接触表面涂脱模剂;接头处粘贴胶带或用塑料薄膜等密封。

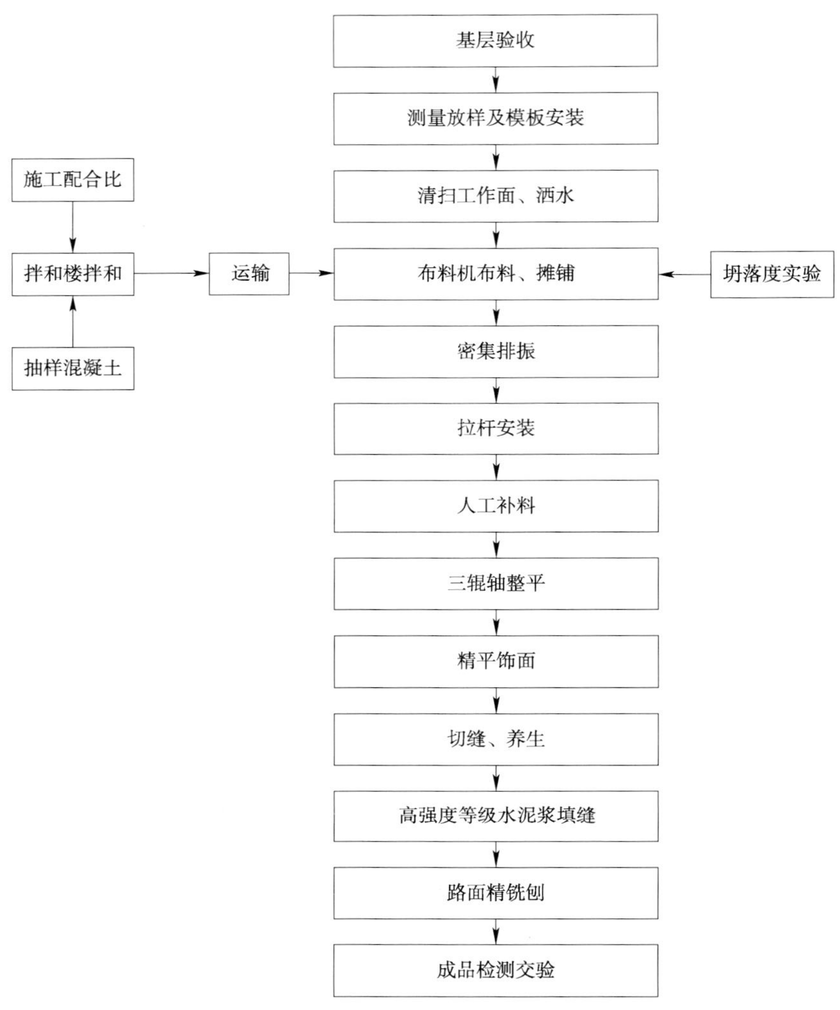

图 1.2.6-1　水泥混凝土路面结构层施工工序

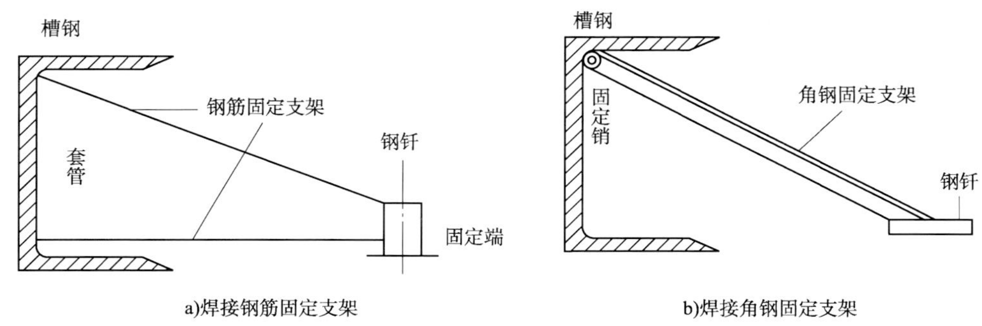

图 1.2.6-2　水泥混凝土路面模板制作要求

④模板拆除时间。初期可制同步养生试件，采集数据，确定拆模时间，以后根据经验数据，即可拆除模板。

⑤拆模不得损坏板边、板角及拉杆周围的混凝土。

(3)混凝土拌和

①搅拌设备投入生产前，进行标定。

②搅拌时间宜为 90 ~ 120s。

③外加剂以稀释溶液方式加入，单独泵送计量。

④粉煤灰、磨细矿粉采用与水泥相同的输送、计量方式加入。

⑤通过试验测定含气量，含气量控制在 4% ~ 6% 之间。

⑥每天混凝土拌和生产量做详细记录，填写混凝土生产记录表。

（4）运输

①选择车况优良的自卸卡车及农用运输车，运输混凝土时必须用苫布覆盖，确保水分不流失；车厢板应洁净、平整、光滑，自卸车后挡板必须关闭紧密，运输时不漏浆撒料。

②根据施工进度、运量、运距及路况，选配车型和车辆总数；总运力应比总拌和能力略有富余，不少于 8 台。

③运输时间。根据距离施工现场的运距，及时调整装料的数量，在保证连续施工作业的条件下，运输时间不大于 40min。

（5）卸料及布料

①布料前用吹风机清理作业面，并洒水润湿。

②设专人指挥车辆，均匀布料。布料应与摊铺速度相适应，出场坍落度宜控制在 20 ~ 30mm 之间，施工现场坍落度控制在 10 ~ 25mm 之间，根据早中晚温度、湿度、风速等天气变化考虑坍落度损失。

③松铺系数为 1.13 ~ 1.15，计松铺厚度为 34 ~ 35cm（坍落度大时取低值，坍落度小时取高值），超高路段，横坡高侧取高值，横坡低处取低值。

④施工摊铺配备小型装载机一台，进行大面积布料，局部混凝土表面过高时人工铲除，过低时用混合料补平，应使表面大致平整，无踩踏和混合料分层离析现象。

（6）密排振捣

①均匀布料长度大于 6m 时，开始振捣。

②排式振捣机（图 1.2.6-3）应匀速、缓慢、连续不间断地振捣行进，拖行速度宜为 20cm/15s，振捣棒横向间距为 40cm。达到拌和物表面不漏粗集料，不再冒气泡并泛出水泥浆为准。排式振捣机振捣不到的地方距边摸或端模 20cm 范围内用人工持振捣棒振捣。

图 1.2.6-3　排式振捣机

（7）安装拉杆、传力杆、钢筋网

①在侧模板上按设计要求预留拉杆插孔，在面板混凝土振捣密实的同时，插入纵向拉杆。确保混凝土与拉杆连接紧密。按照设计要求，安装传力杆定位支架，确保传力杆位置的准确性及稳定性。

②钢筋网。铺筑前按设计图纸核对钢筋网位置、路面板块、接缝位置等，钢筋网安装高度应在面板下 10cm 处，配置 4 ~ 6 个焊接支架或三角形架力钢筋支座，保证钢筋网不下陷位移。

（8）水泥混凝土摊铺整平机整平及其他工序

①水泥混凝土摊铺整平机整平作业单元至少 10m，排式振捣器振实与水泥混凝土摊铺

整平机整平两道工序之间的时间间隔不超过15min,严禁使用水泥浆找平。

②水泥混凝土摊铺整平机滚压振实混凝土料的高度大于模板顶面5~10mm,严格控制,设专人处理整平机前料位的高低情况,避免过高过低情况。

③在整平范围内,采用前进振动,后退静滚方式作业,进行2~3遍。

④滚压完成后,混凝土面层平整度达到5mm以内,表面砂浆厚度均匀为止。

图1.2.6-4 混凝土路面精铣刨

⑤用刮尺,在纵、横两个方向进行精平饰面,每个方向不少于两遍,用抹光机、电抹子密实精平饰面5遍。混凝土路面精铣刨见图1.2.6-4。

(9)切缝

①横向缩缝、纵向缩缝、施工缝上部的槽口均采用切缝法施工。锯缝应及时,不能过早也不能过晚。

②精平饰面抹光完成4.5~5.5h切缝,切缝宽度为0.5cm,深度为8cm。

③横向缩缝间距按设计要求5m,要求与中线垂直,若一次摊铺过长,每隔10~20m跳切,之后再按5m切,以减少断板率。

④纵向施工缝贴施工长度宜以5的倍数控制,完成切缝后立即用水将残余砂浆冲洗干净。

(10)养生

施工最佳养生洒水时间宜控制在切缝后,抹面完成1~2h后开始,使用土工布覆盖物洒水保湿养生,保持混凝土表面始终处于潮湿状态,应确保混凝土路面14d以上保湿养生。

1.2.6.7 现场施工管理

(1)交通组织及管理

①运输车辆应鸣笛倒退,并有专人指挥和查看车后。

②施工现场必须做好交通安全工作。交通繁忙的路口应设立标志,并有专人疏导交通。

③施工机械停放在通车道路上,周围必须设置明显的安全标志,正对行车方向前方200m引导车辆转向,夜间应以红灯示警。

(2)雨季施工应急预案

①雨季施工应备有足够的防雨篷、塑料布。

②摊铺过程遭遇降雨,做好后续工作的同时,应立即停止现场施工作业。

(3)安全措施

①在拌和楼的拌和缸内清理凝结混凝土时,必须关闭主电机电源,并在主开关上挂警示红牌,要两人以上方可进行,一人清理,一人值守操作台。

②拌和楼机械上料时,在装载机活动范围内,人员不得逗留和通过。

③施工中,机械设备严禁非操作人员使用;夜间施工机械停放处,应有照明设备和明显的警示标志,并有专人值班看守,避难意外事故发生。

④施工中严禁所有的机械设备的操作手擅离岗位,严禁用手或工具触碰正在运转的机件。

⑤施工机电设备应有专人负责保养、维修和看管,施工现场的电机、电线、电缆应尽量放置在无车辆、人、畜通行的部位,确保用电安全。

⑥现场操作人员必须按规定佩戴防护用具。使用有毒、易燃的燃料、填缝料、外加剂、水泥或粉煤灰时，其防毒、防火、防尘等应按有关规定严格执行。

⑦所有施工机械、电力、燃料、动力等的操作部位，严禁吸烟和有任何明火。三轴机、拌和楼、储油站、发电站、配电站等重要施工设备上应配备消防设施，确保防火安全。

⑧停工或夜间必须有专人值班保卫，严防原材料、机械、机具及零件等失窃。

⑨每天施工工作面结束后，应在工作面附近设置警示标志，避免车辆、行人误入造成安全事故。

1.2.6.8　质量问题的防治与管理措施

(1)裂缝防治与管理措施

①浇筑面板混凝土时，应对基层进行充分的洒水湿润。

②严格控制开放交通的时间，及时洒水、养护，初凝后覆盖透水土工布养生。

③在施工中要设置伸缩缝，对混凝土面板进行及时切割。

④对基层的裂缝应及时处理使基层表面平整，在浇筑面层前杜绝基层产生裂缝。

(2)混凝土面板块状脱落防治措施与管理措施

①延长拆模时间，确保水泥混凝土路面施工的拆模时间在24h以上。

②选用有拆模经验的技术工人，拆装时不准用大锤对钢模进行敲打。

③重视水泥混凝土路面板的边缘养护，做到混凝土面板的全面充分养护。

④加强交通管制，禁止车辆驶入未到养护期的混凝土面板。

⑤对第二幅混凝土板进行施工时，须在已浇好的一幅板边上垫一块防振板。

(3)水泥混凝土面断板防治措施与管理措施

①严格掌握切缝时间，避免由于混凝土的收缩而产生断板。

②及时对水泥混凝土路面的各种缝隙进行灌缝，防止各种地面水进入水泥混凝土路面结构内部，消灭唧泥源，避免断板。

③对轻微的断板可采用黏缝处理，应根据修补季节、断板程度、施工工艺选用不同的施工方法。

1.2.7　路缘石、路肩石与中央分隔带混凝土护栏

1.2.7.1　一般要求

①路缘石(图1.2.7-1和图1.2.7-2)、路肩石与中央分隔带混凝土护栏应采用统一规格、统一预制、统一安装。

图1.2.7-1　路缘石施工

图1.2.7-2　路缘石

②路缘石、路肩石下垫层要采用无砂混凝土垫层。应轻拿轻放，避免损坏。强度不合格、掉边(角)、蜂窝、麻面、颜色不一致的不得使用。

③中央分隔带混凝土护栏的安装采用“预安装”方法，首件工程经监理工程师验证同意后方可进行正式安装。

1.2.7.2　施工要点

(1)路缘石、路肩石

①测量放样。路肩石施工工序见图1.2.7-3。

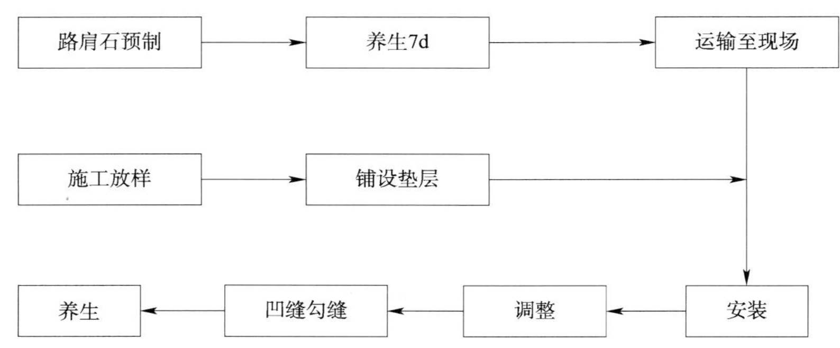

图1.2.7-3　路肩石施工工序

安装前，应校核设计中线，测设安装控制桩，直线段桩距为10m，曲线段不大于5m。按照设计高程进行控制测量。

②运输。应分层装车，层面间应夹垫土工布等进行隔离，不得直接接触，应放置平稳，避免损坏。若不能及时安装完毕应与其他材料沿路面一侧摆放整齐。

③安装。

a.安装前，根据桩挂线进行基底整平夯实，宽度不足的部位应用无砂混凝土填筑补齐。

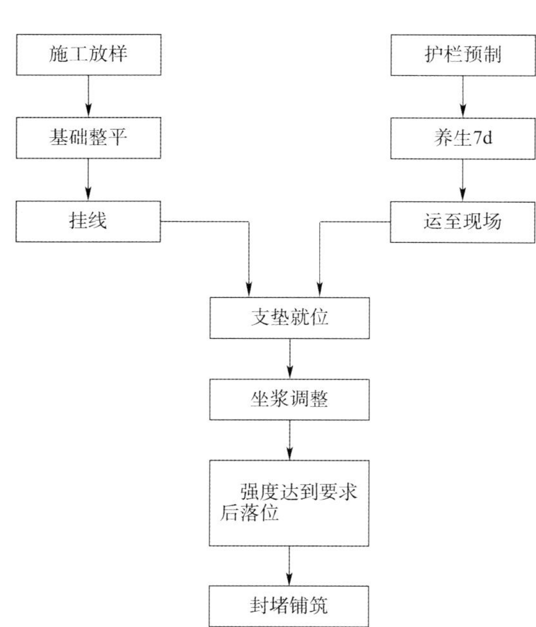

图1.2.7-4　中央分隔带混凝土护栏施工工序

b.每安装20m调整一次。随后进行凹缝勾筑。路肩石缝隙宽度不得大于10mm，勾缝深度6mm，完成后，适时进行洒水养生。

c.波形梁护栏立柱及其他异形部位，应采用与路肩石相同强度等级的混凝土浇筑。

d.安装后，肩线应直顺，曲线圆滑，表面平整，不得有悬空现象。

(2)中央分隔带混凝土护栏

中央分隔带混凝土护栏施工工序见图1.2.7-4。

①安装前，应校核设计中线，测设安装控制桩，直线段桩距为10m，曲线段不大于5m。按照设计高程进行控制测量。

②吊装混凝土护栏(图1.2.7-5)就位，临时支垫，调整高程和线形。之后铺设混凝土(或砂浆)。混凝土(砂浆)应集中拌和。

③应每安装50m段统一调整护栏的高度、

顺直度,保证线形圆顺。

④相邻护栏接缝不得大于5mm,并应在护栏间接缝处内侧用防腐塑料板粘贴密封。

⑤路桥结合处的中央分隔带混凝土护栏高度一致,线形顺畅。

⑥对于检查井、路桥(隧道)结合部位的异形防撞护栏要预制、现浇或加盖定型钢板,不应留空隙或用钢管连接。

⑦专为超高段预制的混凝土护栏不得在其他部位安装。

图1.2.7-5 中央分隔带混凝土护栏

1.3 桥梁工程

1.3.1 总则

1.3.1.1 目的和适用范围

为规范承德山区干线公路桥涵工程施工,提高公路建设管理和工程质量水平,促进项目建设管理的标准化、科学化和规范化,结合承德地区的实际情况,编制本指南。

1.3.1.2 编制依据

①国家、工程建设标准化协会、交通运输部等工程建设标准主管部门发布的与桥梁工程相关的文件、标准、规范、规程和指南。

②行业内通行的先进施工工艺和管理办法。

1.3.1.3 主要内容

桥梁工程共14部分,分别为总则,施工准备,专项要求,桩基础,承台、系梁,墩柱、盖梁、高墩,预制梁板,现浇连续梁,垫石、支座,梁板安装,桥面系,防撞护栏与泄水管,涵洞与通道,冬、雨期施工。

1.3.2 施工准备

1.3.2.1 一般要求

①施工工点开工前,必须达到“四通一平”(通水、通电、通路、通信,场地平整)。

②隐蔽工程,均应留存能够反映施工过程及成品质量状况的影像、照片。

1.3.2.2 人员组织

①施工单位中标后,按投标文件承诺的项目经理及技术负责人,须在项目发包人要求的限期内组织进场。

②施工单位进场后,根据合同工期合理安排专业施工队伍进场并编制(月、季、半年、年)合理施工计划。

1.3.2.3 主要设备、物资与管理

(1)桥梁施工主要设备配备

钢筋加工设备、混凝土拌和站、混凝土运输设备、吊装设备及其他配套设备要满足招标文件要求。

(2)主要机械设备管理

施工质量管理组织机构见图1.3.2-1。

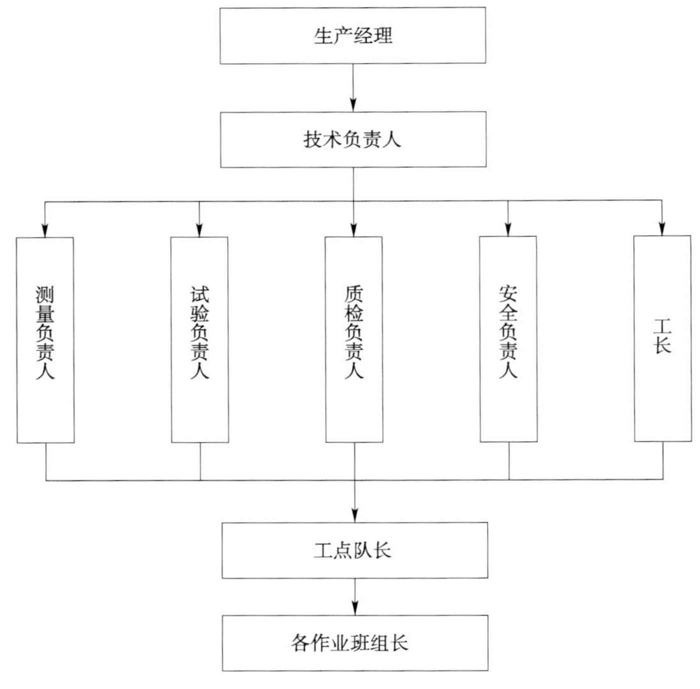

图1.3.2-1　施工质量管理组织机构

①施工车辆和各类机械设备要建立设备台账。

②设备停放位置,应合理规划、分区布置、摆放整齐。施工单位应定期对施工机械(具)设备进行检查维修和保养清洗,严禁设备带病作业。

③由项目部会同驻标监理对进场设备进行安全验收,保证施工设备安全可靠。

1.3.2.4　施工场地建设、临时设施、便道与便桥

按本指南"管理、工地建设"部分的要求执行。

1.3.2.5　技术准备

①根据招标、投标文件,施工合同,设计文件及有关规范并结合现场情况编制切实可行的施工组织设计,报总监办审核,指挥部审批。

②开工前做好各项岗前培训和技术、安全交底工作,并严格执行规范及有关技术操作规程的规定,建立健全质量保证体系、安全生产管理体系、环保管理体系,廉政建设体系,制订各项质量控制和预防措施。

③开工前,进行导线点、水准点复核。相邻合同段复核导线测量时必须进入两个导线点,且要求在监理的协调下,相邻合同段的测量成果必须保持一致。

④组织技术人员进行图纸会审,并进行分项工程、施工工序等技术、安全交底。

⑤进行单位、分部、分项工程划分,由总监办审查、批准,报指挥部备案。

⑥对项目中的重点工序、关键工序及影响工期的工序的技术方案、安全方案、工期安排等进行分析,编制合理的施工措施,确保工程实施。

1.3.2.6　建筑材料的要求与验证流程

①建筑材料的选用要求为了保证桥梁质量,进入施工现场的建筑材料砂石料、片石等地

材，进场前进行质量检测，检验合格后方可使用。

②建筑材料试验检测要求与流程：

a. 各种原材料要按规定的批量和频率自检，监理工程师按规定频率抽检，合格后签发进场材料报验单。

b. 监理人员应独立完成现场抽检的一切工作，并对施工单位的一些重要检测项目执行见证试验制度。

c. 对所有建筑材料试验、标准试验、工艺试验、现场检测试验按照招标文件及规范规定的频率检测，使所有工程全部处于受控状态、并达到质量标准。

d. 配合第三方试验检测单位做好试验取样及验收试验检测的准备工作。

e. 试验检测工序流程，如图 1.3.2-2 所示。

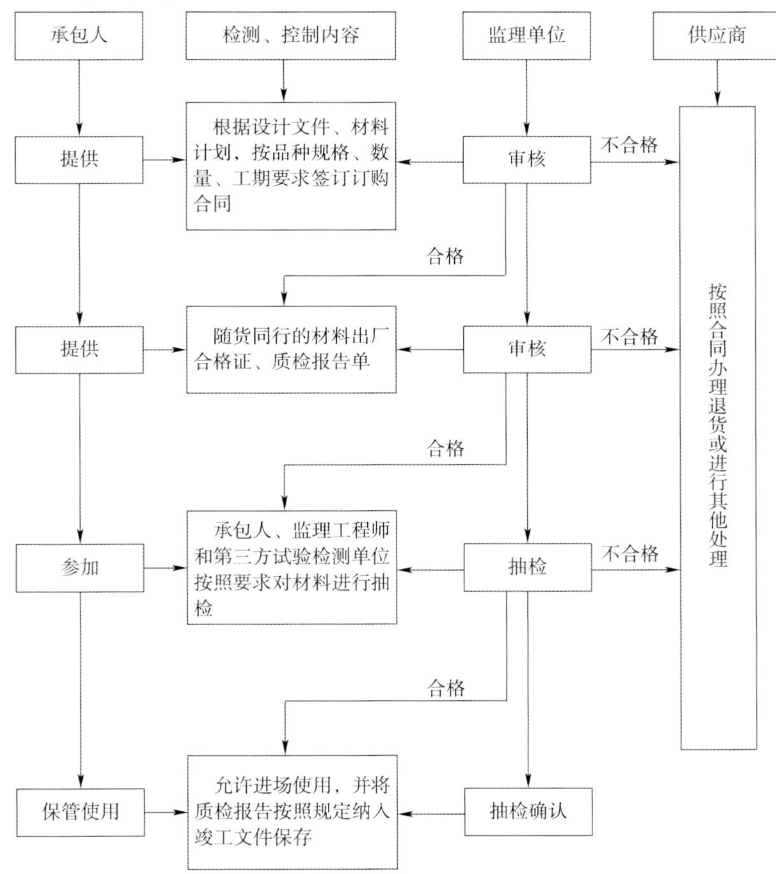

图 1.3.2-2 试验检测工序流程

③材料的储存方式、场地及保护措施：原材料储存场地必须进行硬化处理；原材料存储要建立入库、出库台账，做到账物相符。

1.3.3 专项要求

1.3.3.1 钢筋

(1)一般要求

①禁止在每个桥位附近设置简易的钢筋加工场。临时钢筋加工点必须经总监理工程师审批，业主同意，并按相关要求硬化、支垫和搭设作业棚。

②桩基、墩柱、盖梁、预制箱梁、预制T梁等的钢筋绑扎，必须在台座上使用胎架完成，应采取防止变形、污染的有效措施。

③对于暴露在空气中的钢筋预埋构件，应采取涂刷水泥浆等措施进行防锈处理，涂刷水泥浆时不得污染混凝土构件表面。

(2)钢筋加工工序

钢筋加工工序见图1.3.3-1。

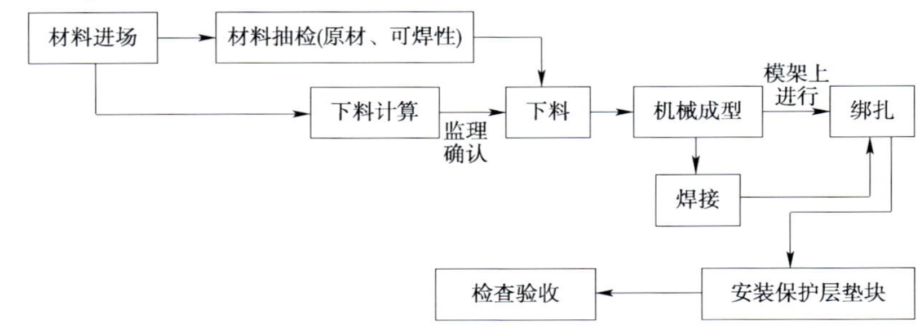

图1.3.3-1　钢筋加工工序

(3)钢筋加工要点

①建立钢筋下料确认制度，钢筋工应严格按照下料表(图)进行加工成型。

②对于桥位现场搭设钢筋绑扎平台，绑扎完成后钢筋笼垫高至少50cm，覆盖存放。T梁钢筋绑扎见图1.3.3-2。

③根据构件净保护层、钢筋间距制作钢筋绑扎模架，在模架上绑扎钢筋骨架，成型后整体吊装就位。

④凡出现气孔、夹渣、裂纹(超过规范要求的)应断开重焊；焊缝处咬边深度超过规定时应补焊修正。

⑤焊工必须持证上岗。

⑥搭接焊与对焊焊件必须100%进行外观检验。所有焊件取样试验都应从成品构件中切割取样，禁止专门制作对焊、电弧焊试件。

1.3.3.2　垫块

①必须采用高强小石子混凝土(C40以上)集中预制。

②一般不得使用平面形垫块，不得使用塑料垫块，不得使用石子、钢筋等做垫块。

③垫块要呈梅花形均匀布设。垫块数量底板(水平放置)不少于6个/m^2，侧面(垂直放置)不少于4个/m^2。垫块绑扎见图1.3.3-3。

图1.3.3-2　T梁钢筋绑扎

图1.3.3-3　垫块绑扎

1.3.3.3 模板

(1)一般要求

①所有构件外露面的模板均使用大块钢模板,平面模板面积不小于 1.0m^2,模板使用前进行仔细抛光处理。

②现浇桥涵盖板底板宜采用厚度大于 15mm 的竹胶板模板。

③应对模板强度、刚度进行验算。

④模板损伤轻微的,可采用原子灰修整;损坏严重的必须更换。

⑤要使用专用模板脱模剂。

⑥对于特殊桥型的模板和支架均应进行施工图设计,制订专项施工方案,按审批程序经批准后方可用于施工。

⑦模板在安装过程中,必须设置抗倾覆的临时固定措施。

⑧梁板等结构或构件的底模板,应经计算后设置一定的预拱度,预拱度线形按抛物线形设置。

(2)施工工序

模板施工工序见图 1.3.3-4。

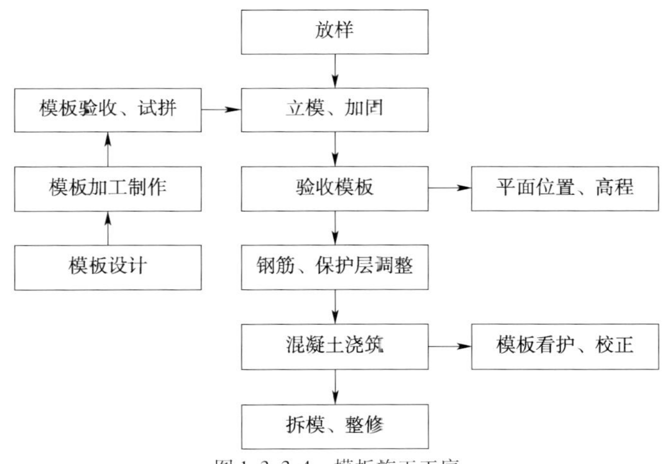

图 1.3.3-4 模板施工工序

(3)施工要点

①桥梁小面积外露面模板应加强模板刚度,禁止使用穿腔螺栓加固。薄壁墩、薄壁墙身使用穿腔螺栓,应采用优质 PVC 管作套管。

②涂刷脱模剂前,彻底清理模板面板及接缝,使表面清洁,接缝严密。

③模板安装完毕,必须经监理工程师检验合格后方可浇筑混凝土。对于就地支立模板时,浇筑 15cm 厚 C20 混凝土作为底模。

④拆模时间根据模板不同部位(如侧模、底板等)满足规范要求的时间进行拆除。

1.3.3.4 水泥混凝土

(1)一般要求

①C40 及以上混凝土所用砂石料必须水洗。

②混凝土拌和采用可自动计量和自动打印的拌和设备,设备安装调试完成后定期由计量监督部门对设备计量部分进行标定。

③混凝土浇筑倾落高度超过 2m 时,应通过串筒、溜管或振动溜管等设施下落;当倾落高

图 1.3.3-5　滴灌法养生

度超过 10m 时，必须设置减速装置。

④所有新旧混凝土结合面必须彻底凿毛处理，且凿毛深度不小于 1cm 。

⑤必须高度重视混凝土养生，严格按照覆盖滴灌法（或喷淋、蒸汽）进行养生，见图 1.3.3-5。

（2）施工工序

混凝土施工工序见图 1.3.3-6。

（3）施工要点

①进场后，施工单位工地试验室提前做好各种混凝土（砂浆）配合比的设计。总监办对施工单位的所有混凝土配合比必须进行平行验证试验。

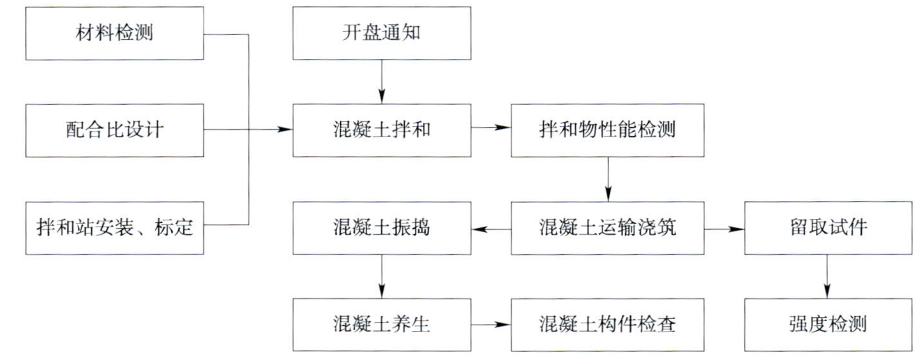

图 1.3.3-6　混凝土施工工序

②浇筑混凝土前，应对支架、模板、钢筋和预埋件进行自检，并报验，经监理工程师检验合格后方可浇筑。模板安装见图 1.3.3-7。浇筑前监理工程师验筋见图 1.3.3-8。

图 1.3.3-7　模板安装

图 1.3.3-8　浇筑前监理验筋

③混凝土采用合理的布料方式按一定厚度、顺序和方向分层浇筑，应在下层混凝土初凝前浇筑完成上层混凝土。上下层同时浇筑时，上层与下层前后浇筑距离应保持 1.5m 以上。

④使用插入式振动器时，移动间距不应超过振动器作用半径的 1.5 倍，与侧模应保持 5 ~ 10cm 的距离，插入下层混凝土 5 ~ 10cm，每一处振动完毕后应边振动边徐徐提出振动棒，应避免振动棒碰撞模板、钢筋及其他预埋件。

⑤施工缝的位置应在混凝土浇筑之前确定，宜留置在结构受剪力和弯矩较小且便于施工的部位。经凿毛处理的混凝土面，应用水冲洗干净，不得积水。在浇筑次层混凝土前，对垂直施工缝混凝土表面宜刷一层稀水泥净浆湿润。

⑥混凝土浇筑完成，初凝后随即开始覆盖，减少因混凝土表面水分的散失产生收缩裂缝，混凝土养生期不少于7d。

⑦浇筑混凝土期间，应设专人检查支架、模板、钢筋和预埋件等稳固情况，当发现有松动、变形、移位时应及时处理。

1.3.3.5　混凝土外加剂

严格控制外加剂质量，掺用外加剂时，供货单位除应提供产品质量说明书、出厂检验报告等材料外，必须提供供货保证书，具有相关资质的检测机构出具的检验合格证明，所有外加剂必须进行水泥适应性检验，合格后方可使用。

1.3.3.6　预应力混凝土

①波纹管采用波纹状的高密度聚乙烯塑料管。

②混凝土浇筑时，管道内宜插入合适直径的胶芯抽拔管，防止管道变形。

③预应力混凝土管道压浆采用大循环压浆系统，并配以检测孔道密实的仪器设备。

1.3.3.7　高性能混凝土

(1)施工准备

①要求桥梁水泥混凝土全部使用高性能混凝土。

②施工和监理单位应确定并培训专门从事混凝土关键工序施工的操作人员和试验检验人员。

③混凝土工程施工前，施工单位应根据设计要求、工程性质、结构特点、环境条件等，制订严密的施工技术方案，特别应制订明确的特殊季节混凝土施工技术措施和混凝土养护措施方案。

④混凝土应根据强度等级、耐久性等设计要求和原材料品质以及施工工艺、可能的环境条件变化等进行多组配合比设计。配合比选定试验应提前进行，留出足够的时间进行配合比调整。

⑤施工前，应针对工程特点、施工环境、施工条件，会同设计、施工、监理各方，共同制订各个环节的质量控制与保证措施。

⑥应针对不同混凝土结构的特点和施工季节、环境条件特点进行混凝土试浇筑，验证并完善混凝土的施工工艺，发现问题及时调整。

⑦实验室应增加高性能混凝土拌和物施工性能测试的各种仪器（拌和站见图1.3.3-9），以及进行有关耐久性指标检测的主要仪器。一般至少应增加混凝土含气量测定仪、泌水率测定仪、混凝土温度检测仪、电通量测定仪和快速冻融试验机等有关的仪器设施。

图1.3.3-9　拌和站

⑧在现阶段高性能混凝土施工采取专项咨询制度，由咨询单位依据本规定负责提供配合比设计的具体参数及有针对地施工控制要求，必要时进行指导配合比设计。

(2)原材料储存与管理

①混凝土原材料进场后，应及时建立“原材料管理台账”，应对原材料的品种、规格、数量以及质量证明材料等进行验收核查，并按有关标准的规定取样和复验。经检验合格的原材

料方可进场，对于检验不合格的原材料，应按有关规定清除出场。

②不同混凝土原材料应有固定的堆放地点和明确的标识，标明材料名称、品种、生产厂家、骨料的堆放场地应备有清洗、排水设施，以便对有害杂质含量超标的材料进行清洗。

③原则上不允许使用袋装水泥，确因环境限制，需少批量使用袋装水泥的，需经过监理工程师批准。袋装粉状材料在运输和存放期间应用专用库房存放，不得露天堆放，且应特别注意防潮。

（3）计量与搅拌

①混凝土原材料应采用电子计量系统以质量计量，应严格按照施工配合比要求进行准确称量。

②开盘前应严格测定粗细骨料的含水率，以便调整施工配合比。

③为保证混凝土的均匀性，混凝土的搅拌宜采用卧轴式、行星式或逆流式搅拌机并严格控制拌和时间。总搅拌时间不宜少于2min，也不宜超过3min。

④冬季搅拌混凝土前，应先经过热工计算，并经试拌确定水和骨料需要预热的最高温度，以保证混凝土的入模温度至少在5℃以上。冬季施工时向搅拌机送料时，应避免水泥直接与热水接触，砂、石、热水应先拌和后再加水泥进行拌和，其拌和时间一般较常温施工时延长1min。

⑤炎热季节搅拌混凝土时，宜采取措施控制水泥的入搅拌机温度小于40℃。并尽可能在傍晚和晚上浇筑混凝土，以保证混凝土的入模温度低于28℃。

（4）运输

①应选用运输能力与混凝土搅拌机的搅拌能力相匹配的搅拌罐车运输混凝土，而且混凝土运输设备的运输能力应适应混凝土凝结速度和浇筑速度的需要，能确保浇筑工作连续进行。

②运输过程中应确保混凝土不发生离析、漏浆、严重泌水及坍落度损失超过要求等现象，若运至现场的混凝土发生离析现象时，应在浇筑前对混凝土进行二次搅拌，但严禁再次加水。

③采用混凝土泵输送混凝土时，除应按《混凝土泵送施工技术规程》（JGJ/T 10—2011）规定进行施工外，还应特别注意如下事项：

a.在满足泵送工艺要求的前提下，泵送混凝土的坍落度应尽量小，以免混凝土在振捣过程中产生离析和泌水。当浇筑层的高度较大时，尤应控制拌和物的坍落度，并且使用串筒浇筑；一般情况下，泵送下料口应能移动；当泵送下料口固定时，固定的间距不宜过大，一般不大于3m。

b.泵送管路起始水平管段长度不应小于15m。管路应用支架、吊具等加以固定，不应与模板和钢筋接触。高温或低温环境下，管路应分别用湿帘和保温材料覆盖。

c.向下泵送混凝土时，管路与垂线的夹角不宜小于12°，以防止混入空气引起管路阻塞。

d.混凝土一般宜在搅拌后60min内泵送完毕，且在1/2初凝时间前入泵，并在初凝前浇筑完毕。在交通拥堵和气候炎热等情况下，应采取特殊措施防止混凝土坍落度损失过大。

e.因各种原因导致停泵时间超过15min时，应每隔4～5min开泵一次，使泵机进行正转和反转两个方向的运动，同时开动料斗搅拌器，防止斗中混凝土离析。如停泵时间超过45min，应将管中混凝土清除，并用压力水或其他方法冲洗管内残留的混凝土。

（5）浇筑

①浇筑混凝土前，应针对工程特点、施工环境条件与施工条件事先设计浇筑方案，包括浇筑起点、浇筑进展方向和浇筑厚度等，见图1.3.3-10。

②为保证保护层厚度及钢筋定位的准确性，宜采用细石混凝土垫块定位钢筋，垫块的强度应不低于构件本体混凝土，水胶比不大于0.4。并指定专人作重复性检查，以提高钢筋保

护层厚度尺寸的质量保证率。

③混凝土入模前，应测定混凝土的温度、坍落度和含气量等工作性能；只有拌和物性能符合设计或配合比要求的混凝土方可入模浇筑。当设计无要求时，混凝土的入模温度宜控制在5～28℃。

④自高处向模板内倾卸混凝土时，为防止混凝土离析，混凝土浇筑时的自由倾落高度不得大于2m；当大于2m时，应采用滑槽、串筒、漏斗等器具辅助输送混凝土，保证混凝土不出现分层离析现象。在串筒出料口下面，混凝土堆积高度不宜超过1m，并严禁用振动棒分摊混凝土。

图1.3.3-10　浇筑混凝土

⑤混凝土的浇筑应采用分层连续推移的方式进行，间隙时间不得超过90min，不得随意留置施工缝。如因故必须间断时，其间断时间应小于前层混凝土的初凝时间或能重塑的时间。

⑥在倾斜面上浇筑混凝土时，应从低处开始逐层扩展升高，保持水平分层。箱型截面梁应先灌注腹板与底板结合处，然后将底板尚有空隙的部分补齐并及时抹平，再灌注腹板及顶板混凝土。混凝土的分层浇筑厚度不宜大于300mm。

⑦在炎热季节浇筑混凝土时，应避免模板和新浇混凝土直接受阳光照射，保证混凝土入模前模板和钢筋的温度以及附近的局部气温均不超过40℃，必要时模板要先进行降温处理。应尽可能安排在傍晚而避开炎热的白天浇筑混凝土。

⑧当室外日平均气温连续5d稳定低于5℃，或夜间最低气温低于－3℃时，进入冬期施工。混凝土冬季施工应采用蓄热保温或蒸汽养护措施并使用低水胶比的混凝土，原则上不宜采用防冻剂。冻期浇筑混凝土时，应采取适当的保温防冻措施，防止混凝土提前受冻。

⑨在相对湿度较小、风速较大的环境下浇筑混凝土时，应采取适当挡风等措施，防止混凝土内部、表面水分过快蒸发而产生裂缝。

⑩预应力混凝土预制梁应采用快速、稳定、连续、可靠的浇筑方式一次浇筑成型。每片预制梁的浇筑时间不宜超过4h，最长不超过混凝土的初凝时间。

（6）振捣

①浇筑混凝土时，可采用插入式振动棒、附着式振捣器等振捣设备振捣混凝土。振捣时应避免碰撞模板、钢筋及预埋铁件。

②应按事先规定的工艺路线和方式振捣混凝土，应在混凝土浇筑过程中及时将浇筑的混凝土均匀振捣密实，至表面平坦泛浆、不再冒出气泡为止，一般不宜超过30s，避免过振。

③使用插入式振捣器振捣混凝土时，宜采用垂直点振方式振捣。振捣棒移动间距不应超过振动器作用半径的1.5倍，与侧模应保持50～100mm的距离，插入下层混凝土50～100mm，每一处振动完毕后应边振动边徐徐提出振捣棒。

④平面振动器的移位间距，应以使振动器平板能覆盖已振实部分100mm左右为宜。附着式振动器的布置距离，应根据构造物形状及振动器性能等情况并通过试验确定。

⑤预应力混凝土梁宜采用侧振并辅以插入式振捣器振捣的方式振捣。

⑥在振捣混凝土过程中，应加强检查模板支撑的稳定性和接缝的密合情况，以防漏浆。混凝土浇筑完成后，应仔细将混凝土暴露面压实抹平，抹面时严禁洒水。

（7）养护

①对于在施工现场集中养护的混凝土，应根据施工对象、环境、水泥品种、外加剂以及对混凝土性能的要求，提出具体的养护方案，并应严格执行规定的养护制度。

②混凝土振捣完成后，应及时采用篷布、塑料布等对暴露面进行紧密覆盖。采用塑料薄膜养护时，其敞露的全部表面应覆盖严密，并应保持塑料薄膜内有凝结水。

③现浇结构或构件去除表面覆盖物或拆模后，应对混凝土采用蓄水、浇水或覆盖洒水等措施进行潮湿养护。有条件地段应尽量延长混凝土的包覆（裹）养护时间。

图 1.3.3-11　梁板采取全覆盖养生

④当气温低于 5℃时，应覆盖保温（图 1.3.3-11），不得向混凝土面上洒水。

⑤混凝土的蒸汽养护应分静停、升温、恒温、降温 4 个阶段。静停期间应保持环境温度不低于 5℃，灌注结束 4 ~ 6h 且混凝土终凝后方可升温，升温速度不宜大于 10℃/h，恒温期间混凝土内部温度不宜超过 60℃，最大不得超过 65℃，恒温养生温度不应超过 80℃，恒温养护时间应根据构件脱模强度要求、混凝土配合比情况以及环境条件等通过试验确定，降温速度不宜大于 5℃/h。蒸汽养护结束后，应继续对混凝土进行保温保湿自然养护。

⑥混凝土终凝后的持续保湿养护时间宜满足表 1.3.3-1 的要求。

不同混凝土湿养护的最低期限　　表 1.3.3-1

水胶比	大气潮湿（RH≥50%），无风，无阳光直射		大气干燥（RH < 50%），有风，或阳光直射	
	日平均气温 T（℃）	潮湿养护期限（d）	日平均气温 T（℃）	潮湿养护期限（d）
≥0.45	$5 \leq T < 10$	21	$5 \leq T < 10$	28
	$10 \leq T < 20$	14	$10 \leq T < 20$	21
	$20 \leq T$	10	$20 \leq T$	14
< 0.45	$5 \leq T < 10$	14	$5 \leq T < 10$	21
	$10 \leq T < 20$	10	$10 \leq T < 20$	14
	$20 \leq T$	7	$20 \leq T$	10

⑦在任意养护时间，淋注于混凝土表面的养护水温度低于混凝土表面温度时，二者间温差不得大于 15℃。

⑧混凝土养护期间应注意采取保温措施，防止混凝土表面温度受环境因素影响（如曝晒、气温骤降等）而发生剧烈变化。养护期间混凝土的芯部与表层、表层与环境之间的温差不宜超过 20℃（梁体混凝土不宜超过 15℃），混凝土芯部最高温度不宜大于 60℃。

⑨混凝土在冬季和炎热季节拆模后，若天气产生骤然变化时，应采取适当的保温（冬季）或隔热（夏季）措施，防止混凝土产生过大的温差应力而出现裂缝。

⑩混凝土拆模后可能与流动水接触时，应采取防水措施，保证混凝土在强度达到 75% 以前，养生不少于 14d 时，不受水的冲刷侵袭。当环境水具有侵蚀作用时，应保证混凝土在 28d 以内，且强度达到设计强度以前，不受水的侵袭。当与氯盐、海水等具有严重侵蚀作用的环境水接触的混凝土，养护龄期一般不宜少于 4 周。

⑪混凝土养护期间，应对有代表性的结构进行温度监控，定时测定混凝土芯部温度、表

层温度以及环境气温、相对湿度、风速等参数，并根据混凝土温度和环境参数的变化情况及时调整养护制度，严格控制混凝土的内外温差满足要求。

⑫混凝土养护期间，施工和监理单位应各自对混凝土的养护过程作详细记录，并建立严格的岗位责任制。

(8)温控

①水泥使用时的温度不宜大于60℃，混凝土的入模温度不宜超过28℃，也不宜低于5℃。新浇混凝土与邻接的混凝土或岩土介质之间的温差不大于20℃。此外，当周围大气温度低于养护中的混凝土表面温度20℃以上时，混凝土表面必须保温覆盖以降低降温速率。

②在炎热气候下浇筑混凝土时，入模前的模板与钢筋温度不应超过40℃。炎热季节搅拌混凝土时，应尽可能在傍晚和晚上搅拌混凝土并采用低温水生产，以保证混凝土的入模温度不大于28℃。

③冬季搅拌混凝土前，应优先采用加热水的方式保证混凝土的入模温度不低于5℃，但水的加热温度不宜高于80℃。当需要加热骨料时，集料加热温度不应高于60℃。水泥、外加剂及矿物掺和料不得直接加热。

(9)拆模

①混凝土拆模时的强度应符合设计要求，当设计未提出要求时，应符合下列规定：

a. 侧模应在混凝土强度达到2.5MPa以上，且其表面及棱角不因拆模而受损时，方可拆除。

b. 底模应在混凝土强度符合下表的规定后，方可拆除。

c. 芯模或预留孔洞的内模应在混凝土强度能保证构件和孔洞表面不发生塌陷和裂缝时，方可拆除。拆除底模时所需混凝土强度见表1.3.3-2。

拆除底模时所需混凝土强度　　表1.3.3-2

结构类型	结构跨度	达到混凝土设计强度的百分率(%)
板、拱	≤2	50
	2~8	75
	>8	100
梁	≤8	75
	>8	100
悬臂梁(板)	≤2	75
	>2	100

②一般情况下，结构或构件芯部混凝土与表层混凝土之间的温差、表层混凝土与环境之间的温差大于15℃时不宜拆模。大风或气温急剧变化时不宜拆模。在寒冷季节，若环境温度低于0℃时不宜拆模。在炎热和大风干燥季节，应采取逐段拆模、边拆边盖的拆模工艺。

③拆模后的混凝土结构应在混凝土达到100%的设计强度后，方可承受全部设计荷载。拆模后箱梁见图1.3.3-12。

图1.3.3-12　拆模后箱梁

(10)预应力

①孔道灌浆应在预应力筋穿入孔道后的48h以内完成，否则应采取可靠包裹措施，确保力筋不

出现锈蚀。孔道灌浆应采用专用灌浆材料,应具有良好的流动性,不泌水,并在硬结后具有良好的体积稳定性、抗渗性和足够的强度。

②孔道灌浆料性能应符合设计、现行规范要求。

③预应力筋的锚具封端,应采用无收缩高性能细石混凝土,其强度等级在各种环境条件下均应不低于构件本体的设计强度等级,水胶比应小于本体混凝土且不大于0.4,并应对混凝土的接触面进行凿毛处理。混凝土封端混凝土的保护层厚度一般不宜小于60mm,且应保证钢绞线端头距混凝土端面不小于40mm,在盐类腐蚀环境下封端混凝土的保护层厚度不宜小于90mm并加塑料密封罩。

(11)检验评定

①施工过程中,混凝土原材料应按进场检验、复检和日常检验三个层次进行质量控制,检验项目、检验频次应按表1.3.3-3的要求及现行公路专业规范的要求进行。

混凝土拌和物性能抽检要求　表1.3.3-3

检验项目	允许偏差	频　　次
坍落度	宜为±20mm	①搅拌站首盘混凝土。 ②在浇筑地点每50m^{3}混凝土取样检验一次。 ③每班或每一结构部位至少2次。 ④眼观有异常情况时随时检测
入模温度	在本规定要求范围内	
含气量	±0.5(%)	
泌水率	不得泌水	每班至少一次

②施工过程中,应对混凝土拌和物性能进行质量控制,检验项目、检验频次应按下表的要求进行。

③施工过程中,应对混凝土试件耐久性进行质量控制,检验项目、检验频次应按表1.3.3-4的要求进行。

混凝土施工试件耐久性能抽检要求　表1.3.3-4

检验项目	技术要求	频　　次
电通量	符合设计及本规定要求	同标段、同施工工艺、同配合比混凝土至少进行一次抽检。每2000~5000m^{3}混凝土取样检验一次
抗冻性(当需要时)		

④施工过程中,应对孔道压浆剂性能进行质量控制,检验项目、检验频次应按《铁路后张法预应力混凝土梁管道压浆技术条件》(TB/T 3192—2008)的要求进行。

1.3.4 桩基础

1.3.4.1　一般要求

①施工单位应进一步核实设计文件提供的工程地质和水文资料,根据地质情况选择钻机形式。

②地形条件允许时,原则上钢筋进行集中加工成型,吊车吊装、拖板车运输。

③在钻进过程中经常检查,发现磨损严重及时补足钻头直径,以保证成孔直径不小于设计。

④应做好钻孔、挖孔施工记录及混凝土灌注施工记录。

⑤护筒设置。一般护筒埋置深度为2~4m,高于地面0.3m或水面1.0~1.2m。当桩孔有承压水时,应高出稳定后的承压水2.0m以上。

⑥钢筋笼吊装,采用适合的吊装方式防止钢筋笼变形,采用四点起吊、三点起吊,见图1.3.4-1和图1.3.4-2。就位后立即采取固定措施,防止在混凝土浇筑过程中钢筋笼活动和上浮。

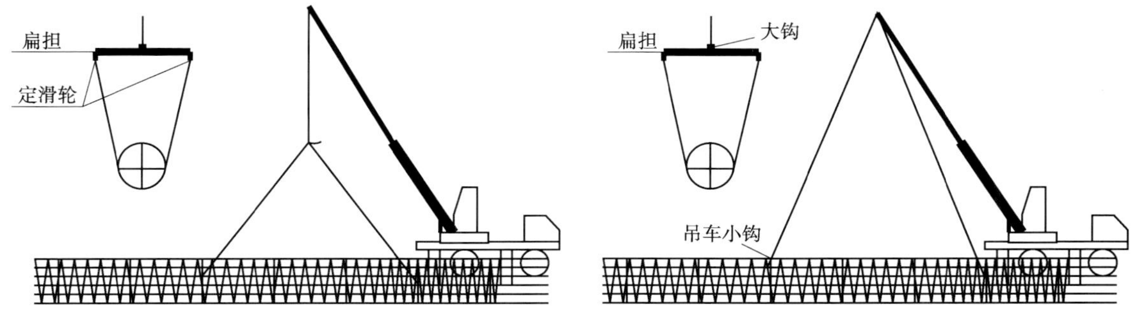

图 1.3.4-1　扁担 + 定滑轮四点起吊钢筋笼示意图　　　图 1.3.4-2　吊车大不钩三点起吊钢筋笼示意图

注：大钩吊扁担双绳吊钢筋笼上端，小钩吊钢筋笼下部，两钩将钢筋笼抬离地面后，起大钩落小钩，直至钢筋笼垂直吊起，下钢筋笼，孔口倒绳。

1.3.4.2　钻孔灌注桩

(1)施工工序

钻孔灌注桩施工工序见图 1.3.4-3。

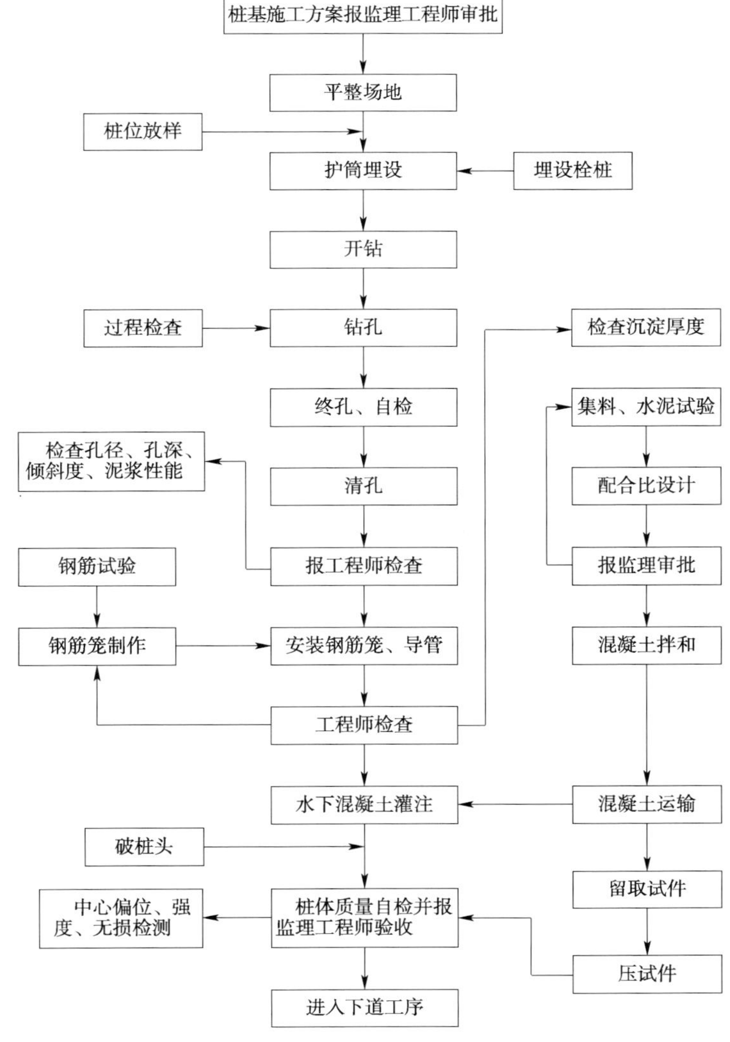

图 1.3.4-3　钻孔灌注桩施工工序

(2)施工要点

①护筒中心应与桩中心线重合。

②合理制备泥浆。

③随时检查钻孔的倾斜度。

④在清孔时,注意保持孔内水头,防止坍孔,必须逐一用探孔器探孔。

⑤导管使用前进行水密性试验和抗拉试验。

⑥灌注过程中,要经常检测导管埋深,防止导管埋深过深或拔出混凝土。

⑦水下灌注混凝土要高出设计高程至少80cm。

⑧桩头破除(图1.3.4-4)。

灌注桩混凝土强度达到设计强度的70%以上时方可破除桩头,禁止采用以淘代破、软破和爆破破除桩头。应采用(七步破桩法):“基坑开挖→高程测量→无齿锯环切(桩顶高程+2cm)→剥出钢筋→断桩头→吊车吊出→桩头清理”桩头破除工序。

1.3.4.3　挖孔灌注桩

①根据现场调查,对设计提供的地质、水文进行复核,论证采用人工挖孔的可行性编制施工方案。

②技术交底。挖孔灌注桩施工前,现场技术员应向班、组长进行书面技术交底,内容包括施工方法、技术资料、质量与安全措施等。

③挖孔桩采用全程混凝土护壁支护。当混凝土强度达到设计强度的80%后方可进行下一段的开挖。

④成孔检查。挖孔桩达到设计高程后,须进行混凝土封底处理。必须做到平整、无松渣、污泥及沉淀等软层。嵌入岩层深度符合设计要求。

⑤挖孔灌注桩混凝土灌注采用水下混凝土灌注工艺,在距桩顶4m进行机械振捣,挖孔桩桩头混凝土必须进行洒水覆盖养生并高出设计高程20cm。挖孔桩护壁示意图见图1.3.4-5。

图1.3.4-4　桩头破除

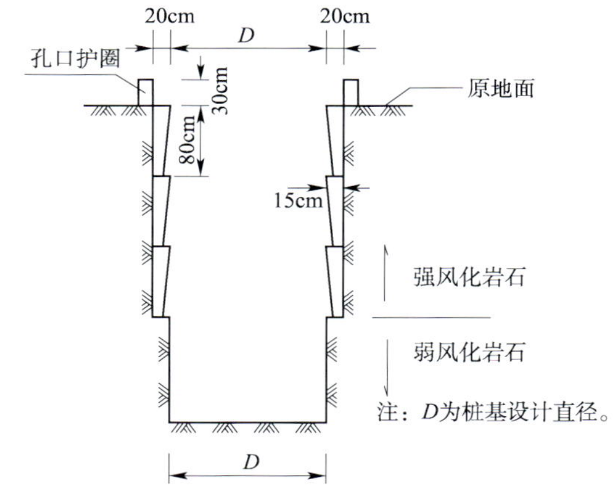

图1.3.4-5　挖孔桩护壁示意图

1.3.4.4　质量控制要点与监理要点

①桩基无破损检测:桩长≤30m,采用低应变法检测;桩长>30m或者桩径≥1.5m,采用超声波法检测。

②钻孔灌注桩实测项目包括桩位、孔深、桩径、桩长、倾斜度、沉淀厚度、钢筋笼偏位、混凝土强度及完整性检测,检验方法及外观鉴定参照《公路工程质量检验评定标准　第一册

土建工程》(JTG F80/1—2004)。桩的沉淀厚度不大于设计要求,挖孔桩孔底禁止有浮渣。

③检查桩头破除工序是否符合要求;成品桩钢筋笼、混凝土偏位情况,以及破除桩头后桩顶及桩基周边混凝土的密实性。

1.3.4.5　质量问题预防措施

①钻进中塌孔预防:

a. 根据不同地质,调整泥浆比重,确保泥浆具有足够稳定度,确保孔内外水位差,也可投入黏土掺片石,低锤冲击,将黏土膏、片石挤入孔壁,维护孔壁稳定,预防塌孔。

b. 清孔后及时灌注混凝土。

c. 发生孔口坍塌时,可立即拆除护筒并回填,重新埋设护筒再钻。坍孔部位不深时,可用深埋护筒法,将护筒周围土填密实,重新钻孔。

d. 发生孔内坍塌时,判断坍塌位置,回填砂和黏土(或砂和黄土)混合物到坍孔处以上1~2m。如坍孔严重时应全部回填。待回填物沉积密实后再进行钻进。

②缩径预防:

a. 应经常检查钻具尺寸,及时补焊或更换磨损的硬质合金。

b. 减缓钻进速度,采用钻具上、下反复扫孔的方法来扩大孔径。

③基桩钢筋偏位超出允许误差范围,必须下破桩头直至将钢筋调顺,破除部分用一次性钢套筒制模浇筑,振动棒振捣密实。

④基桩偏位超出允许误差范围或距离地面较浅部位出现断桩,应人工开挖直至调正,开挖破除部分用一次性钢套筒制模浇筑,振捣棒振捣密实。

⑤柱式桥台钻孔灌注桩施工应在台背填筑至距离桥台盖梁底高程10cm后进行。

1.3.4.6　安全生产与文明施工

(1)钻孔灌注桩

①现场人员一律戴安全帽,吊装钢筋笼时不要站在机械臂活动半径范围内。

②对起吊设备应经常进行安全检查,对破损部件应及时更换,确保安全。钻孔施工设备停放地点应平整、夯实,并避开高压线。

③桩机作业区域应平整,并设立警示标志,非工作人员未经批准不得入内。

④钻机需设工程标示牌,标明所施工桥名、墩台及桩位编号、护筒顶高程、设计桩长、孔深及桩底高程等。

⑤泥浆池周边设高度不小于1.2m的反光漆涂刷红白相间(10cm长的)的围栏维护(图1.3.4-6),并设夜间警示灯。废弃后应回填处理,防止人员及设备陷入池内。

⑥晚上施工应有充足的照明设备。

(2)挖孔灌注桩

①挖孔内作业人员必须穿戴保护用品,设置紧急报警设备,并与地面必须保持紧密联系。

②挖孔内作业及时清除井口周围的弃土,孔深超过10m,进行机械通风。

③挖孔现场夜间必须有照明设备且防水,在施工间歇期或成孔后,孔口足够刚度的钢筋网片覆盖。

④孔口四周排水系统完善,孔口采用混凝土护砌,应高出地面至少30cm。挖孔桩护壁见图1.3.4-7。

⑤相邻两桩孔不得同时开挖,应间隔交错跳挖。

⑥孔内爆破严格按照爆破安全施工措施实施。

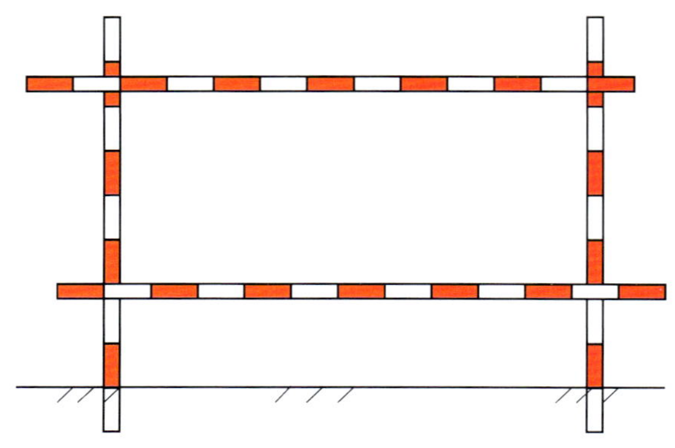

图 1.3.4-6　围栏

图 1.3.4-7　挖孔桩护壁

1.3.5　承台与系梁

1.3.5.1　一般要求

①开挖基坑前，应设置防止地表水流入基坑的设施。

②基础底作业面要用厚度不小于 10cm、C20 及以上水泥混凝土硬化，硬化面边缘较承台、系梁设计断面至少宽 50cm。如基坑内有渗水，基坑四周应开挖排水沟集中抽水排出。

③浇筑完成后，用土工布覆盖洒水养生；模板拆模后，专业监理工程师应验收并留取照片后，符合要求后方可进行回填；台背处承台基坑回填必须逐层夯实，逐层检验。

1.3.5.2　施工要点

①绑扎钢筋前，对伸入承台、系梁的桩头钢筋进行校正。

②测量承台、系梁顶高程，保证模板高度高出设计高程至少 2mm。

③模板支设后用砂浆将模板四周缝隙进行封堵，防止漏浆。

④严格分层浇筑、振捣密实，二次收浆，用钢抹子将混凝土表面压光。与肋板、墩柱结合部位应及时刷毛，如采用凿毛，必须当混凝土强度达到设计强度的 50% 后，方可机械凿毛。

1.3.6　墩柱、盖梁与高墩

1.3.6.1　一般要求

①墩柱钢筋就位要保证竖直度、搭接长度和焊接质量。

②墩柱模板必须用缆绳校正固定，并搭设支架稳固模板和搭建操作平台。墩柱模板底四周应用密封措施，防止漏浆。

③浇筑前要给混凝土工进行技术交底。

④墩、台身高超过 10m 时，可分节段施工，上一节段施工时，已浇节段的混凝土强度应不低于设计要求，且应不低于设计强度标准值的 50%。墩柱分节段浇筑时，每次浇筑墩柱顶面必须高出二步（三步）系梁底至少 1 ~ 2cm，并对顶面进行机械凿毛处理。

⑤盖梁预埋件应与钢筋骨架焊接或绑扎，不得直接插埋。

1.3.6.2　施工工序

墩柱、盖梁与高墩施工工序见图 1.3.6-1。

1.3.6.3　施工要点

（1）钢筋安装

①合理选择运输工具和吊装设备。

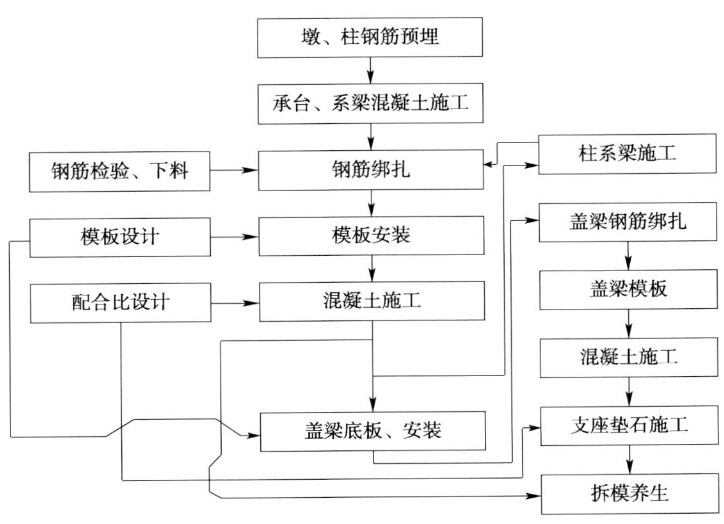

图 1.3.6-1　墩柱、盖梁与高墩施工工序

②当墩柱预留的钢筋和盖梁钢筋发生冲突时，可以改变墩柱的钢筋的倾斜角度，盖梁钢筋尽可能不动。

③预埋件位置的固定准确可靠。

(2)混凝土浇筑

①注意掌握混凝土的浇筑速度，防止混凝土坍落度的损失。

②在混凝土浇筑过程中，应随时观察所设置的预埋螺栓、预留孔、预埋支座的位置是否移动，若发现移位应及时校正。

③混凝土表面必须严格执行二次收浆工艺，第二次用钢抹子压光。

④垫石位置必须牢固设置定型钢模板，执行监理旁站制度。

1.3.6.4　高墩

(1)一般要求

①高墩施工一般采用翻模法施工。

②墩高超过 20m 时，应选用塔吊提升材料，并设专用人工爬梯；墩高超过 40m 时，应选用施工电梯。

③施工缝的预留必须和模板的接缝相统一。

④采取有效的监控测量，保证高墩的垂直度。

⑤高墩及设备必须安装避雷针。遇 5 级或 5 级以上大风等恶劣天气时，必须停止高空作业。

(2)施工工序

高墩施工工序见图 1.3.6-2。

(3)施工要点

①支拆模板：

a. 薄壁空心墩模板采用定型大面钢模，支立模板前将墩身和承台结合面凿毛处理。

b. 施工缝的预留必须和模板的接缝相统一。

c. 由于混凝土的收缩，实体与模板之间产生缝隙，在翻模前使用稠度大的水泥净浆对其进行密封，用刮刀刮平表面，并保证使其不能侵入混凝土表面。防止漏浆污染墩身。高墩翻

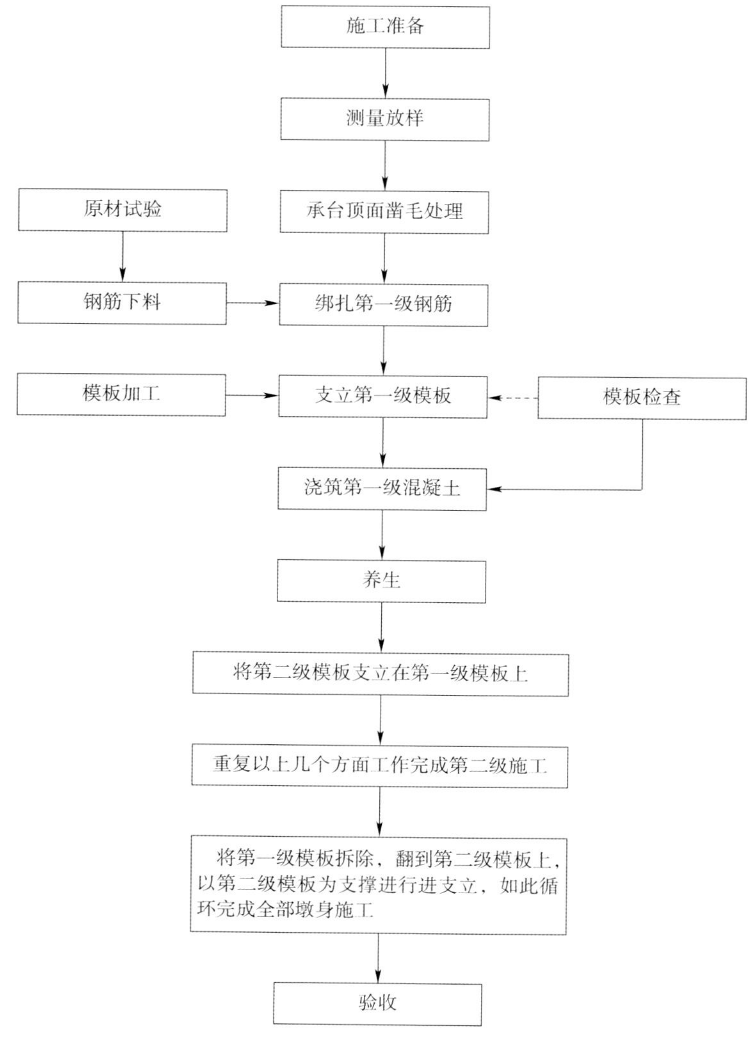

图 1.3.6-2　高墩施工工序

模施工示意图见图 1.3.6-3。

②浇筑混凝土：

a. 根据墩身高度选择合适的混凝土入模设备(吊车、塔吊、混凝土输送泵)。

b. 混凝土的浇筑连续进行,如因故间歇时间不应超过混凝土初凝时间,否则按施工缝处理。施工缝尽可能留在模板接缝处。

c. 控制泵送混凝土入模速度,减小对模板的冲击力,避免模板产生变形。

③垂直度的施工控制：

a. 高墩首节施工前必须做好垂直度的控制。

b. 设置垂直度控制点,在高墩混凝土顶面距离边缘固定距离设置若干控制点(坐标点)翻模过程中用于控制模板位置及垂直度。

c. 发现偏差应立即进行纠偏,防止发生偏差积累,最后统一纠偏,而使墩身出现折线形,严重影响外观。在施工过程中进行跟踪测量,每翻模一次必须校核。

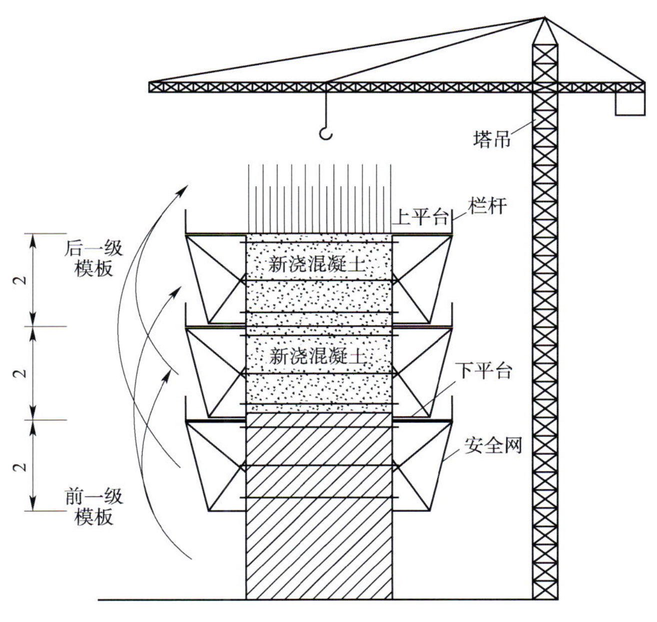

图 1.3.6-3　高墩翻模施工示意图(尺寸单位:m)

1.3.6.5　安全生产与文明施工

①塔吊安装后必须经过安全检查,禁止设备带病作业,且作业时必须有专人指挥。

②人行通道必须保证通行顺畅,通道及跳板必须做好安全防护措施。

③高墩施工操作平台采用焊接的方式与模板加强肋连接,并设置上斜拉杆与下支撑。平台外侧设置 1.5m 栏杆及防护网。

④高墩施工人员必须经常接受用电安全、安全操作、不良环境下的自身保护安全防护用具等多方面的安全教育。

⑤遇 5 级或 5 级以上的大风、雷雨等恶劣气候时,应停止露天高空作业。

⑥翻模工作平台吊架与墩壁中间设装安全网,并应结实扎牢,以防人员或大块重物掉落。在塔吊和墩顶设置避雷针,以防雷击。高空作业安全护栏结构图见图 1.3.6-4。

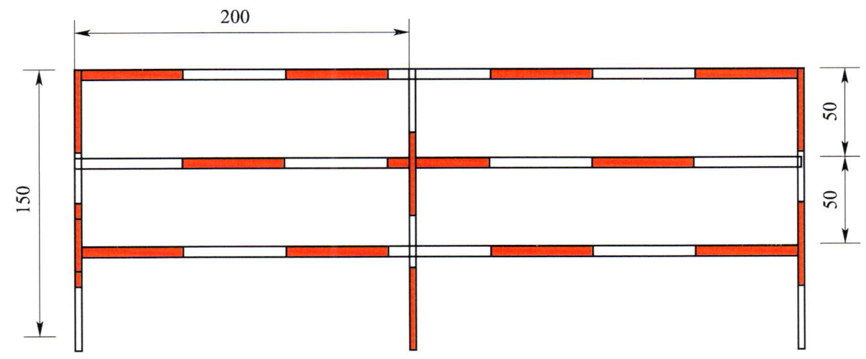

图 1.3.6-4　高空作业安全护栏结构图(尺寸单位:cm)

1.3.7 预制梁板

1.3.7.1 一般要求

①张拉用的千斤顶与压力表在使用前,由国家授权的法定计量技术机构定期进行校正、检验,配套标定、配套使用。

图 1.3.7-1 预制场

②防撞护栏及伸缩缝等预埋筋应采用定位钢筋辅助定位。边梁泄水孔预埋位置要准确,孔径一致。

③预应力筋长度应通过计算确定。用切断机或砂轮锯切断,严禁使用电弧切割。预制场见图 1.3.7-1。

1.3.7.2 施工工序

预制梁板施工工序见图 1.3.7-2。

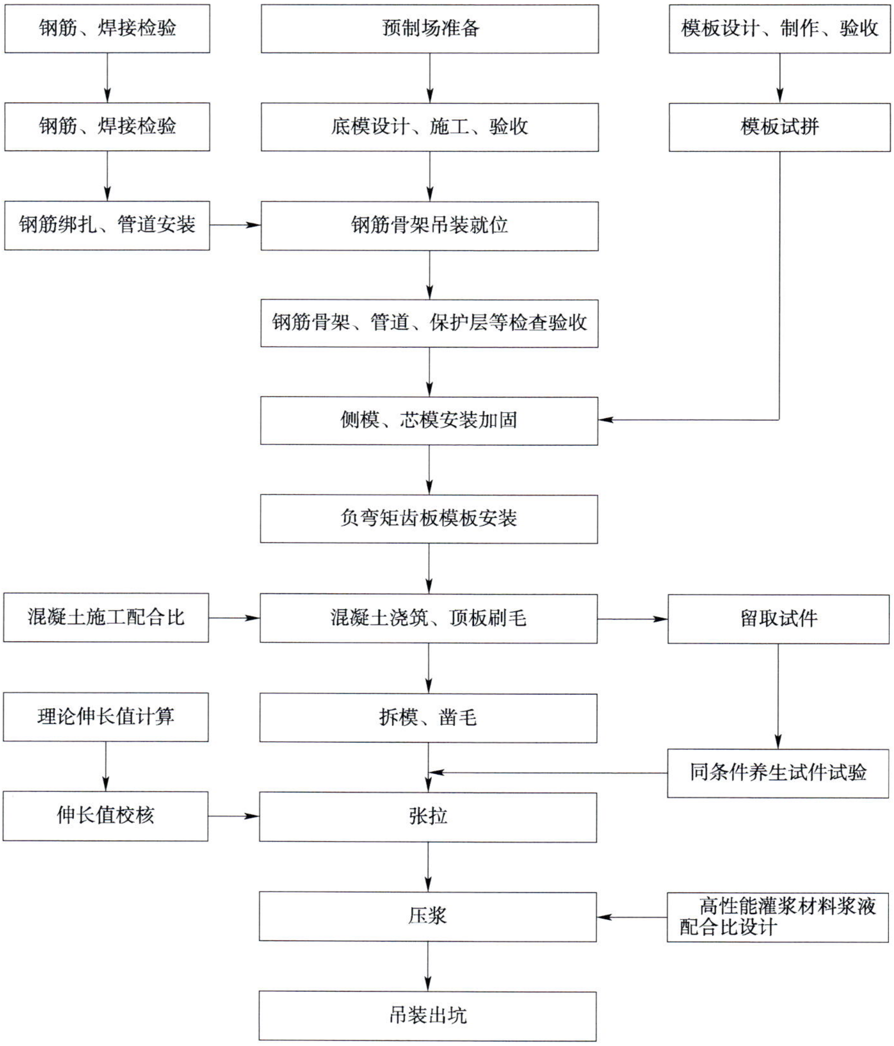

钢筋、焊接检验 → 钢筋、焊接检验 → 钢筋绑扎、管道安装 → 钢筋骨架吊装就位

预制场准备 → 底模设计、施工、验收 → 钢筋骨架吊装就位

模板设计、制作、验收 → 模板试拼 → 侧模、芯模安装加固

钢筋骨架吊装就位 → 钢筋骨架、管道、保护层等检查验收 → 侧模、芯模安装加固 → 负弯矩齿板模板安装 → 混凝土浇筑、顶板刷毛 → 拆模、凿毛 → 张拉 → 压浆 → 吊装出坑

混凝土施工配合比 → 混凝土浇筑、顶板刷毛

混凝土浇筑、顶板刷毛 → 留取试件 → 同条件养生试件试验 → 张拉

理论伸长值计算 → 伸长值校核 → 张拉

高性能灌浆材料浆液配合比设计 → 压浆

图 1.3.7-2 预制梁板施工工序

1.3.7.3　施工要点

(1)预制场

按本书的相关要求执行。

(2)后张法预制梁板

①钢筋绑扎:

a. 钢筋在模架上进行绑扎,整体吊装就位。

b. 与波纹管等相互干扰的钢筋不得切断,应采取合理措施避开。

c. 横隔板钢筋要确保高低、间距一致,符合设计要求,保证安装后对位准确。

d. 小箱梁必须提前预埋直径应不宜大于5cm 的 PVC 管,预留泄水孔(通气孔)。

②预应力管道的安装:

a. 预应力管道采用波纹状高密度聚乙烯塑料管,在安装前应通过检查,确保不变形、不渗漏。

b. 在库内存放,并且要远离热源及可能遭受各种腐蚀性气体、介质影响的地方,要用方木支垫并覆盖,存放时间不宜超过 6 个月。

c. 管道安装后要线形顺畅,坐标正确,定位筋固定牢固。竖向预应力管道安装见图 1.3.7-3。

图 1.3.7-3　竖向预应力管道安装

d. 混凝土浇筑时,管道内宜插入合适直径的胶芯抽拔管,防止管道变形。

③锚具、夹片、连接器安装:

a. 锚具、连接器和孔道三者要同心。

b. 位于梁体翼缘板下方的负弯矩区齿板,应做成嵌入式,以利于封锚,加强振捣保证负弯矩区混凝土的密实。负弯矩张拉区钢筋应位置准确,钢筋顺直,不得随意挠动。

④模板的安装:

a. 梁板模板外模、内模、小箱梁、T 梁翼缘板齿板,采用整体式定型组合钢模板。

b. 边梁模板必须预留半弧形滴水槽,滴水槽应顺直。

c. 模板拼装前用专用脱模剂均匀涂刷,脱模剂不得污染钢筋和混凝土表面。

d. 预制箱梁芯模接缝应用回力胶条背贴密封。应采取有效防止芯模上浮措施。

⑤混凝土的浇筑和拆模:

a. 混凝土浇筑。从梁的一端开始向另一端逐渐、连续推进施工。上下分层同时浇筑,上下层前后浇筑距离应保持在 1.5 ~2.0m 之间。T 梁底部有变截面时,第一层不能超过变截面高度。浇筑下一层混凝土时间间隔不得超过上层混凝土的初凝时间或重塑时间。腹板的振捣采用细振捣棒(直径 30mm)配合附着式振捣器振捣,插入式振动棒应避免触及预应力管道及模板。

b. 加强锚垫板处混凝土振捣,保证锚垫板下混凝土密实。

c. 预制梁板顶面,执行二次收浆工艺,及时覆盖养生或蒸汽养生。

d. 拆除模板时应防止损伤混凝土。

⑥钢绞线。预应力钢绞线用切断机或砂轮锯切断,切割前用胶带将切割部位缠紧,防止切割时“炸头”。将切好的钢绞线编束,并每隔 1.5 ~2.0m 用绑丝绑扎。

⑦梁板混凝土强度达设计强度标准值的 100% 后方可凿毛,采取机械凿毛;梁端湿接头、

横隔板、翼缘板等新旧混凝土结合面必须弹墨线，棱角处留出1～1.5cm，防止凿毛时破坏棱角，影响外观。

(3)预应力张拉压浆

①施工单位在张拉、压浆前，需向监理工程师上报详细的专项张拉、压浆施工方案，待监理工程师审批过后，才允许开始张拉、压浆；张拉采用数控张拉设备。

②为了确保压浆的饱满度，压浆完毕后应逐片进行饱满度检测。张拉完未进行压浆的梁板不得出槽。

③封锚(图1.3.7-4)。

a. 锚头封堵可采用水泥砂浆材料，但是压浆时，必须保证砂浆强度满足压浆需要，也可使用真空帽的方式(密封帽)或原子灰密封。封堵前必须对锚头用防锈漆涂刷防锈处理，并将锚头杂物清理干净。

b. 端梁封锚应在吊装前完成。封锚时，严格控制梁板长度，确保伸缩缝宽度。

1.3.7.4　质量控制要点与监理要点

①后张法张拉及压浆，以及混凝土浇筑均执行监理旁站制度。

②钢筋间距、顺直度及绑扎牢固程度。锚垫板螺旋筋与锚垫板、预应力管道同心，变截面钢筋长度符合要求，管道坐标准确，固定牢固。

③预埋筋、预埋件位置准确，连接牢固。

④模板无损伤及修补，表面光洁，接缝严密，顺直，曲线圆滑，支设牢固，高程符合设计要求。机械凿毛见图1.3.7-5。

图1.3.7-4　模筑封锚

图1.3.7-5　机械凿毛

⑤芯模接缝严密，就位准确，固定牢固，几何尺寸符合要求，防上浮措施有效。

⑥端头模板、翼缘板齿板、负弯矩区齿板模板支设牢固，就位准确，接缝严密。

⑦随时检测混凝土坍落度、和易性等。

⑧张拉结束后，及时检测梁板起拱度，全面检查梁板外观情况。

⑨记录水泥浆的拌制时间、操作人员、水泥浆稠度、天气温度、压浆梁号、压浆顺序、压浆方式及各个孔道压浆起止时间、压力读数、稳压时间、施工记录情况等。

1.3.7.5　质量问题预防与处理措施

(1)伸长值超过规范要求预防措施

预应力张拉理论伸长值计算必须按实测弹性模量和截面积进行计算。

(2)滑丝、断丝预防措施

①穿束前，预应力钢束必须按规范要求进行检验，编束，正确绑扎。

②张拉前锚、夹具需按规范要求进行检验，对夹片进行硬度试验。

(3)预应力筋回缩值偏大预防措施

选用合适的限位板。对钢绞线截面面积进行检测，严重超出的不得使用。

(4)顶板厚度不够预防措施

①固定芯摸的套箍绑扎牢固，必要时加密。

②接固定在模板上，使用地锚拉住，加密压杠。

③对称浇筑，减少混凝土的上浮力。

(5)负弯矩锚垫板拉裂预防措施

①锚垫板下部混凝土要用直径比较小的振动棒振捣，确保密实。

②严格控制混凝土拌制用的粗集料粒径。

(6)起拱偏差大预防措施

①张拉前测定温度，避免高温、低温进行张拉，冬天对梁板进行加温后张拉。数控张拉设备见图1.3.7-6。

图1.3.7-6　数控张拉设备

②强度、龄期满足要求后进行张拉。梁板体系转换应在设计规定的时间内完成，并且不超过3个月。否则对梁板加载预压。

(7)外观质量差的预防措施

①垫块痕迹明显。改进垫块形状，减小与模板接触面积；保持垫块湿润；合理布设绑扎垫块。

②漏浆较严重。整修模板，接缝严格处理，按要求粘贴回力胶条、防漏浆橡胶垫、橡胶帽等。

③过多的蜂窝、麻面、波纹痕等。

a. 表面污渍严重。模板拆除后，及时清理打磨，涂刷脱模剂；尤其是冬休期等长时间停工，要做好模板保养，复工前必须再次进行打磨后方可使用(包括底板)。

b. 黏模。严格控制拆模时间，特别是低温和冬期施工时，防止黏模。

1.3.7.6　安全生产与文明施工

①预制施工现场应封闭管理，必须有醒目的安全警示标志，与工程建设无关的人员严禁入内。

②现场应配备简易爬梯，使施工人员上下方便，便于预制梁施工、检查。

③应严格按规定时限和程序拆卸模板，不得野蛮拆卸模板。

④油管和千斤顶油嘴连接时应擦拭干净，新油管应检查有无裂纹、接头是否牢靠，高压油管接头应加防护套，以防喷油伤人。

⑤千斤顶工作时，正面不能站人，并设置防护网；不得拆卸液压系统中任何部件。

⑥压浆施工人员必须佩带安全防护眼镜，在管道有压的情况下禁止拆卸各种管件。

⑦每次压浆机停用时，应及时清洗压浆泵及管道；设备检修时，防止机油污染构件和钢筋。

⑧已张拉完尚未压浆的梁，不得剧烈振动，禁止未压浆的梁出坑，防止预应力筋断裂。

⑨梁片存放：

a. T梁应支撑到位，用刚性良好的支承架对两端进行支撑，支架牢固。堆放高度不得超过2层，40m以上T梁不允许叠放。

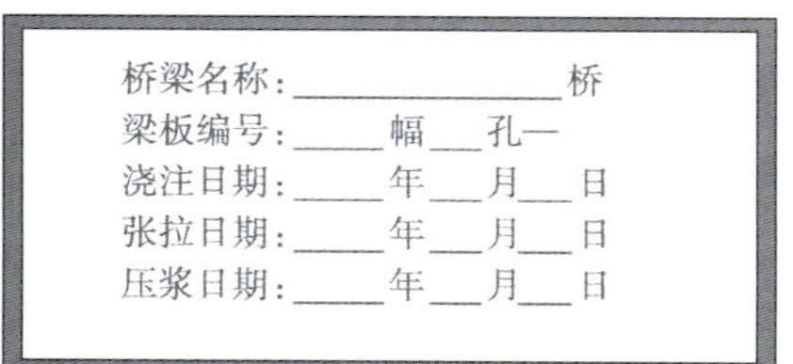
桥梁名称：__________桥
梁板编号：____幅___孔—
浇注日期：____年___月___日
张拉日期：____年___月___日
压浆日期：____年___月___日

图 1.3.7-7　梁片编号示意图

b.预制小箱梁堆放均必须采用四点支撑堆放。

⑩梁片编号：预制完成后，应在各片梁上标注梁号，在各梁片腹板侧面标明桥梁名称、梁板编号、浇筑日期、张拉日期、压浆日期。采用红色油漆模具喷涂标注于梁片里程前进方向端外侧（位置、高度、几何尺寸等要统一）。梁片编号示意图见图 1.3.7-7。

1.3.8　现浇连续梁

1.3.8.1　支架法就地现浇连续梁

（1）一般要求

①地基处理。进行地基承载力验算，原地表整平、碾压。浇筑 10cm 混凝土面层，必要时增设支架地梁。做好边沟排水，防止雨水、养护水浸泡地基发生危险。地处处理范围至少要宽出支架之外 50cm。

②支架法就地现浇连续梁的支架施工，安装前必须进行支架刚度、强度及稳定性等计算，确定立杆间距及横杆间距，并对杆件进行逐根质量检查。支架底设置底托。

③安装完成后采用堆载预压方式进行支架预压（图 1.3.8-1），消除支架与地基的非弹性变形，确定其弹性变形量，以确定底模的安装高度，保证桥下净空。

图 1.3.8－1　支架预压

④宜采用二次浇筑工艺，即第一次浇筑底板和腹板，浇筑至翼缘板与腹板结合处，并应略高 5mm；而后支设芯模顶板，绑扎顶板钢筋，第二次浇筑顶板混凝土。

⑤桥面铺装浇筑高程应高出设计高程 1cm。桥面铺装层应精铣刨。

⑥跨越等级公路跨线桥桥前必须采用限高、限宽钢管门架涂刷红白相间反光漆，安装警示红灯和限速标志等。门洞应用贝雷片、工字钢等支架架设，两侧涂刷红白相间反光漆。

（2）施工工序

支架现浇预应力连续箱梁施工工序见图 1.3.8-2。

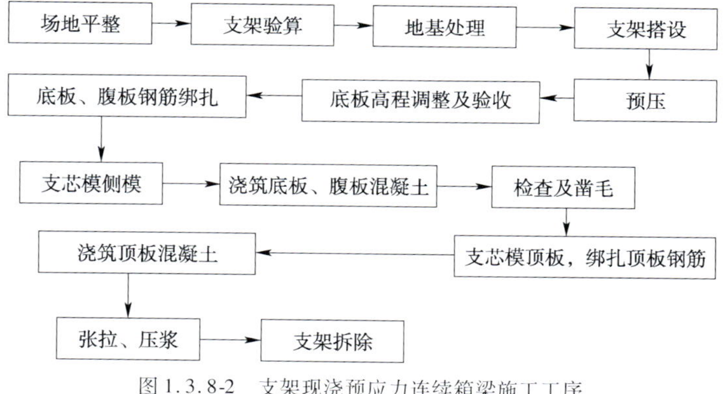

图 1.3.8-2　支架现浇预应力连续箱梁施工工序

（3）施工要点

①支架安装：按照计算的立杆间距放样，底部设底托，顶部设顶托；必须设置纵、横向扫

地杆和剪力撑以增强支架的整体稳定性。

②支架沉降测量：

a. 在支架箱梁底模上设置测点，在跨径的0/4、1/4、2/4、3/4、4/4及左、中、右设置测点。

b. 预压前测量各点高程，预压过程中，每隔一定时间测量各点高程。

c. 支架预压结束的判定：连续48h支架的沉降为零。

d. 数据分析，计算弹性沉降量和非弹性沉降量。

③调整底板高程，调整预拱度。

④预应力钢筋可采用先穿工艺，在浇筑混凝土前穿钢绞线，但浇筑过程中应经常使用机械来回抽动钢绞线，防止漏浆固结。

(4)安全生产、文明施工

①制定高空作业安全措施，搭设上下通道，禁止攀爬支架上下。

②支架拼装前，检查支架质量，有问题的杆件禁止使用。

③跨路门架的设置：净宽不小于5m，净高不小于4.5m，双向通过。桥前限高、限宽门架采用钢管支架，贴红白相间反光膜，并安装警示红灯和限速标志。门洞内侧贴红白相间反光膜。

④对于跨越公路施工，在公路距离施工区150m范围内设置施工警示牌，并根据交通管制相关要求在一定范围内设置标志标牌。限高标志见图1.3.8-3。

图1.3.8-3　限高标志

1.3.8.2　质量问题预防措施

(1)挠度超过设计预想值的原因和预防措施

挠度超过设计预想值的原因：设计对混凝土收缩徐变计算和估计不足，结构设计刚度不够。

预防措施：采用智能循环能压浆技术，使预应力管道压浆饱满，并对其饱满度进行检测。

(2)梁体开裂主要原因

腹板斜裂缝的主要原因，一般是腹板设计厚度不够或抗主拉应力钢筋和布置不足等；顶板、底板的横向裂缝的主要原因，一般是抗弯刚度不够，往往与挠度增大伴生；龟裂的主要原因，一般为养护不到位；连续刚构的墩台不均匀沉降超过一定值也会造成梁体开裂。

(3)管道串浆预防措施

波纹管接头严密，浇筑混凝土时，注意振动棒不碰波纹管，不定时来回抽动钢绞线。

1.3.9　垫石、支座

1.3.9.1　一般要求

①监理工程师应对浇筑完毕的垫石逐个检测，对垫石强度、轴线偏位、断面尺寸、顶面高程、顶面四角及中间高差、预埋件位置项目逐一检查。不合格的必须返工处理。

②支座的材料、质量和规格必须满足设计和有关规范的要求，经验收合格后方可安装。安装后由监理人检查，并留存照片。

③支垫钢板及支座钢板预埋件外露部分必须采取防腐处理措施。

④不锈钢板要就位准确，并与梁板底支座预埋钢板焊接牢固。

1.3.9.2　施工要点

图 1.3.9-1　支座垫石

(1)板式橡胶支座

①支座安装前应将墩、台支座及垫石和梁底面清洗干净,去除油污。检测支座垫石(图 1.3.9-1)高程、平整度及四角高差满足规范要求。

②梁板安装时,必须就位准确且与支座密贴;就位不准时,必须吊起重放,不得用撬杠移动梁板。

③当墩台两端高程不同时,顺桥向或横桥向有横坡时,支座必须严格按照设计规定控制高程。

④每片梁安装后,检查支座是否脱空,发现脱空,吊起重安,在支座底安装薄钢板(防锈处理),禁止使用水泥浆、砂浆等材料找平。

(2)盆式橡胶支座

①焊接固定时应防止烧坏混凝土,螺栓固定时,其外露螺杆的高度不得大于螺母的厚度。注意支座的安装方向。

②安装支座的高程及四角高差应符合设计要求和有关规范的要求,支座上下导向挡块必须平行,最大偏差的交叉角不得大于规范要求。

③支座不得发生偏歪、不均匀受力和脱空现象。滑动面上的四氟滑板和不锈钢板不得有划痕、碰伤等,位置正确,安装前必须涂上润滑剂。

④支座安装时分清支座的种类、滑动方向、安装位置等,防止安装反向或用错支座。

1.3.10　梁板安装

1.3.10.1　一般要求

①梁板安装前,必须进行梁板安装放线、清除盖梁顶面杂物、安装支座、完成梁板凿毛及板体清理工作。对梁板进行全面检查,不合格的梁板禁止安装。

②每次安梁前必须全面检查吊装、运输设备的安全性。

③吊装钢丝绳与梁板边角接触位置要用边空角角钢保护(图 1.3.10-1),角钢与梁体间夹垫土工布等软质材料;钢丝绳要使用吊环扣接或防脱钩销接,不得直接栓接。

④临时支座采用钢砂筒(图 1.3.10-2),应满足同时拆除的需要。

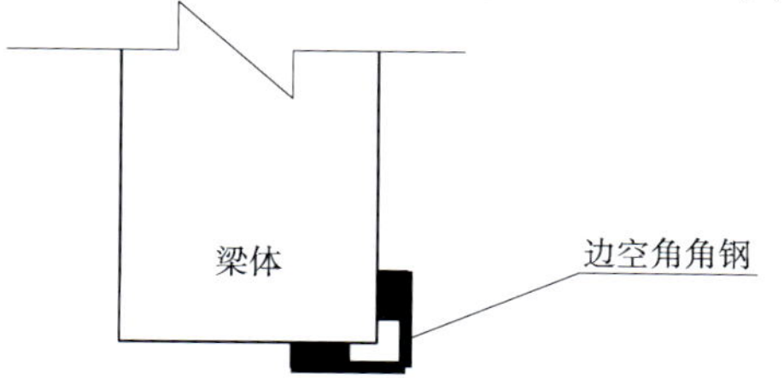

图 1.3.10-1　边空角角钢保护示意图

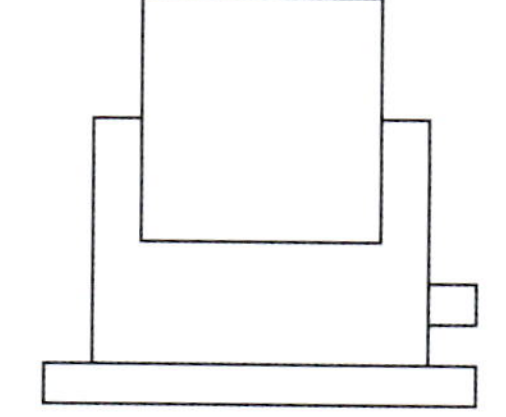

图 1.3.10-2　钢砂筒示意图

注:砂筒钢板厚度不小于 6mm,其中的砂经过过筛、烘干、压实,上活塞可采用混凝土预制块,其强度不小于 C30。

⑤边跨孔的安装应按不同的设计要求调整预留伸缩缝缝隙宽度。

⑥防震挡块内侧要用 2cm 厚的橡胶板粘贴。

⑦在未进行横向连接施工的梁体上运梁,必须对梁体进行荷载验算,保证运梁过程中不损坏梁体。

⑧梁板预制或安装后，在预定期限内不能完成体系转换，必须采用堆载预压方式进行预压。

⑨安装完成一孔后，检查桥面宽度、中线偏位、顶面高程是否满足要求，不满足及时调整。调整合格后，再跨孔安装。

⑩梁板安装就位完毕并经过检查校正符合要求，及时横向焊接以固定构件，并做好临时支撑。

1.3.10.2　施工工序

梁板安装工序见图1.3.10-3。

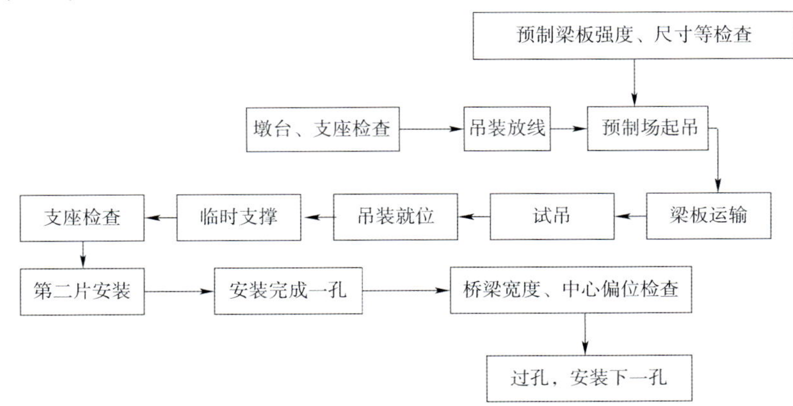

图1.3.10-3　梁板安装工序

1.3.10.3　施工要点

(1)梁板运输

①使用梁板专用平板拖车或超长拖车设备。支点处应设置活动转盘防止搓伤构件混凝土，严格控制梁板支点。使用前必须严格进行检验。

②梁板吊装至拖车上后，必须采取防倾覆措施。

③16m及以下的梁板可根据施工便道及拖车能力一次运输多片，分层装运，每层及梁板之间必须用方木隔离，并用手拉葫芦与运输拖车有效链接。20m以上的梁板，原则上一次只允许拖运1片(图1.3.10-4)。

图1.3.10-4　梁板运输

(2)吊车安装

①桥梁高度在10m以内，桥下场地平整，具备用吊车安装条件的，可选用吊车安装。

②起重作业时支腿必须完全伸出，并有效支垫。必要时要进行试吊，以检验地基和吊车的稳定性。

(3)跨墩门架安装(可进行双幅同时安装)

①桥下场地较好，可铺设门架轨道和运梁道(门架轨道不能跨越泥浆坑)；安装高度不大于20m。

②平整压实场地，门架有良好的制动性和抗倾覆能力。

③门架拼装时，必须设置抗倾覆设施。拼装地基必须稳固无沉降。

(4)架桥机安装(采用双导梁架桥机)

①架桥机就位后必须保持中支腿、后支腿水平,主梁水平,禁止主梁下坡。

②合理选择主梁长度,保证后支腿的位置必须位于已安装孔位的梁端,禁止后支腿支于1/4或1/2跨径位置。

③喂梁过程中,保证前台车与运梁车同步,禁止台车拉梁或运梁车推梁。

④桥上运梁,已安装孔必须进行梁间临时连接,轨道运梁,轨道下必须设置枕木,调整两轨道水平。

⑤要充分考虑外边梁的安装工艺和安装安全。

(5)梁板就位

①就位后,检查是否与安装线吻合。需要调整时,必须两端同时吊起再次调整。

②查看临时支座是否全部受力。

③查看梁板纵、横向线形是否顺畅。不得有错台。

④横隔梁准确对应,并及时浇筑横向连接。

⑤一孔梁板安装调试合格后,及时进行横向连接(图1.3.10-5)。

1.3.10.4 质量问题与预防措施

(1)翼缘板不顺接预防措施

①安装时,第一片外边梁严格按照放样安装,另一个边梁综合考虑桥面宽度、梁间宽度安装。

②下一孔安装,近端以翼缘板顺接控制(已考虑桥宽、中线),远端按照第一片外边梁严格按照放样安装,另一个边梁综合考虑桥面宽度、梁间宽度安装,依次循环。梁板安装后线形见图1.3.10-6。

图1.3.10-5 横向连接

图1.3.10-6 梁板安装后线形

(2)T梁桥面宽度不足预防措施

采用刚性吊具,通过平衡计算,采用不对称吊装孔的方式吊装,起吊后梁体垂直。

(3)桥面板错台预防措施

预制梁时认真检查模板横坡,保证与设计一致;出坑前梁端弹出垂线,安装后,通过垂线使梁体垂直。

1.3.10.5 安全生产

(1)设备安全

①所有吊装设备在正式吊装前必须经过技术监督部门的检测,检测合格后投入使用。每次作业前,必须全面检查。

②安装设备的安装,必须由专业的安装队伍进行安装和调试;操作人员必须通过安全教

育技术培训，持证上岗。

③安装前进行试吊，检验设备的安全性、可操作性及人员安排的合理性、协调性。

(2)高空作业

①架桥机、门架上的所有人员必须佩戴安全帽、安全带、绝缘鞋、劳保手套。

②做好必要的防护网、防护栏杆等安全措施。

③严格操作规程，每次进行操作时，必须有预警信号。

④作业时至少两人，一人作业，一人看护。

⑤高空作业时，其下部禁止施工，禁止立体交叉施工，设置禁行标志，禁止行人通过，并有专职安全员看护现场。

1.3.11 桥面系

1.3.11.1 一般要求与施工要点

(1)铰缝

①施工前采用钢管等刚度大的材料进行吊缝，使用与梁板同强度砂浆(或小石子混凝土)封堵马蹄部分，并用钢钎等插捣密实。

②浇筑混凝土铰缝顶面要低于梁板顶10mm，浇筑混凝土顶面要凿毛。

(2)湿接缝

①湿接缝钢筋必须与预埋筋焊接。

②湿接缝模板采用钢模板螺栓悬吊施工，禁止使用铁丝等方式悬吊。

(3)湿接头

①湿接头钢筋要调直、焊接。注意预埋防撞护栏钢筋。特别是主筋的连接，必须保证焊接质量。焊接时，注意保护支座。

②湿接头混凝土宜在一天中气温相对较低的时段浇筑，且一联种的全部湿接头应一次浇筑完成，土工布覆盖洒水养生，其混凝土养生时间不少于14d。

③压浆结束后，多余钢绞线用无齿锯或手砂轮切除，禁止使用电弧切除。锚头的封堵可采用与梁体强度一致的水泥砂浆材料或原子灰密封防腐处理，处理前必须刷防锈漆。

④压浆后浆体强度达到规定强度后，应立即拆除临时支座。同一片梁的临时支座应同时拆除。严格控制同一联临时支座拆除时间间隔。

(4)体外横隔梁

①横隔梁施工要使用牢固的吊篮，保证施工安全。

②横隔梁钢筋要调直、焊接。

(5)桥面铺装

①桥面铺装施工前，清理桥面杂物，对污染部位进行重新凿毛处理。桥面铺装采用冷拔钢筋网见图1.3.11-1。

图1.3.11-1 桥面铺装采用冷拔钢筋网

②桥面钢筋网搭接牢固，并和梁板预埋剪力钢筋焊接。采用植筋法支垫钢筋网，以保证钢筋网上下保护层厚度。禁止混凝土运输罐车等车辆在钢筋上行走。

③混凝土桥面铺装必须采用振动梁，并配有平板振动器和振捣棒。尽量减少施工缝，并保证

平整度。

④浇筑前应洒水保持梁顶湿润,且不积水。混凝土应连续浇筑,进行二次收浆,第二次要用钢抹子压光。

⑤混凝土收浆后终凝之前,禁止踩踏。养生期间严禁车辆通行。

图 1.3.11-2　桥面铣刨

⑥桥面铺装施工高程应高出设计高程 10mm,在混凝土强度达到设计强度标准值的 100% 后,采用铣刨机精铣刨至设计高程(图 1.3.11-2)。

⑦在精铣刨后沥青混凝土面层铺装前,严格按设计要求施作桥面防水层。

(6)伸缩缝

①采用反开槽安装伸缩装置。路面面层摊铺前,应用泡沫板、砂等材料封堵桥梁伸缩缝预留槽,砂浆抹面。禁止使用其他材料填塞预留槽。

②伸缩装置安装温度尽量与设计一致。

③伸缩缝顶面应低于沥青顶面 1 ~ 2mm。

1.3.11.2　施工工序

混凝土桥面铺装施工工序见图 1.3.11-3。伸缩缝安装工序见图 1.3.11-4。

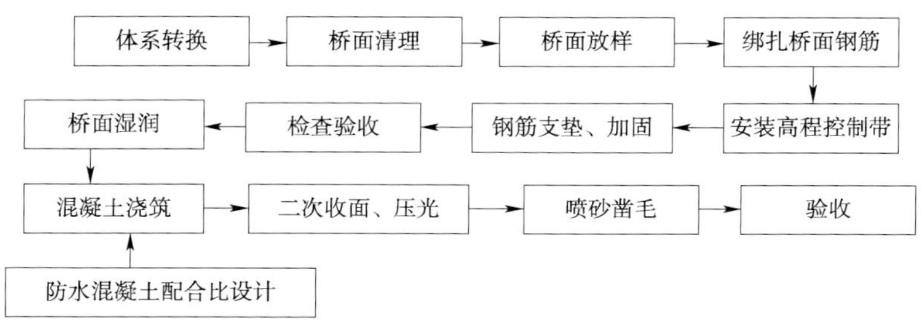

图 1.3.11-3　混凝土桥面铺装施工工序

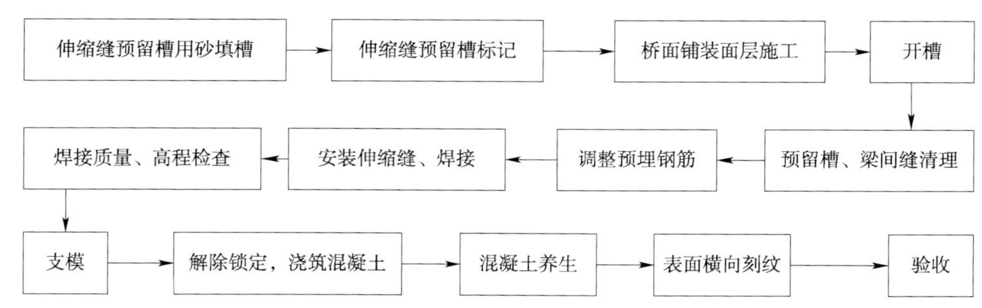

图 1.3.11-4　伸缩缝安装工序

1.3.12　防撞护栏与泄水管

1.3.12.1　施工工序

防撞护栏施工工序见图 1.3.12-1。

1.3.12.2　施工要点

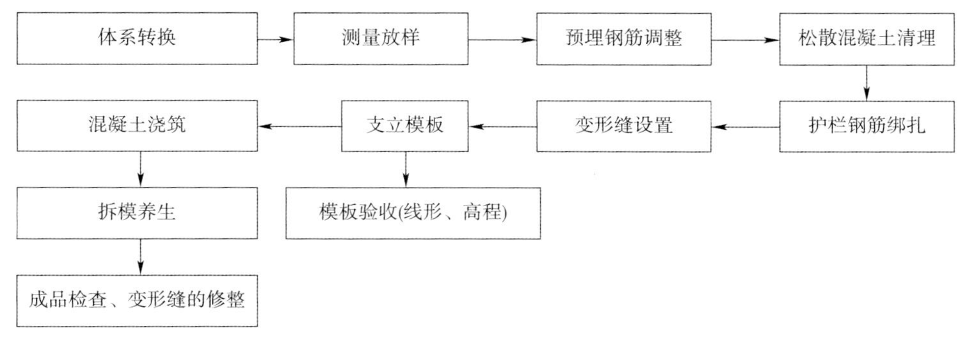

图 1.3.12-1　防撞护栏施工工序

(1)防撞护栏

①防撞护栏高程测量,以及护栏顶面高程控制。

②护栏顶面必须进行压光处理。每次护栏模板拆除后,必须将护栏模板顶混凝土彻底清理打磨干净,保证再次使用时护栏顶面边角不会有飞边。

③护栏钢筋必须和预埋钢筋有效焊接,并保证焊接质量。

④选用专用的脱模剂,保证混凝土颜色均匀、表面光滑。

⑤混凝土必须至少分三层浇筑,人工布料,第一层不能超过变截面位置,曲面处应加强振捣,减少气泡发生。

⑥混凝土养生采用一布(土工布)一塑覆盖洒水养生。

(2)泄水管

①横向泄水管必须按设计坡度埋设,埋设时,进水口应略低于路面顶 3mm。必须伸出边板外缘至少 5mm,并应采用竖向弯头。

②竖向泄水管必须提前预埋与泄水管外径相同的 PVC 管,不得使用水钻扩孔。泄水管必须伸出板底至少 5cm,进水口应略低于防水混凝土顶至少 2cm,缝隙应使用高强砂浆进行封堵。

③跨线桥泄水管应连接牢固,并将水流引至路面以外排出。固定管件钢构件必须采取防腐处理。安装时,注意预留横向 PVC 管的坡度。

④泄水管铸件安装前必须进行防腐蚀处理。

⑤横向排水管件要做弯头处理,不得横向直排。

1.3.13　涵洞与通道

1.3.13.1　一般要求

①分项工程开工报告已得到批复,所需的机械设备、人员已进场到位,施工现场的各种标示牌齐全。

②地基承载力必须满足设计要求。不得超挖,超挖部分不得回填虚土,必须采用经监理工程师批准的回填工艺,回填处理时监理工程师旁站。

③洞口浆砌工程(图 1.3.13-1)与涵洞混凝土主体的衔接,接缝垂直、宽度上下统一,为 2cm,填塞沥青玛蹄酯等具有弹性和不透水性材料,并填充密实。

④块石砌筑的八字挡墙顶应采用块石加工后封顶(图 1.3.13-2),不宜采用砂浆抹面。高度大于 5m 的八字挡墙应做成重力式挡墙。

1.3.13.2　钢波纹管涵

①基坑开挖后,检测地基承载力。

②拼装前内外涂沥青。

③涵管上方当回填土厚度超过 30cm 后，采用压路机静压，填土厚度超过 60cm 后，采用压路机振压。

④钢波纹管进场后，进行检测，厚度、镀锌层厚度、刚度、强度等满足设计和规范要求。

图 1.3.13-1 洞口浆砌工程

图 1.3.13-2 块石封顶

1.3.13.3 盖板涵

(1)施工工序

盖板涵施工工序流程见图 1.3.13-3。

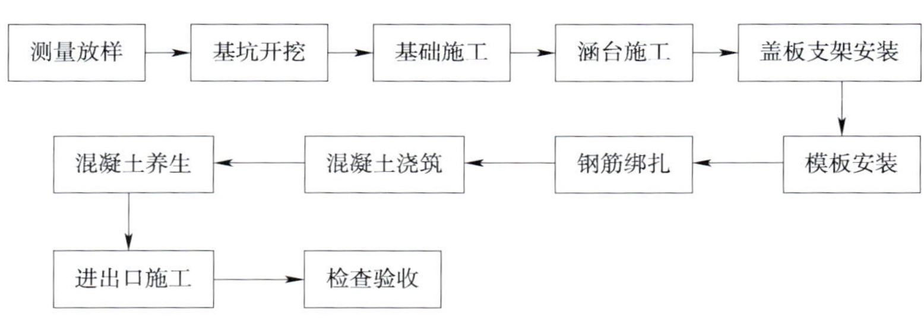

图 1.3.13-3 盖板涵施工工序流程

(2)施工要点

①盖板涵的墙身为混凝土时，应采用钢模，钢模板表面积不小于 $1m^2$。

②盖板涵的盖板，分为预制安装和现浇两种施工方法。采用预制安装的，必须严格控制预制板的长度与现场的沉降缝位置严格对应。现浇法的模板支架必须有足够的强度和刚度，沉降缝可采用泡沫板隔开，浇筑时可"跳节"施工基础、墙身、盖板，沉降缝应在同一位置、上下顺直、贯通。

1.3.13.4 箱形涵洞(通道)

(1)施工工序

箱形涵洞(通道)施工工序流程见图 1.3.13-4。

(2)施工要点

①在垫层上绑扎底板钢筋，按设计要求设置沉降缝。

②模板加固采用穿膛螺栓。

③墙身、顶板同时浇筑，混凝土施工应采取措施，尽量缩短浇筑时间。

1.3.13.5 钢筋混凝土拱涵

(1)施工工序

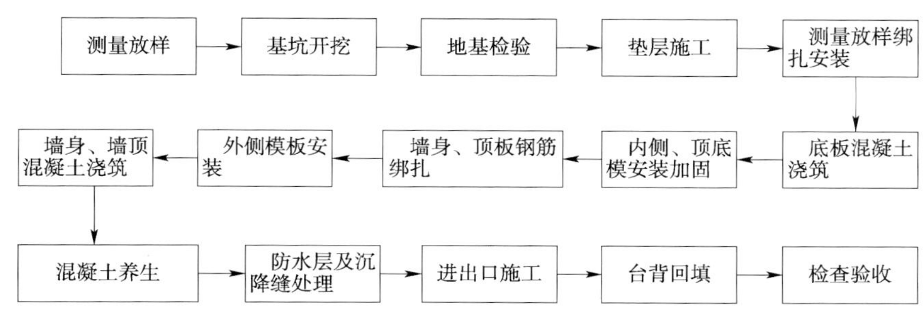

图 1.3.13-4　箱形涵洞（通道）施工工序流程

钢筋混凝土拱涵施工工序见图 1.3.13-5。

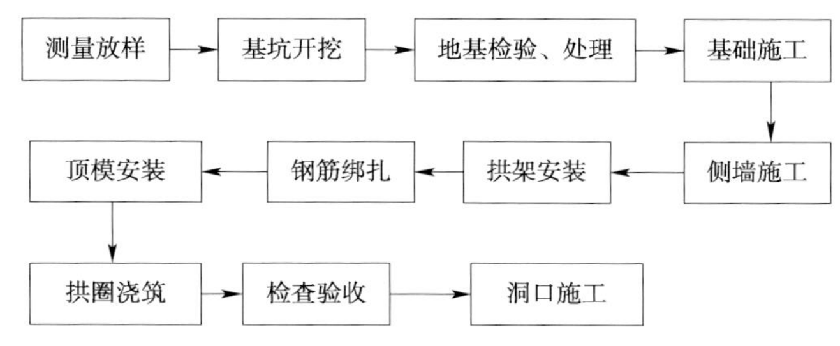

图 1.3.13-5　钢筋混凝土拱涵施工工序

(2)施工要点

①按照设计设沉降缝,并在地基变化处增设沉降缝。

②基础及侧墙的片石混凝土施工必须规范。

③侧墙完成后,进行台背回填,回填后进行拱圈浇筑。

④做好沉降缝的防水处理。

1.3.13.6　安全生产与文明施工

①基坑开挖出的废渣及时清理,运至指定的弃土场。基坑明显位置设禁行标志。周围设围栏并挂网。

②基础施工结束后。尽快回填基坑。保证畅通不积水。

1.3.14　冬、雨期施工

1.3.14.1　冬期施工

(1)一般要求

①原则上梁板、小型构件预制、桩基及梁板安装可进行冬期施工。冬期施工的项目必须经发包人同意并审批冬期施工组织设计。

②制订防火、防冻、防煤气中毒等安全措施,做好气温观测工作。

③冬期施工成品应在冬期过后进行全面检测排查。

(2)冬期施工措施

①施工准备:

a. 及时掌握气象变化趋势及动态,做好预防准备工作。

b. 制订冬期施工各工序的施工方案、专项施工方案。制订冬期施工混凝土的配合比、搅拌、运输、浇筑、养生方案及冬期施工质量检验标准,准备充足材料、设备。

②混凝土冬期施工措施：

a. 混凝土拌和。

ⓐ配合比。选用较小的水灰比和较低的坍落度，以减少拌和用水量。当混凝土掺用防冻剂时，其试配强度较设计强度提高一个等级。在钢筋混凝土中禁止掺用氯盐类防冻剂。

ⓑ拌和设备设置在温度不低于 10℃暖棚或厂房内。拌制混凝土时，砂石料的温度在0℃以上，拌和用水温度不低于 5℃。必要时，先将拌和用水加热。水的加热温度不宜高于80℃。拌和时先投入骨料和已加热的水进行搅拌均匀，再加水泥。骨料存于保温仓内。任何情况混凝土的出机温度不低于 10℃。

ⓒ混凝土拌和时间较常温施工延长 50%，对于掺有外加剂的混凝土拌制时间应取常温拌制时间的 1.5 倍。

b. 混凝土运输。

ⓐ冬期施工采用混凝土搅拌运输车，并做好保温措施，装入混凝土前先用热水预热罐体，并将水放净。

ⓑ尽量减少装卸次数并合理组织装入、运输和卸出混凝土工作。

c. 冬期施工的混凝土浇筑。

ⓐ混凝土的入模温度，在任何情况下均不低于 5℃。

ⓑ冬期施工接缝混凝土时，在新混凝土浇筑前对结合面进行加热使结合面有 5℃以上的温度，浇筑完成后，及时采取有效地养护方式进行养护，直至进浇筑混凝土获得规定的抗冻强度。

d. 冬期施工混凝土质量检查。冬期混凝土质量检查除满足一般混凝土要求外，还要满足下列要求：

ⓐ在混凝土拌制和浇筑期间，测定水和粗细集料装入搅拌机时的温度、混凝土的拌制温度、入模温度和环境温度。

ⓑ冬期施工混凝土除按规定制作标准养护的试件外，同时制作施工检查试件（同条件养生），查明强度的发展情况。

③钢筋加工和焊接冬期施工：

a. 钢筋加工和焊接宜在棚内进行。

b. 焊接后的接头采取保护措施，禁止焊后立刻接触冰雪、雨水。

c. 钢筋焊接试验抽检频率比正常施工应增加一倍。

d. 预应力筋的张拉应保证环境温度不低于 -15℃。

图 1.3.14-1　低温蓄热养生

（3）安全保证措施

①进行专项安全详细的风险分析，认真的查找危险源，制订防火、防冻、防滑、防烫伤、防煤气中毒等安全措施，并增加有关设施。低温蓄热养生见图 1.3.14-1。

②大风雪后，应对供电线路进行检查，防止断线造成触电事故。

③凡高空作业必须系安全带，穿防滑鞋，防止滑落或高空坠落。

④定期对有关人员进行安全教育和操作规

程培训。在每道工序施工前,做好安全技术交底。

1.3.14.2　雨期施工

(1)施工准备

①组织准备。为了保证在雨期施工期间,在发生大雨、暴雨天气等险情时,能够及时组织人员进行抢险救灾,成立雨期施工防洪领导小组,制订应急预案,并成立雨期施工应急救援分队。备足防洪材料及设备。汛期内主要领导要执行轮流值班制,发现险情立即指挥抢救和上报。

②确保排水设备完好,以保证暴雨后能在较短的时间排出积水。

(2)雨期施工保证措施

①基坑开挖后组织力量突击施工,在基坑四周设集水坑或排水沟,防止地面水灌入基坑。受水浸基坑在基础施工前应将基底清理干净后方可施工。

②混凝土浇筑前应及时了解天气预报,尽量利用非雨天气组织施工。

③浇灌混凝土时,如突然遇雨,应做好临时施工缝,方可收工。雨后继续施工时,先对接合部位进行技术处理后,再进行浇筑。

④雨期施工应每天定时测定砂、石等集料的含水率,及时调整各种配合比。混凝土浇筑过程中或浇筑完毕未达到初凝如遇下雨,立即用塑料膜或篷布覆盖,防止雨淋。

⑤做好防雷防电措施,架梁前在架桥机上设好避雷装置,防止雷击伤人。

⑥大雨、暴雨及大风时应停止吊装作业。

⑦高空操作人员雨后施工,应注意防滑,要穿防滑鞋。

⑧雨期时节安排专人值班巡视,发现险情发出警报,人员设备及时撤离。

⑨现场临时电源应进行全面检查,各种线路只准架空铺设,电源开关箱应有防雨设施。

2 隧道、交通安全设施、绿化工程

2.1 隧道工程

2.1.1 总则

2.1.1.1 目的及范围

①为规范公路隧道工程施工，提高承德山区干线公路建设管理和工程质量水平，促进项目建设管理的精细化、科学化和规范化，结合承德市的实际情况，制订本指南。

②隧道施工必须遵守国家有关生态、环境保护的法律法规，制订防止噪声、粉尘、废水等污染环境的保护措施，保护原有植被地貌，合理处置弃渣，做到文明施工。

③本指南适用于承德市干线公路隧道工程施工管理。

2.1.1.2 编制依据

①国家、工程建设精细化协会、交通运输部等工程建设标准主管部门发布的与桥梁工程相关的文件、标准、规范、规程和指南。

②行业内通行的先进施工工艺和管理办法。

2.1.1.3 术语

①隧道净空：隧道衬砌的内轮廓线所包围的空间，包括公路通行限界、通风、照明及其他所需的断面积。

②隧道围岩：坑道开挖后，由于工程力的作用破坏了岩体原先的应力状态，使坑道周围一定范围内的原有岩体受到影响。这部分受到影响的岩（土）体与坑道的稳定性有关，称之为围岩。其范围与坑道开挖情况、岩（土）体性质、结构面性质及岩块形状等许多因素有关。

③围岩自承能力：在隧道开挖后，由于周围岩体自身整体性和强度较高，通过岩体间的镶嵌、咬合作用而具有承受由开挖而产生的岩体应力的能力称为围岩自承能力。

④新奥法：在软弱岩层中修建隧道时，用混凝土作为临时支承，在开挖后立即喷上一层混凝土以将岩层封闭起来（必要时用锚杆加固），并进行施工量测，待变形发生到一定程度时做永久衬砌，对下一步设计、施工提出修正。

采用光面爆破开挖，开挖后采用锚喷进行支护将围岩封闭，充分利用围岩自承能力共同形成围岩的支护体系，必要时采用钢拱支撑。

⑤衬砌：在隧道施工中，为了保持岩体的稳定和行车安全而修建的人工永久建筑物。一般根据围岩的特性不同而采用直墙式衬砌、曲墙式衬砌及复合衬砌等。

⑥支撑：在坑道开挖到衬砌完成之前的一段施工时间内，为了保证施工安全、减少围岩松弛而对坑道进行临时支护。常见的形式有木支撑、锚杆支撑、喷混凝土等，也有将锚杆支撑、喷混凝土支撑作为永久支护的情况。

⑦喷锚支护:喷锚支护是利用喷混凝土和锚杆主动加固围岩,控制围岩变形,防止围岩的松动、破坏和塌落,使混凝土在与围岩的共同变形过程中确保围岩的稳定。

⑧隧道通风:在隧道中,为了减小汽车废气对行车安全和人体健康的影响,将一氧化碳和烟雾浓度作为计算新风量标准,进行通风的方式称为隧道通风。其具体分为自然通风和机械通风两大类。

⑨隧道防水:在隧道内设置防水层,使地下水不能进入隧道,有可能时,应在衬砌表面设置外贴式防水层或在衬砌表面上高速喷射水泥砂浆或混凝土作为刚性防水层。

⑩岩爆:埋藏较深的隧道工程,在高应力、脆性岩体中,由于施工爆破扰动原岩、岩体受到破坏,使掌子面附近的岩体突然释放潜能,产生脆性破坏,这时围岩表面发生爆裂声,随之有大小不等的片状岩块弹射剥落出来。

⑪湿式喷射混凝土技术:将除速凝剂外包括水在内的所有集料组分在送入喷射机前拌和制备完成。制备完成的成品混凝土消除了游离态的水泥颗粒,在运输、上料、喷射机喂料过程中基本不产生粉尘,只在喷嘴处有少量高速气流运动形成的粉尘,保护了施工环境。有效解决传统干喷(潮喷)工艺存在的粉尘、回弹、混凝土品质控制三大难题。

2.1.1.4　主要内容

隧道工程共14部分,分别为:总则、施工准备、施工测量、洞口与明洞工程、洞身开挖、初期支护与辅助工程、仰拱与底板、防水与排水、二次衬砌、路面及附属工程、地质超前预报、隧道监控量测、安全环保管理与文明施工。

2.1.2　施工准备

2.1.2.1　一般规定

①全面调查施工现场,着力解决“通路、通电、通水、通信、进洞场地平整”,编制实施性施工组织设计,制订桥隧相连处的专项施工方案,以及长大隧道、地质复杂的隧道专项施工方案。

②制订应急救援预案,配备救援物资设备等;安装应急联络有线电话,配备洞内外无线对讲通信设备。

③对隧道施工的钻爆、运输、支护、模筑、电气焊、机械操作手等专业人员进行岗前培训、考核,持证上岗;配备安全防护用具。

④合理规划炸药库、弃渣利用、弃渣场地、拌和厂、钢筋加工厂、工地试验室、设备停放场、驻地等临时设施,并通过相关部门组织的专项验收。

⑤隧道弃渣经检测合格后,合理调配充分利用,最大限度地保护环境、节约占地和投资。加强弃渣的试验检测工作,利用检测合格的弃渣做圬工防护片石、机制碎石;在条件许可时应利用弃渣拓宽路基,增设停车港湾和观景台。

⑥对于靠近居民区、穿越自然保护区、风景名胜古迹区等敏感地域,必须制订专项施工方案,将干扰降低到最低限度。

⑦根据围岩级别,确定合理的开挖和支护参数,加强动态设计。

⑧隧道施工前项目总工组织地质工程师和隧道施工负责人、技术负责人、施工员、试验员、安全环保员等相关人员做好以下现场调查:

a. 隧道施工对地表和地下既有结构物的影响。

b. 施工场地布置与洞口相邻工程、弃渣利用、农田水利、征地等的关系。

c. 交通运输条件和施工便道的调查。

d. 施工中和运营后对自然环境、生活环境的影响及需要采取的保护措施。

e. 可利用的电源、动力、通信、物资、消防、劳动力、生活供应、医疗卫生条件。

f. 材料的产地、产量、供应、质量情况。

g. 水源、水质调查及施工供水方案。

⑨熟悉和核对设计文件,结合现场调查,制订实施性施工组织设计,申报单位、分部、分项工程开工报告。

⑩隧道开工前制订桥隧相连处的专项施工方案,落实弃渣场地,贯通施工便道。

2.1.2.2 人员、材料和设备准备

(1)施工人员

①承包人根据合同约定和施工计划安排组织管理、技术人员及专业施工队伍进场,必须满足工程实际需要。

a. 一般特长和长隧道由主管隧道的项目副经理常驻现场主持工作,其他隧道视施工难易程度确定现场负责人。

b. 根据工程规模、工期和技术难度配备相应的施工、技术、测量、试验、环保、地质、质量和安全管理人员。

c. 专业队伍是指必须从事隧道工程相应工程 3 年以上的,具备法人资格、各工种人员齐备,并具有丰富的隧道施工经验的劳务队伍。

②承包人进场后,根据合同工期合理安排专业施工队伍进场,编制(月、季、半年和年)劳务用工计划并上报监理人批准。

③专业化施工队伍的特殊工种作业人员,必须具有安监部门颁发的特种作业许可证。开工前承包人组织对各类施工人员做好岗前培训和安全、技术交底,并经监理人考核合格后,持项目上岗证上岗。

④隧道施工的钻爆、运输、支护、模筑衬砌等作业均安排专业化队伍进行流水施工,施工前应根据工期安排制订详细的施工进度计划和劳动力需求计划。施工进度计划必须服从项目总体计划,根据实际进度每 3 个月进行一次调整,确保能有效地指导施工。

⑤承包人要及时统计劳务人员基本信息,与工程所在地的公安机关、劳动部门沟通办理相关手续。

⑥定期对劳务人员进行安全教育,按时发放劳动保护用品。承包人应向作业人员提供必需的安全防护用具(如安全帽、安全带、口罩、耳塞、绝缘鞋、绝缘手套等)和安全防护服装。

⑦承包人应按时发放劳务人员工资,不准拖欠农民工工资。工资发放必须做表,由本人签字并登记身份证号(复印件)。

⑧各施工点管理组织机构如图 2.1.2-1 所示。

(2)材料采备

①隧道施工前应做好材料的采备和质量检测工作,并根据施工进度计划,制订材料供应计划。

②隧道施工材料质量控制须符合公路工程材料试验规程标准。实行原材料准入制度。

(3)主要设备准备(单洞)

①机械设备实行准入制。应本着性能优良、数量配套合理、工效高的原则配备,使用前完成相应的检定工作,并根据施工进度计划安排,分阶段、分期组织进场,以满足施工需要。

②二衬台车在隧道开挖进洞时必须进场。

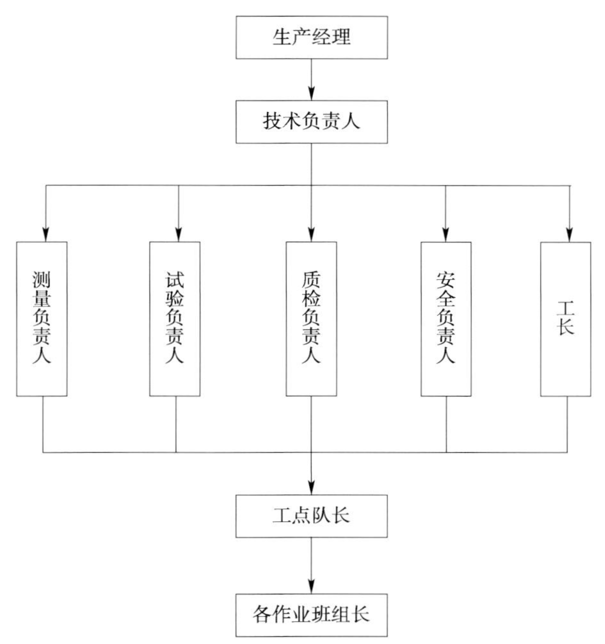

图 2.1.2-1　各施工点管理组织机构

③隧道施工机械设备应满足表 2.1.2-1 的要求。

主要机械设备(单洞)　　表 2.1.2-1

序号	名　称	规格、型号	数量(台)	用　途	性　能
1	空压机		满足施工要求	风动力	良好
2	开挖台车		1	钻爆、喷混	良好
3	架设台车		1	防排水铺设、钢筋绑扎	良好
4	衬砌台车		2	二衬	良好
5	钻孔风枪		20	钻孔	良好
6	潜孔钻		1	钻孔	良好
7	弯箍机		1	钢筋加工	良好
8	混凝土拌和站	JS1000	2		良好
9	管棚机		1	管棚钻孔(如需要)	良好
10	型钢成型机		1	钢拱架	良好
11	湿喷机		1	喷混	良好
12	锚杆台车		1		良好

注:型号按隧道的施工情况而定,设备的配置应充分考虑备用设备的进场。

2.1.2.3　施工场地和临时工程

(1)施工场地

隧道开工前应绘制施工现场总体布置图。施工场地布局一般采取“一次规划,分期实施”的原则。除应符合本指南“管理、土地建设”的有关要求外,还应满足以下需要:

①临时工程应满足安全、环保和便于施工正常开展的需要。

②临时房屋的布置应避开自然灾害威胁的地段,并制订相应的应急预案;临时房屋采用彩钢板房,周围做好防排水措施,冬季做好防冻、取暖措施。

③施工便道引至洞口,满足行车安全要求,并经常养护,保障行车安全和畅通。在急弯、陡坡处设置警示标志,急弯处须设置反光凸镜。

④施工便道的设置综合考虑与地方道路相结合，方便施工的同时也改善地方交通。

(2)施工供风

①空气压缩机站应在洞口旁边选址修建，宜靠近变电站，应有防水、降温、保温和防雷击等设施。

②空气压缩机站供风能力须满足隧道正常施工需要，供风管路布置应尽量避免压力损失，保证工作面使用风压不小于0.5MPa。

③隧道掘进100m后应将供风管道引至洞内进行供风，供风管道前端至开挖面距离不应大于20m。

(3)施工供水

①按施工需要的供水压力(水压不小于0.3MPa)，合理选址、修建高位水池、低位水池，安装上、下水管路，并做好管路的保温、防冻措施。

②供水管道前端至开挖面一般不超过20m。

(4)临时供电

①对于短隧道应采用高压至洞口，再低压进洞；特长隧道应考虑高、中压进洞，以满足施工需要。

②隧道施工供电应采用“三相五线”供电系统。

③洞外变电站应设置防雷击和防风装置。

④洞内变电站应设置在干燥的紧急停车带或不使用的横通道内。

⑤成洞地段固定的电线路，应采用绝缘良好的胶皮线架设；施工地段的临时电线路应采用橡套电缆；瓦斯地段的输电线必须使用密封电缆，不得使用皮线；涌水隧道的电动排水设备应采用双回路输电，并有可靠的切换装置；动力干线上每一分支线，必须装设开关及保险装置；严禁在动力线路上加挂照明设施。

⑥照明和动力线路安装在同一侧时，必须分层架设；隧道施工作业地段必须有充足的照明，建议采用日光灯箱，间距不大于5m。

⑦电线悬挂高度应满足：110V以下电线离地面距离不应小于2m，380V时应大于2.5m，6~10kV时不应小于3.5m。供电线路架设一般要求高压在上、低压在下，干线在上、支线在下，动力线在上、照明线在下。

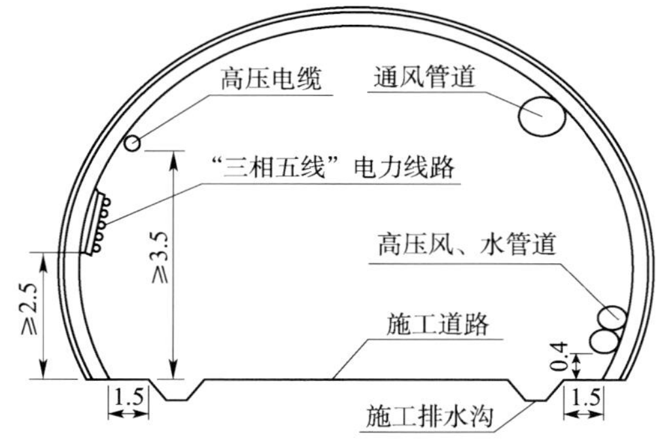

图2.1.2-2 “三管两线”布置示意图(尺寸单位：m)

(5)“三管两线”布置

施工期间“三管两线”架设、安装应顺直、整齐，按图2.1.2-2所示布置。

(6)施工通信设备

①隧道施工前，各洞口均需安装对外有线电话，以备无线手机无信号时应急联络。

②隧道施工前，实现洞内外无线对讲通信，方便施工。

(7)施工监控

①隧道洞口应设置人员设备出入实时考勤登记，全天监控进出洞人员和设备。

②隧道洞口应设置进洞人员情况标牌，以及有关信息、宣传和警示等。

2.1.2.4　弃渣场、料场及危险品库

(1)弃渣场

①隧道施工前应对现场周围地形做好详细调查,及时取得当地政府的支持和配合,选择出渣运输方便、距离短的场地作为弃渣场,合理确定弃渣场(图2.1.2-3)。

②弃渣场防护工程应进行专项设计,不能满足实际工程需要时,报监理人审核,发包人批准方可变更。

图2.1.2-3　弃渣破碎加工

(2)隧道弃渣综合利用

①承包人组织队伍挑拣隧道弃渣中片石,经试验合格后,可用于防护工程,亦可就地安装破碎机加工成各类规格的碎石。

②对于既不能加工碎石又不能用于防护砌筑的隧道弃渣,宜在弃渣场上铺设种植土,把弃渣场改造为农田、林地或其他用地。

③隧道弃渣尽可能考虑用于本合同段填方路基的加宽,以降低路基边坡防护高度,亦可在条件允许的路基加宽段修建观景台。

④弃渣场弃渣完成后必须结合地势对弃渣堆进行整形。弃渣边线顺直,高度大于8m必须错台堆放,坡度不小于1:1。表面整平后覆盖厚度不小于30cm的种植土。

⑤其他要求按本指南“管理、土地建设”中的有关规定执行。

(3)危险品库

①承包人提出建库计划(包括拟建仓库的地点、时间、设计图纸、保卫措施、防火制度、保管和看守人员名单等内容),报所在地县以上公安机关审核批准。完工后须经公安机关验收合格方可使用,同时办理爆炸物品“储存许可证”。

②建库选址时,承包人会同公安机关进行实地勘察,建立符合公安机关要求的库房。

③危险品库应设置在安全、偏僻的地带,并配备符合要求的专职守卫人员和保管员,安装完善的防雷电、防盗、报警设施。

2.1.2.5　施工质量控制

现场质量控制流程如图2.1.2-4所示。

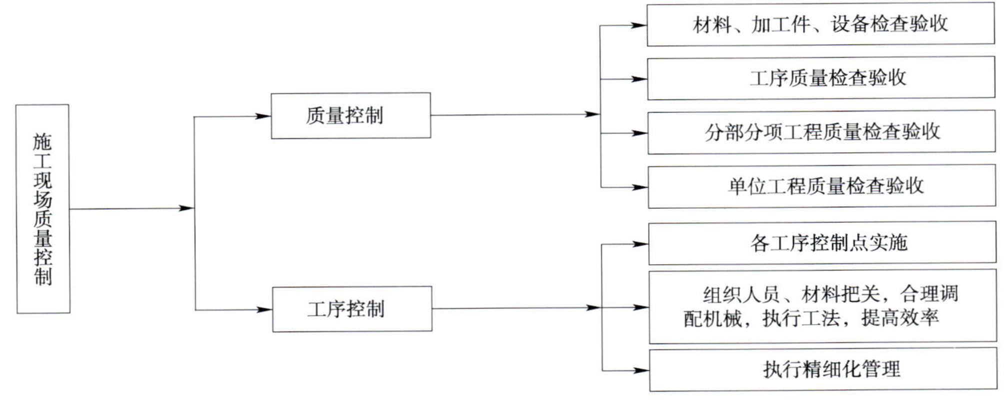

图2.1.2-4　现场质量控制流程

2.1.2.6 环境保护及安全生产

(1)环境保护

①从施工技术角度制订水土流失保护措施方案。

②隧道排水的处理,应以不改变原地下水环境为原则,以截为主,截排相结合。

③隧道弃渣场的选择和设置,应充分考虑对原地貌、斜坡岩体的稳定性、地表径流的影响,对下游的威胁程度及弃渣场的绿化和综合利用等问题,防止产生次灾害。

(2)安全生产

①在施工现场和生活区设置足够的临时医疗卫生设施,以便及时救治。

②采取合理措施,保护隧道内外的环境,避免因施工产生的粉尘、噪声等污染对人员或财产造成损害。

③对主要的施工便道及时进行维修,避免有坑槽出现,同时应时常洒水养生,减少扬尘。

④开工前,应制订塌方、涌水、冒顶、泥石流和爆炸等突发情况的应急预案,并进行演练。开挖软弱围岩段时,应在隧道拱脚的位置设置逃生钢管(直径不小于80cm,板厚不小于10mm)。

⑤编制治安保卫工作总体方案、日常治安保卫检查制度;制订防火、防盗抢、防爆炸防范措施;建立与当地公安机关联防联警工作制度,设立联防室。

⑥其他遵照本指南"管理、土地建设"中的有关规定执行。

2.1.3 施工测量

2.1.3.1 一般规定

①隧道施工测量方案设计,应根据隧道规模和贯通误差的要求,综合考虑控制网等级和图形、测量仪器精度和测量方法、估算误差范围。

②隧道施工测量仪器按照《中华人民共和国计量法》及相关法规鉴定与维护。断面测量必须采用隧道激光断面仪(图2.1.3-1)。

③承包人对设计交桩按照规范要求进行复测,平差后报监理工程师,监理工程师应按照监理规范的要求对复测结果进行实际测量复核,满足要求后进行测量成果批复。施工中按照批复的成果进行控制测量。施工期间每年春融后进行导线点、水准点及临时控制点复测,复测结果经监理工程师复核后方可使用。

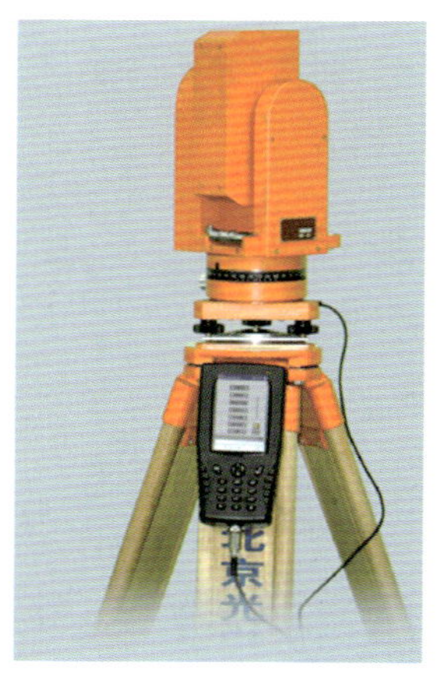

图2.1.3-1 隧道激光断面仪

2.1.3.2 控制测量

①平面控制测量可采用GPS测量、导线测量、三角测量。洞外平面控制测量利用已有的定测控制网,并符合隧道贯通误差的有关规定和隧道施工要求。

②高程控制测量采用水准测量。

③导线测量和水准测量的主要技术要求按照《公路勘测规范》(JTG C10—2007)的要求进行。

④洞内平面控制测量的要求。

a.洞内平面控制测量采用导线测量。

b.洞内导线,应根据贯通精度的要求布点,选择在施工干扰少、通视的地方布点。直线段不小于200m,曲线段不小于70m。

c.联系洞外和洞内的控制测量,宜选在洞外和洞内观测条件接近的时段进行。

⑤每个洞口应设置不少于4个平面控制点,2个高程控制点。隧道控制测量桩点应定期进行复核。

2.1.3.3 施工测量

①开挖前应在开挖面上标出设计断面轮廓线,开挖工作完成后及时测量超欠挖并绘制横断面。

②洞内施工用的水准点,应根据洞外、洞内已设定的水准点,按照施工需要加密,并定期复核。

③在开挖断面形成后,及时进行断面测量,根据测量数据修正开挖参数,控制超欠挖。

2.1.3.4 贯通误差的测定及调整

①贯通误差的测定应按照以下要求进行:

a. 采用导线测量时,在贯通面附近设一临时点,由进出的两方向分别测量该点的坐标,所得的闭合差分别投影至贯通面及其垂直的方向上,得出实际的横向和纵向贯通误差,再置镜于该临时点测求方位角贯通误差。

b. 采用中线法测量时,应由测量的相向两方向分别向贯通面延伸,并在贯通面上分别得出中线点,量出两点的横向和纵向距离,即为该隧道的实际贯通误差。

c. 水准路线由两端向洞内施测,分别测至贯通面附近的同一高程控制点或中线点上,所测得的高差即为实际高程的贯通误差。

②隧道贯通后,洞内导线、施工中线及高程的实际贯通误差,应在贯通面两侧未衬砌段调整,该贯通误差调整段的长度应根据中线形式、贯通误差值、支护和衬砌(包括仰拱)施工情况综合确定,不宜小于200m(贯通面两侧对称)。该段的后续工序均应以调整后的中线及高程为准进行放样。

③采用导线法测量、贯通误差不超过允许值时,应按以下要求进行贯通误差调整:

a. 方位角贯通误差分配在未衬砌地段(该段长度不小于200m)导线角上。

b. 坐标闭合差在贯通误差调整段的导线上,按边长比例分配。

c. 采用调整后的导线坐标作为贯通误差调整段的放样依据。

④采用中线法测量,贯通误差不超过允许值时,应按以下要求进行贯通误差调整:

a. 贯通误差调整段为直线,宜通过加设曲线来调整路线中线,所加设的极限参数应满足《公路路线设计规范》(JTG D20—2006)的要求。

b. 贯通误差调整段全部位于圆曲线地段时,贯通误差应由曲线的两端向贯通面按长度比例调整中线。

c. 贯通误差调整段既有直线又有曲线时,宜通过调整曲线偏角和曲线起(终)点位置调整中线,满足《公路路线设计规范》(JTG D20—2006)的规定,并能保证隧道净空。

⑤高程贯通误差超过允许值时,贯通点附近的高程控制点,应采用由两端分别引测的高程平均值作为调整后的高程,将高程贯通误差的一半分别在贯通面两端未衬砌地段的高程控制点上按水准线路长度的比例调整。

2.1.3.5 交(竣)工测量

①应在中线复测的基础上埋设永久中线点,永久中线点应用混凝土包埋金属标志。直线上的永久中线点,每200~250m设一个;曲线上应在缓和曲线的起终点各设一个;曲线中部,可根据通视条件适当增加。永久中线点设立后,应在隧道边墙上画出标志。

②应在直线地段每 50m、曲线地段每 20m 及需要加测断面处，测绘以路线中线为准的隧道实际净空，标出拱顶高程、起拱线宽度、路面水平宽度。

③洞内水准点每公里应埋设一个，短于 1km 的隧道应至少设一个，并应在隧道边墙上画出标志。

④应提交贯通测量技术成果书、贯通误差的实测成果和说明、净空断面测量和永久中线点、水准点的实测成果及示意图。

2.1.4 洞口、明洞与浅埋工程

2.1.4.1 一般规定

①遵循“早进晚出”的原则，倡导“零进洞”理念，严禁大开大挖。

②洞口边、仰坡土石方施工宜避开降雨期、融雪期及严寒季节。开挖应加强对山坡稳定情况的检测和检查，尽量减少对掩体、土体的扰动，禁止大爆破。

③偏压洞口施工应在做好支挡、反压回填等工作后再开挖。开挖方法应结合偏压地形情况选定，不得因人为因素加剧偏压。

④进洞前要加强对地表及仰坡的临时防护，确保施工安全。

⑤边坡和仰坡外的截水沟、排水沟应在洞口开挖前完成。截水沟、排水沟应隐形设置，要利于进水并形成完善的排水系统。

⑥隧道洞口截水沟以内的植被不得砍伐破坏，洞门及边、仰坡绿化工程在二衬施工完成 50m 后立即组织施工。

⑦隧道洞口尽量少开挖或不开挖，保留原地貌植被，使洞口景观和山体原貌自然结合，如图 2.1.4-1 所示。

图 2.1.4-1　隧道洞口

⑧明洞工程：

a. 边墙基础地基承载力要满足设计要求，超挖部分要与基础混凝土同时浇筑。

b. 明洞拱圈外模拆除后，拱圈混凝土强度达到设计强度标准值的 50% 以后，应及时按规范要求做防水层及拱脚纵向排水管、环向盲沟。暗洞防水板应向明洞延伸不小于 0.5m，并与明洞防水板良好连接。

c. 使用机械回填时，拱圈混凝土强度应达到设计强度标准值，且需先用人工填筑夯实回填至拱顶以上 1.0m 后，方可使用机械施工。

⑨浅埋段工程不应采用全段面法开挖。开挖后应尽快进行初期支护。应增加对地表沉降、拱顶下沉的监测。

⑩洞门基础开挖应注意安全防护，地基承载力必须满足设计要求。隧道明洞回填和洞

门施工完成后,应及时做好洞口边坡及仰坡的地表恢复。

⑪洞口前的桥梁、涵洞及路基等相关工程应合理安排施工,减少相互干扰。禁止将弃渣弃于桥位处。

⑫洞口设有明洞且洞口地质情况相对较好的隧道,可按先进暗洞,由内向外施作洞口明洞模筑衬砌,再进行洞身段开挖、初支、二衬施工。

⑬隧道洞口场地必须进行混凝土硬化处理,要求使用20cm厚石渣垫层,汽车运输通道必须采用20cm厚的C15混凝土作为面层。可考虑将洞口段路基基层设置为混凝土基层,提前施作。

⑭开挖前,施工单位应对洞口段原地形地貌进行复测,认真调查地址情况,结合设计文件提出隧道进洞专项施工方案。

2.1.4.2 施工工序

洞口与明洞工程的施工工序流程见图2.1.4-2。

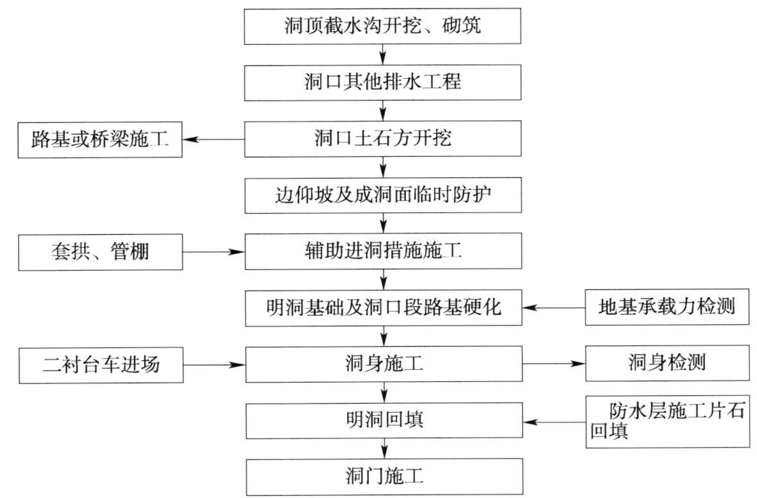

图2.1.4-2 洞口与明洞工程的施工工序流程

2.1.4.3 施工要点

(1)洞口土石方开挖

①洞口开挖前,做好10m间距中线桩的恢复工作,并测定洞外开挖线、定边界桩、截水沟中心线桩、洞口位置桩及相应的检查恢复桩。

②洞口边坡、仰坡土石方的开挖应加强对山坡稳定情况的监测和检查,尽量减少对岩、土体的扰动,禁止大爆破;宜避免降雨期、融雪期及严寒季节施工。对于边、仰坡上可能滑塌的表土、灌木以及边坡和仰坡上的悬石、危石要清除或加固。

③洞口边、仰坡处的截水沟,应于洞口开挖前施工,截水沟上游进口应与原地面紧密衔接,避免出现溢流或渗漏;下游出口应引入排水系统并妥善处理。开挖的截水沟应及时进行防渗处理,尤其是在土质和风化严重的石质坡面,禁止裸沟排水。

④洞口和洞顶范围内的坑洼积水,应采取先排水后夯填,再封顶的措施处理。洞口边、仰坡上方不得堆放弃土。

⑤开挖前应清理山坡浮石、危石,防止因爆破造成飞石或隐患。

⑥开挖前采取锚喷加固、砌石护面、种植草皮等措施进行边仰坡防护,设置支撑侧向土

压力、防止边坡坍塌、保证边坡稳定的挡土墙。

⑦洞口边坡及仰坡采用明挖法施工，自上而下分阶段、分层进行开挖。不得上下重叠开挖，土方施工中不能用爆破法施工或掏洞取土，当地质条件不良时采取稳定边坡和仰坡的措施。

⑧洞口有邻近建(构)筑物时，应采取弱爆破。禁止采用对附近建筑物和山体稳定有损害的爆破方法。对于强度较大不易风化或水解的岩石路基一次开挖到位或预留足够一次爆破深度。爆破面应尽量平整。

⑨偏压洞口施工应在做好支挡、反压回填等工作后再开挖；开挖方法应结合偏压地形情况选定，不得因人为因素加剧偏压。

⑩进洞前按设计要求对地表及仰坡进行加固防护；松软地层开挖边坡和仰坡时，宜随挖随支护，当洞口可能出现地层滑坡、崩塌时，应及时采取预防和稳定措施稳定坡体，确保施工安全。

⑪洞口永久性挡护工程应紧跟土石方开挖及早完成，地基承载力应满足设计要求。

⑫尽量少刷坡或不刷坡，争取做到零距离进洞，减少植被破坏，保护生态环境。

(2)明洞工程

①边墙施工：

a. 明洞边墙基础地基承载力应满足设计要求，深基础开挖应注意核查地质条件，如基底松软，应采取措施增加基底承载力。

b. 偏压和单压明洞的外边墙基底，在垂直路线方向应按设计要求挖成一定坡度的向内斜坡，以提高基底的抗滑力。

c. 严禁超挖回填虚土，超挖部分与基础混凝土同时浇筑。

②明洞衬砌及防水：

a. 拱圈外模拆除后，应及时按设计规范要求施作防水层及拱脚纵向排水管、环向盲管。

b. 明洞防水板应向隧道内延伸不小于0.5m，并与暗洞防水板连接良好。

③明洞回填：

a. 拱圈混凝土达到设计强度、拱背防水设施完成后，应及时进行拱背回填。明洞两侧采用M10浆砌片石两侧对称砌筑回填。

b. 明洞两侧回填6m高后采用碎石土分层回填，每层厚度不得大于20cm。先用人工填筑夯实回填至拱顶以上1.0m后，方可使用机械施工。

c. 回填土最大填土高度不宜超过6m。填土顶面夯填60cm厚黏土隔水层。

d. 墙后有排水设施时，与回填同时进行施工。明洞黏土隔水层应与边坡、仰坡搭接良好，封闭紧密。

(3)洞门工程

①洞门基础开挖应注意安全防护，地基承载力必须经试验满足要求，应做好防水、排水工作，防止基底被水浸泡。基坑废渣、杂物等必须清除干净。

②隧道明洞回填和洞门施工完成后，应及时做好洞口边坡及仰坡的地表恢复。

③洞门附近的截水沟和墙顶排水沟应与路堑排水系统连接完好。

④洞门宜尽早修建，并尽可能在雨季前施工。洞门端墙处的砌筑与洞口内衬砌采用同一材料浇筑，洞门端墙与隧道衬砌应连接良好，使之成为整体。

(4)桥隧相连施工

①合理安排施工的先后顺序，对于桥梁，应先施工远离隧道的桥台及其他墩的下部构造。待隧道进洞后进行近洞口处桥台施工，以减少相互影响。

②隧道开挖，禁止将弃渣弃于桥位处，影响桥台施工和其他桥墩质量。

③隧道弃渣只能用于桥台的台背回填和锥护坡填筑，不得在桥梁其他位置随意堆放。桥台施工完毕，尽快进行锥坡填筑和台背回填，为隧道施工开辟场地。

(5)排水工程及临时防护

①排水工程：

a. 边坡和仰坡的排水系统施工应避开雨季。隧道排水应与洞外排水系统合理连接，不得侵蚀软化隧道和明洞基础，不得冲刷洞口前路基边坡及桥涵锥坡等设施。排水系统如图2.1.4-3所示。

图2.1.4-3　排水系统

b. 隧道排水系统应采取必要的保温措施，防止冻胀，确保冬季排水畅通。

坝上严寒地区洞口附近衬砌需设置保温层，中心排水管深埋，埋深大于设计冻结深度。

②临时防护：

a. 边坡、仰坡应边开挖边防护，禁止一次开挖成型后再防护。

b. 坡面临时防护施工前，应将岩面浮渣及危岩清除干净并用高压风将岩面清理干净。

c. 若坡面岩土体含水量较大或有地下水露头，应增设泄水孔。

d. 临时防护措施应根据地质、季节、施工手段等情况制订，可采取喷锚和格构网等措施。

2.1.4.4　质量问题预防及处理措施

(1)衬砌裂纹

①现象：

a. 明洞的衬砌裂纹，主要有拱部纵向裂纹、边墙水平裂纹、环形裂纹。

b. 洞口端墙竖向开裂，门洞翼墙断裂。

②原因分析：

a. 山坡上塌方落石巨大冲击力使拱顶和边墙产生裂纹，由于明洞顶填土厚度不够，不能满足将冲击力扩散均匀分布在整个拱跨，使局部受过大冲击力而产生裂纹。

b. 边坡滑塌使明洞受偏压造成衬砌裂损，通常偏压可使拱内侧受拉开裂或受压而碎裂。当侧压引起内侧边墙基础自由微小滑动时，则拱内侧受压破碎，外侧受拉开裂。

c. 基础处理不当导致衬砌裂纹。

d. 由于混凝土配合比、养生不当等原因产生裂纹。

e. 钢筋网、钢架与岩面不密贴，拱脚置于浮渣上。

③预防措施：

a. 明洞顶应按设计要求保持足够的填土厚度，对于滑坡塌方的堆积物要及时清理，避免产生额外荷载。

b. 局部岩体失稳导致的墙脚内移，可在洞外设抗滑挡墙或抗滑锚固桩及抗滑沉井等。

c. 在洞口两端及洞顶有针对性地增设必要的支(栏)挡和防护建筑物。

d. 必须保证明洞回填厚度，明洞回填时必须按设计文件和规范要求进行。

e. 钢筋网、拱架与岩面密贴，保证支护受力均匀。

f. 拱脚处的浮渣必须彻底清除，置于稳定的地层上。

g. 严格控制混凝土配合比，做好混凝土的养生工作。通过试验确定衬砌的最佳拆模时间，并严格遵守。

（2）明洞内渗漏水

①原因分析：造成明洞漏水的主要原因是防水层失效、明洞没有完整良好的排水系统、防水层质量不符合要求或防水层施工不当。

②预防措施：

a. 建立完善的排水系统，在明洞顶部填土至边坡交接处要增设截水沟，并经常保持良好状态。

b. 在明洞顶部及周围，有针对性增设防冲刷措施，保持洞顶填土及其周围衔接平衡。

c. 防水卷材的质量必须符合设计文件和规范的要求。防水板铺设时要注意搭接长度，并向洞内延伸足够的长度，不得有通缝。

2.1.4.5　安全施工

①洞口边、仰坡施工作业平台临边和隧道所有浅埋区域应设置安全护栏和警戒标志，设置安全标志牌、现场管理牌、安全操作规程牌等，标志牌应制作规范、醒目，如图 2.1.4-4 所示。

图 2.1.4-4　安全标语

②洞口爆破时应在危险区和安全区的交界处设置警戒隔离绳，并在安全区设置警戒人员持警示旗、哨指挥，重要危险路段有专人看护。

③承包人应制订专门的应急救援预案，备好应急抢险物资，定期组织应急演练。每个隧道施工现场设置一处抢险物资储备点。

④及早施作防护工程、排水工程和裸露地表的植被覆盖，防止水土流失。

2.1.4.6　质量控制要点及监理要点

①开挖边界计算和放样是否正确，设计的边坡率是否合理。

②截水沟设置是否顺应地势，并满足截留坡面水的要求，与开挖边界的襟边距离是否合理，排水系统是否完善。

③检查基准点和控制桩的保留、保护情况。

④开挖方案是否可行、安全。

⑤边仰坡坡面是否有浮石、危岩，是否有弃渣堆置。

⑥边仰坡防护是否到位。

⑦端墙基础应设置在稳定的地层上，虚渣、杂物、积水和泥化的软弱层必须清除干净。如为冻结性土，其基底应设置在冰冻线以下 0.3m；如基底承载力不均匀，应予以加固处理，防止不均匀沉降引起的端墙开裂。检查基底高程、地基承载力及开挖断面。

⑧洞门端墙顶水沟如砌筑在回填土上，应将回填土夯实紧密后施作。

⑨洞门端墙的砌筑和墙后回填应两侧对称进行。墙背与山体间空隙较小时，应使用与墙身同种材料圬工回填；空隙较大时，一般使用浆砌片石回填；只有在山体岩石无侧压力时才允许使用干砌片石回填，并按要求回填密实。

⑩端墙砌至帽石下约 0.5m 时，必须校核一次高程，及时调整材料尺寸，保证顶面高程符合设计要求。

⑪端墙砌筑时,砂浆要饱满,表面平整,坡度一致。砌缝和垂直错缝必须符合重力式挡墙砌石的规定,并同步回填墙背。

⑫就地浇筑混凝土端墙,其钢筋绑扎、模板拼装、支架架立等均应符合混凝土工程规范要求。墙背超挖部分,随灌随回填。

2.1.5 洞身开挖

2.1.5.1 一般规定

①洞身开挖采用“新奥法”施工,根据批准的实施性施工组织设计的开挖方案进行洞身开挖。根据隧道长度、断面大小、结构形式、机械设备、地质条件等选定开挖方法。

②利用TSP、地质钻孔、地质雷达等对隧道前方水文、地质情况进行调查、分析研究,调整开挖进尺和钻爆参数。

③开挖作业应符合下列规定:

a. 确定合理的开挖步骤和循环进尺,保持各开挖工序相互衔接,均衡施工。

b. 开挖断面尺寸应满足设计要求,采用有效的测量手段控制开挖轮廓线;做好预留沉降量工作;开挖质量应符合设计及规范要求,严禁二次爆破开挖。在开挖过程中,承包人应随时测定隧道轴线位置和高程。

c. 掌子面爆破后及时处理易滑落的楔形三角体和水平岩体,消除安全隐患。

d. 开挖后应做好地质构造的核对,及时进行监控量测工作。地质变化处和重要地段,应有相应照片或文字描述记载。

e. 开挖作业必须保证安全,不得危及初期支护、二次衬砌和设备的安全,并应保护好量测用的测点。

f. 开挖爆破作业应在上一循环喷射混凝土终凝不少于4h后进行。

④隧道爆破必须采用光面爆破,施工中应优化钻爆设计,提高钻眼效率和爆破效果,降低工料消耗。对不宜爆破、挖掘机又难以挖动的软弱围岩以及黄土地段,鼓励采用铣挖机配合装载机进行隧道开挖施工。

⑤隧道双向开挖的贯通位置应选择在Ⅳ级以上围岩地段(图2.1.5-1)。当两开挖面间的距离为15~30m时,应改为单向开挖,另一端必须停止开挖并将人员机具撤走,并在安全距离处设立警告标志;对采用单向开挖的隧道,出洞前应反向开挖不少于30m且不小于洞口超前管棚长度,严禁在隧道洞口处贯通。

图2.1.5-1 双向开挖的隧道

⑥双洞开挖时,应根据两洞的轴线间距、洞口里程距离、地质条件及其他自然条件,选择适当的开挖方法,确定好两洞开挖的时间差和距离差,并采取措施防止后行洞开挖对先行洞周壁产生不良影响。

⑦承包人应安排好施工过程的测量,以保证隧道按设计方向和坡度施工,使开挖断面符合图纸所示尺寸,尽量做到不欠挖和不超挖。洞内应每隔50m设置一个水准点。

⑧在施工过程中,承包人应根据对开挖面的现场观察、围岩变形的量测结果,辅以超前地质预报,结合岩层构造、岩性及地下水情况,提出围岩分级的修改意见,并判定隧道围岩稳定性,提出相应的处理措施。

2.1.5.2 施工工序

一般分离式隧道总体施工工序如图2.1.5-2所示。

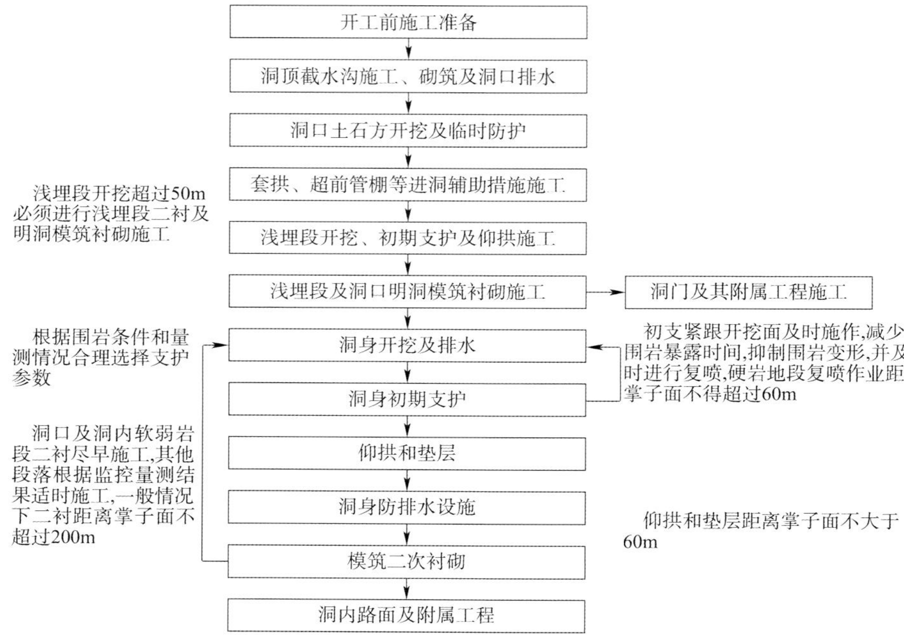

图2.1.5-2 一般分离式隧道总体施工工序

2.1.5.3 施工要点

隧道的开挖方法主要有全断面法、台阶法、预留核心土法、中隔壁法、双侧壁导坑法等其他施工方法。根据隧道长度、断面大小、结构形式、工期要求、机械设备、地质条件等选定开挖方法,开挖必须与支护、衬砌施工相协调,并具有较大的适应性。变换开挖方法时,应有过渡措施。

(1)全断面法

用于Ⅰ~Ⅲ级围岩的中小跨度隧道,Ⅳ级围岩中小跨度隧道和Ⅲ级围岩大跨度隧道在采取预加固措施后,也可采用全断面法开挖。

①施工方法:全断面一次开挖成形,其施工步骤见图2.1.5-3。

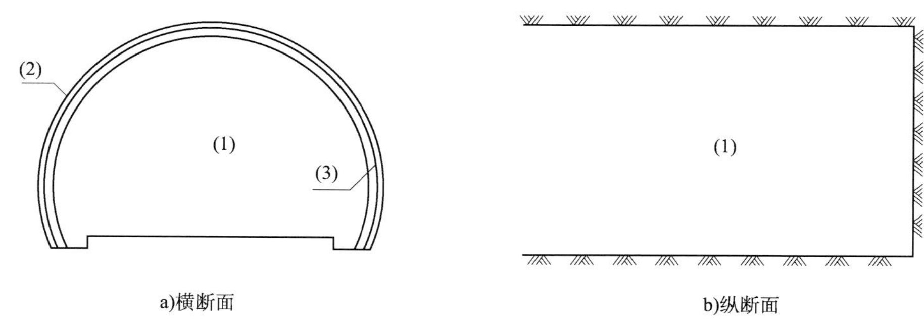

图2.1.5-3 全断面施工工序横断面及纵断面示意

②施工顺序说明:

a.全断面开挖。

b. 初期支护。

c. 全断面二次衬砌。

③施工要求:循环进尺宜控制在 3 ~4m,采用大型机械配套作业。

(2)台阶法

用于Ⅳ级中小跨度隧道,Ⅴ级围岩的中小跨度隧道在采用了预加固措施亦可采用台阶法开挖。

①采用台阶法施工规定:

a. 上台阶高度宜为 2.5m,装渣机械紧跟开挖面。

b. 控制上台阶钢架下沉和变形,做好锁脚锚杆。

c. 岩体不稳定时应缩短进尺,先施工边墙支护,后开挖中间岩体;左右错开或拉中槽后再开挖边墙。

②施工方法:先开挖上半断面,待开挖至一定长度后,再开挖下半断面,上、下半断面同时并进。其施工步骤见图 2.1.5-4。

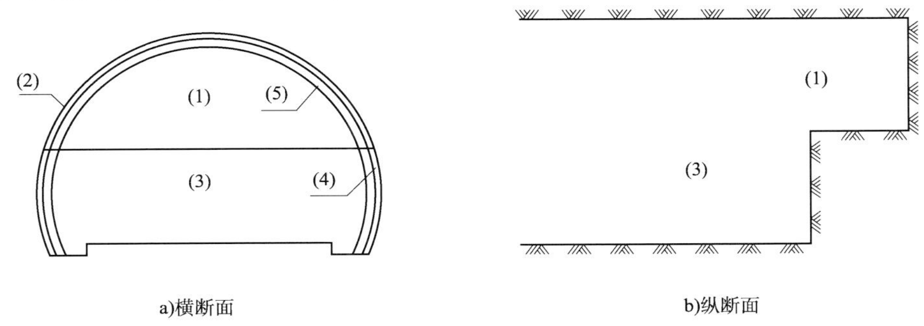

图 2.1.5-4　台阶法施工工序横断面及纵断面示意

③施工顺序说明:

a. 上台阶开挖。

b. 上台阶初期支护。

c. 下台阶开挖。

d. 下台阶初期支护。

e. 全断面二次衬砌。

④施工要求:

a. 台阶不宜多分层,上下台阶之间的距离尽可能满足机具正常作业,并减少翻渣工作量;当顶部围岩破碎,需支护紧跟时,可适当延长台阶长度。

b. 施工亦应先护后挖,宜采用超前锚杆或超前小钢管辅助施工措施。开挖应尽量采用微震光面爆破技术。

c. 初期支护应紧跟开挖面。上台阶施工时,钢架底脚宜设锁脚锚杆和纵向槽钢托梁,控制其下沉和变形。下台阶在上台阶喷射混凝土强度达到设计强度的 70% 后开挖。

d. 隧道两侧的沟槽及铺底部分应和下台阶一次开挖成形。

e. 台阶分界线不得超过起拱线,台阶长度不得大于隧道开挖宽度的 1.5 倍,下台阶马口落底长度不大于 2 榀钢拱架的长度;应一次落底,并尽快封闭成环。

f. 台阶长度不宜过长,应尽快安排仰拱闭合,改善初期支护受力条件。

(3)预留核心土法

预留核心土法用于Ⅳ～Ⅴ级围岩或一般土质围岩的中小跨度隧道。

①施工方法:先开挖上部导坑成环形,并进行初期支护,再分部开挖剩余部分。施工步骤见图 2.1.5-5。

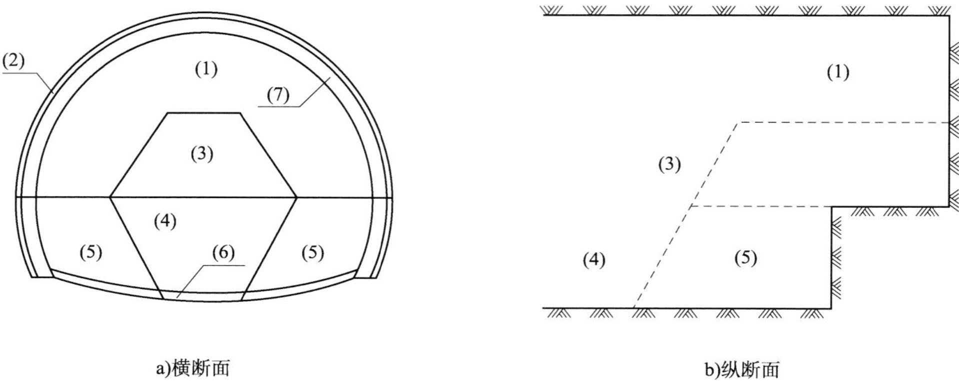

图 2.1.5-5　环形开挖预留核心土法施工工序横断面及纵断面示意

②施工顺序说明:

a. 上弧形导坑开挖。

b. 拱部初期支护。

c. 预留核心土开挖。

d. 下台阶中部开挖。

e. 下台阶侧壁部开挖。

f. 仰拱超前浇筑。

g. 全断面二次衬砌。

③施工要求:

a. 环形开挖预留核心土法,将开挖断面分为上、中、下及底部四个部分逐级掘进施工,每循环开挖进尺控制在 0.5～1m,核心土面积应不小于整个断面面积的 50%。上部宜超前中部 3～5m,中部超前下部 3～5m,下部超前底部 10m 左右。为方便机械作业,上部开挖高度控制在 4.5m 左右,中部台阶高度也控制在 4.5m 左右,下部台阶控制在 3.5m 左右。

b. 核心土与下台阶开挖应在上台阶支护完成、喷射混凝土强度达到设计强度的 70% 后进行。为防止上台阶初期支护下沉、变形,其底部宜加设槽钢托梁,托梁与钢架连为一体,钢架底部应按要求设置锁脚锚杆,并与纵向槽钢焊接,锚杆布设俯角宜为 45°。

c. 每一台阶开挖完成后,及时喷射 4cm 厚混凝土对围岩进行封闭,安装钢架和锁脚锚杆,分层复喷混凝土到设计厚度,必要时各台阶设临时仰拱加强支护,完成一个开挖循环。

d. 对土质的隧道应以核心土为基础设立 3 根临时钢架竖撑以支撑拱顶和拱腰,核心土根据围岩量测结果适当滞后开挖。

(4)中隔壁法(CD 法)

适用于围岩较差、跨度大,以及浅埋和地表沉降需要控制的段落。

①施工方法:CD 法是在软弱围岩大跨度隧道中先分部开挖隧道的一侧,并施作中隔壁,然后再分部开挖另一侧的施工方法。施工步骤见图 2.1.5-6。

②施工顺序说明:

a. 先行导坑上部开挖。

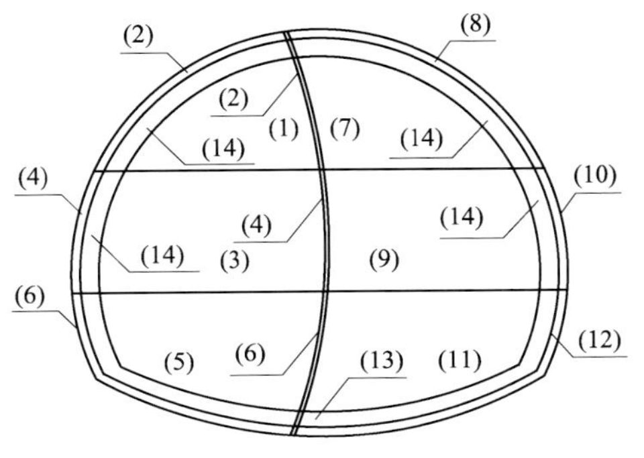

a)横断面

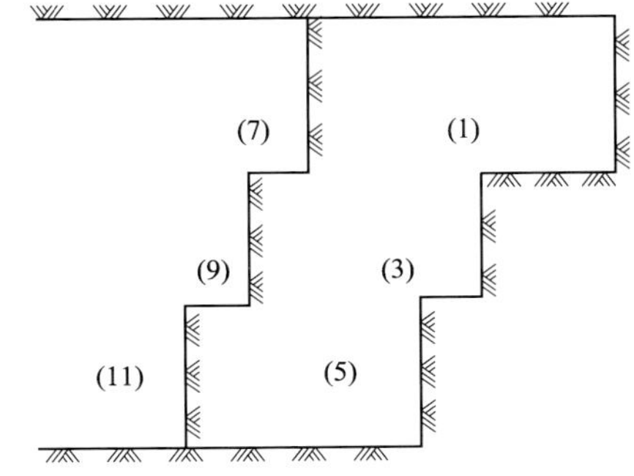

b)纵断面

图 2.1.5-6 中隔壁法(CD 法)施工工序横断面及纵断面示意

b. 先行导坑上部初期支护。

c. 先行导坑中部开挖。

d. 先行导坑中部初期支护。

e. 先行导坑下部开挖。

f. 先行导坑下部初期支护。

g. 后行导坑上部开挖。

h. 后行导坑上部初期支护。

i. 后行导坑中部开挖。

j. 后行导坑中部初期支护。

k. 后行导坑下部开挖。

l. 后行导坑下部初期支护。

m. 仰拱超前浇筑。

n. 全断面二次衬砌。

③施工要求:

a. 上部导坑的开挖循环进尺控制为 1 榀钢架间距(0.75 ~0.8m),下部导坑的开挖进尺可依据地质情况适当加大。

b. 中隔壁法或交叉中隔壁法施工时,初期支护完成后方可进行下一分部开挖,地质较差时,每个台阶底部均应按设计要求设临时钢架或临时仰拱;各部分开挖时,周边轮廓应尽量圆顺;应在先开挖侧喷射混凝土强度达到设计要求后再进行另一侧开挖;左右两侧导坑开挖工作面的纵向间距不宜小于 15m;当开挖形成全断面时,应及时完成全断面初期支护闭合。

c. 导坑开挖孔径及台阶高度可根据施工机具、人员等安排进行适当调整。应配备适合导坑开挖的小型机械设备,提高导坑开挖效率。

d. 拱顶下沉 7d 内增量在 2mm 以下,可以拆除中隔壁,中隔壁拆除应滞后于仰拱,一次拆除长度应根据量测数据慎重确定,拆除后应立即施作二次衬砌。

(5)双侧壁导坑法

用于浅埋大跨度及地表下沉量要求严格而围岩条件很差的情况。

①施工方法:分部开挖隧道两侧的导坑,并进行初期支护,再分部开挖剩余部分。施工步骤如图 2.1.5-7 所示。

②施工顺序说明:

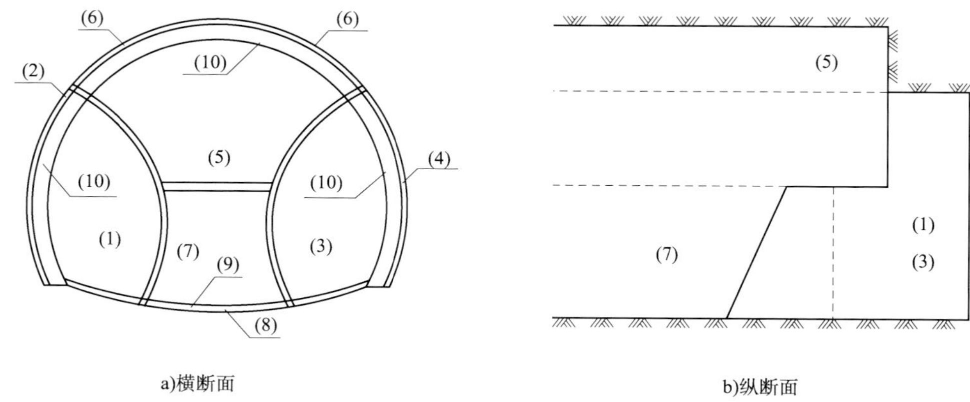

图 2.1.5-7 双侧隔壁导坑法施工工序横断面及纵断面示意

a. 左(右)导坑开挖。

b. 左(右)导坑初期支护。

c. 右(左)导坑开挖。

d. 右(左)导坑初期支护。

e. 上台阶开挖。

f. 上台阶初期支护、导坑隔壁拆除。

g. 下台阶开挖。

h. 仰拱初期支护。

i. 仰拱超前浇筑。

j. 全断面二次衬砌。

③施工要求:

a. 围岩开挖应尽量采用挖掘机和人工配合无爆破施工,局部需爆破施工时,宜弱爆破施工,尽量减少对底层的扰动。

b. 开挖应严格按规范做好监控量测工作,随时掌握围岩及支护的变形情况,以便及时修正支护参数,改变施工方法;同时应做好超前地质预报工作。

c. 认真做好开挖时的排水工作,在保证排水畅通的同时,重点要对两侧临时排水铺砌抹面,防止钢支撑基底软化。

d. 侧壁导坑开挖后,应及时做好施工初期支护并尽早形成封闭成环;侧壁导坑形状应近于椭圆断面,导坑跨度宜为整个隧道跨度的三分之一;左右导坑施工时,前后拉开距离不宜小于 15m;导坑与中间土体同时施工时,导坑应超前 30 ~ 50m。

(6)循环进尺控制

Ⅴ级围岩和浅埋段的Ⅳ级围岩每循环进尺控制在 2 榀钢拱架长度以内。

(7)钻爆设计与施工

采用光面爆破技术进行施工时,必须注意选取有关的技术参数,最大限度地减轻爆破对围岩的扰动,尽可能地保持原围岩的完整性和稳定性。

①钻爆作业工艺流程(图 2.1.5-8)。

②光面爆破主要参数的确定:光面爆破主要参数应依据爆破试验来确定。

a. 掏槽眼参数。对于楔形掏槽,炮眼与开挖面间的夹角 α、上下两对炮眼的间距 a 和同一平面上一对掏槽眼眼底间距 b 是影响此种掏槽效果的重要因素。

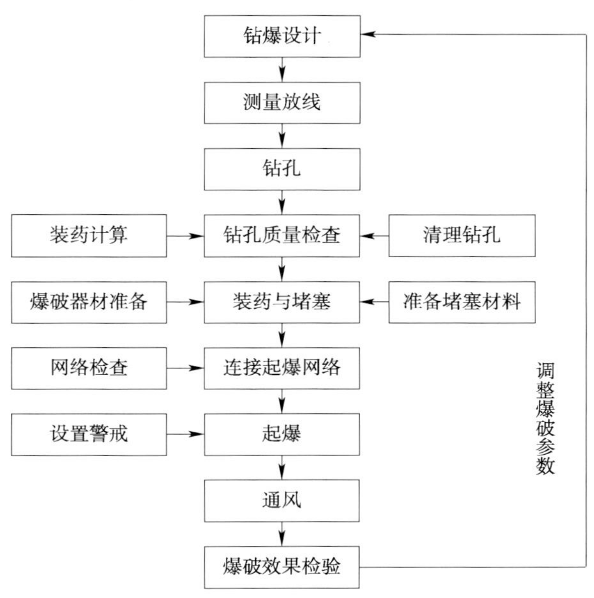

图 2.1.5-8　钻爆作业工艺流程框

b. 周边眼间距(E)、最小抵抗线(W)、周边眼密集系数(K)。周边眼应考虑 0.03 ~ 0.05 的外插斜率,周边眼间距一般取值范围为 8 ~ 18 倍炮孔直径。

c. 装药集中度(γ)。周边眼装药集中度按规范取值范围为 0.07 ~ 0.35kg/m,根据试验统计,当 γ 取值 0.2kg/m 时,效果为好。

③钻孔:

a. 根据放线点勾画出整个隧道的轮廓,对各个炮孔的位置用红漆进行标记,炮眼位置误差不超过 5cm。

b. 根据掌子面表面凹凸情况调整钻孔深度,保证炮眼底部处于同一竖直面。

c. 钻孔操作时应先开水再开风,停钻时应先停风再停水。开眼时先低速运转,当钻进一定深度时再高速运转。

d. 内圈炮眼至周边炮眼的排距误差不得大于 50mm,炮眼深度超过 2.5m 时,内圈炮眼与周边炮眼宜采用相同的斜率。

e. 不得在残眼和裂缝处钻孔。

④装药:

a. 装药前应利用高压风进行清孔,刚打好的炮孔由于温度过高,不得立即装药。

b. 爆破工仔细核对所装炮孔和手上炸药品种、数量是否与要求相符,核对雷管段别和所装炮孔是否相符。

c. 用炮棍将炸药装到底,并记好每次炮棍插入的尺寸,保持装药的连续性。

d. 加强炮眼堵塞,提高爆破效果,周边眼的堵塞长度不得小于 400mm。

⑤起爆:

a. 安全员组织洞内施工人员全部撤到安全区,并进行安全清查工作,确信无人后联网起爆。

b. 起爆后立即通风排烟,15min 后开启照明设施,驾驶侧翻装载机进洞,禁止单人徒步进洞。

c. 原爆破人员配合安全员进行安全检查，如有瞎炮，由原爆破人员按《爆破安全规程》的有关规定进行处理，排出安全隐患。

⑥出渣：

a. 爆破完成后，进行通风除尘，恢复照明，立即进行清危排险，然后利用台车或爆出来的渣堆，进行锚喷封闭。

b. 利用装载机、运输车立即进行出渣作业，运料车严禁人、渣混载，不得超高超宽运输，保证道路平整畅通。

c. 加强车辆调度，避免相互干扰。

2.1.5.4 小净距隧道

(1)一般要求

①小净距隧道随着两洞体间距的减小，洞体间的影响不断增强，左右洞二次应力场在中壁岩柱处相互叠加，中壁岩柱应力明显增大，处于不利的受力状态。

②小净距隧道施工应结合中岩柱的厚度、围岩条件及埋深等制订单项施工技术方案。该方案应严格贯彻设计意图，并包括以下内容：先行洞和后行洞开挖方法；先行洞和后行洞爆破设计以及爆破震动控制；先行洞和后行洞开挖错开距离；先行洞衬砌与后行洞开挖错开距离；中壁岩柱保护方法；各相互影响工序的滞后时间；非小净距隧道施工方案中的其他内容等。

(2)开挖方法

①正向单侧壁导洞法(图 2.1.5-9)。适用于Ⅴ、Ⅵ级围岩中隧道施工，可采用人工开挖，局部采用弱爆破方案；左右洞先施工邻近中壁岩柱的导洞，尽早对中壁岩柱进行支护加固，维持围岩原始状态。

②上下台阶与正向单侧壁导洞组合法(图 2.1.5-10)。适用于稳定性较好的Ⅴ级围岩和稳定性较差的Ⅳ级围岩，使用大型机械设备通过上下台阶法施工，后行洞采用正向单侧壁导洞施工，尽早对中壁岩柱进行支护。

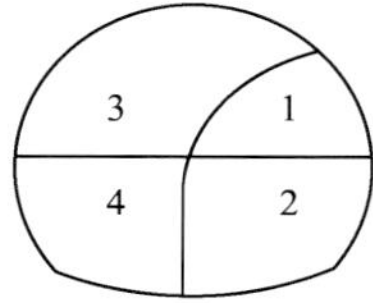

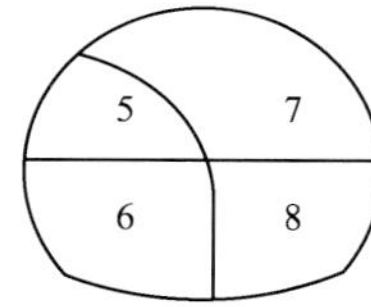

图 2.1.5-9 正向单侧壁导洞法施工顺序

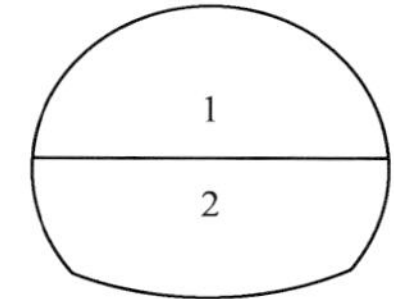

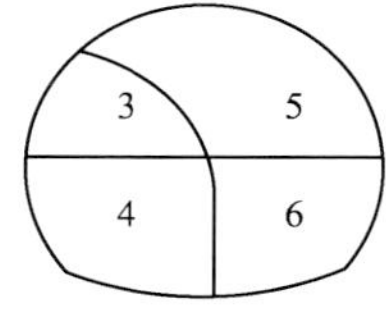

图 2.1.5-10 上下台阶与正向单侧壁导洞组合法

③上下台阶与反向单侧壁导洞组合法(图 2.1.5-11)。适用于稳定性中等的Ⅳ级围岩，采用钻爆法施工，后行洞采用反向单侧壁导洞，3 台阶与 4 台阶先施工，为 5、6 台阶的施工提供了临空面，减小对中壁岩柱的扰动。

④上下台阶法(图 2.1.5-12)。适用于稳定性较好的Ⅲ级围岩和多数Ⅳ级围岩，由于围岩稳定，台阶长度根据围岩的稳定性确定，同时下台阶及时跟进，以便及时封闭仰拱。

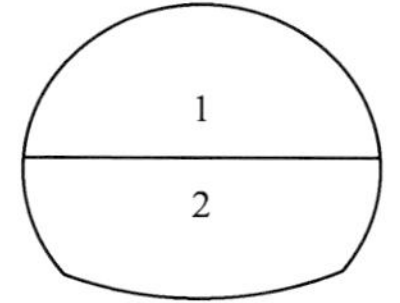

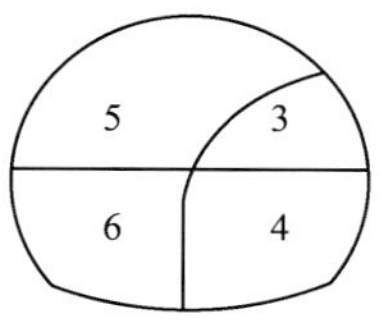

图 2.1.5-11 上下台阶与反向单侧壁导洞组合法

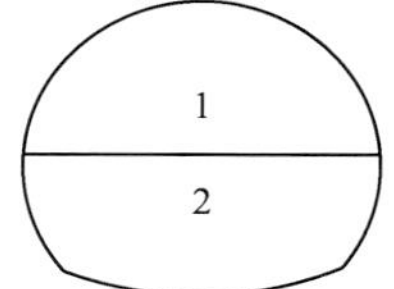

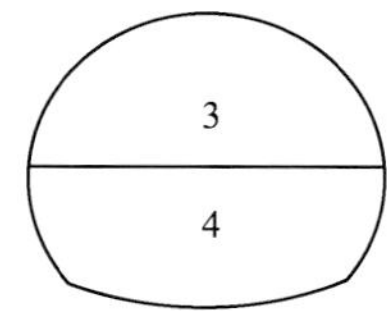

图 2.1.5-12 上下台阶法施工顺序

⑤全断面爆破法(图 2.1.5-13)。适用于Ⅱ级围岩，围岩稳定性较好，自稳能力强，采用

全断面光面爆破，提高效率和速度。

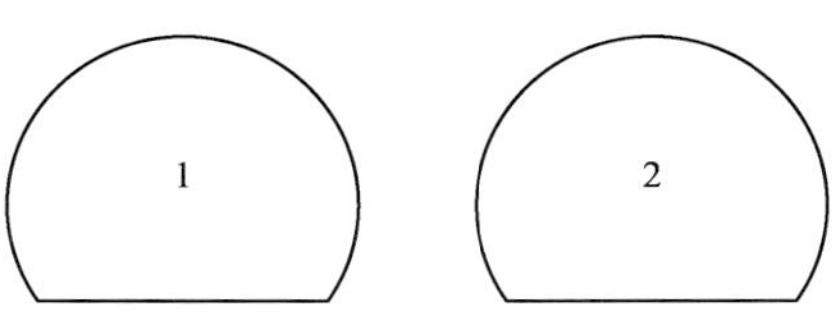

图 2.1.5-13　全断面爆破法施工顺序

(3)施工要点

①小净距隧道爆破应进行专门设计，并进行试爆，测定震动值，严格控制爆破震动。

②小净距隧道的开挖和爆破：先行洞的开挖可采用与分离式隧道相同的施工方法，但应重视爆破震动对中墙岩的影响；后行洞的开挖，当采用 CD 法或 CRD 法开挖时，宜先开挖靠近中岩墙侧。

③小净距隧道初期支护、二次衬砌应满足下列要求：

a. 对于差的围岩，应采用封闭的初期支护；对于好的围岩，初期支护可不封闭，但应尽早浇筑仰拱。

b. 先行洞的二次衬砌宜在围岩变形基本稳定后进行，宜落后于后行洞掌子面 2 倍隧道开挖宽度以上，且在初期支护变形基本稳定(参考值：周边位移速率小于 0.2mm/d，拱顶下沉速率小于 0.15mm/d)后尽早施工。

c. 为确保施工安全，避免二衬出现开裂，要求先、后行洞必须至少各配备一台二次衬砌模板台车。

2.1.5.5　超欠挖控制

①超挖部位必须用混凝土填充，严禁存在空洞或用片石填充；欠挖必须清除，拱脚以上 1m 内范围禁止欠挖，确保隧道初期支护质量。

②针对隧道围岩特点进行爆破参数试验，选择合适的爆破参数。

③提高画线和钻孔精度，提高装药和炮孔堵塞质量，每个爆破循环进行断面轮廓线检查及爆破效果信息反馈，强化施工组织管理。

④推行开挖精细化作业，制订严格的奖罚制度，调动施工人员的积极性。

2.1.5.6　质量问题预防及处理措施

(1)光面爆破质量问题

①未留半边孔的欠挖：

a. 原因分析：光爆层太薄，周边眼线装药密度过大，辅助眼装药量太大。

b. 预防措施：严格按设计要求钻孔，将周边眼底部药量减小。

②放炮过程中产生瞎炮：

a. 原因分析：炸药受潮，雷管起爆力不足或未爆。

b. 预防措施：有水地质采用乳化炸药，装药或堵塞时严禁损坏导爆管。

(2)塌方

①原因分析：

a. 设计定位或设计参数不当，施工方法不正确。

b. 地质条件为严重风化破碎带、堆积层等。

c. 发生岩爆。

②预防措施：

a. 加强地质超前预报和监控量测工作，对于不同的地质情况，采取正确的施工方法。

b. 断层破碎带地段施工。严格按照“早预报、管超前、预注浆、短台阶、短进尺、弱爆破、强支护、早成环、勤测量”的原则进行施工。

断层破碎带地段采用超前小导管或长管棚预注浆、短台阶开挖，开挖完后立即喷射混凝土封闭围岩。根据围岩情况采取超前锚杆、钢拱架、挂网等手段加强支护。

c. 在易出现“岩爆”的地质段施工,应加强地质监测,适当延长围岩清理时间,应力释放完全后再进行下道工序。

2.1.5.7 安全施工

①开挖台车的各作业平台应为可调性的平台,固定的临边设置安全护栏,并设密目式安全立网及彩灯或反光标志;上下行通道设栏杆扶手,顶部设置限高标志牌;在台架底部配置消防器材,便于应急火灾事故。

②每次爆破的炸药、雷管必须用设锁的火工品专用箱分别送入洞内。

③洞内运输车辆必须限速行驶,洞内倒车与转向必须开灯、鸣笛;洞口、平交道口和狭窄的施工场地,应设置“缓行”标志,必要时宜安排人员指挥交通。

④隧道施工中必须密切注意围岩及地下水等的变化情况,当施工方法或支护结构不适应实际围岩状态时,必须采取应急措施,并经批准后及时采用合适的施工方法或支护形式。

⑤隧道内施工设备应靠边停放,远离爆破点;停放点应选择围岩稳定、支护结构已完成、无渗漏水的位置。

⑥开挖循环中每次爆破后,应及时通风,使洞内各有害气体及时排除。整个施工过程中作业环境应符合职业健康和安全标准。每个爆破作业面必须由一个人统一指挥。

2.1.6 初期支护和辅助工程措施

2.1.6.1 一般规定

①初期支护前,开挖面的净空应符合要求。

②自稳能力差的掌子面,应做好预支护,坚持先支护、后开挖,采取“短进尺、弱爆破、快封闭、勤量测”的施工原则,初期支护紧跟掌子面。Ⅳ ~ Ⅵ级围岩初期支护必须保证尽早封闭成环。

③隧道支护根据现场监控量测和地质超前预报结果,及时调整支护参数。

④施工中地质工程师做好地质描述和超前地质预报工作,做到支护合理,经济高效。

2.1.6.2 喷射混凝土支护

(1)一般要求

①喷射混凝土必须采用湿喷工艺进行施工。

②车载式湿喷机供风压力应满足规范或设计要求。

③喷射混凝土应保证表面平整,符合设计要求,否则应做补喷处理。

④喷射混凝土原材料要求:

a. 水泥:宜选用硅酸盐水泥或普通硅酸盐水泥。特殊情况下可采用特种水泥,但应进行现场试验,指标应满足设计要求。

b. 粗集料:应采用连续级配、坚硬耐久的碎石,最大粒径不大于16mm,其压碎值应≤20%,针片状颗粒含量≤8%,含泥量≤1.0%,施工前进行碱活性试验。

c. 细集料:采用连续级配中、粗砂,含泥量≤3%,细度模数不小于2.5。

d. 速凝剂:根据水泥的品种、水灰比等,经试验确定掺量。正式施工前应做速凝效果试验,要求初凝时间不大于5min,终凝时间不大于10min。必须采用液体速凝剂。

(2)施工工序

喷射混凝土施工工序流程如图2.1.6-1所示。

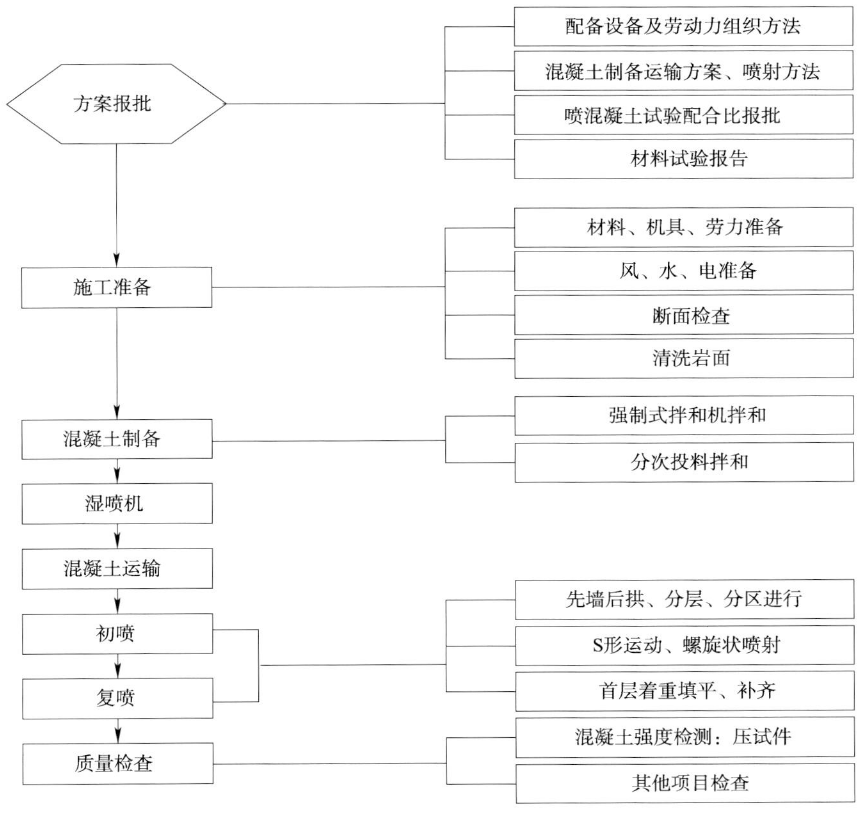

图2.1.6-1 喷射混凝土施工工序流程

(3)施工要点

①喷射混凝土作业前准备工作。

a.对受喷岩面进行处理后再喷射混凝土。

ⓐ清理受喷岩面上的石屑、浮尘,保证喷射混凝土与岩面黏结牢固。

ⓑ对于混凝土不易黏结的岩质或土质围岩,可采用锚固方法敷设细孔网片,先喷一层水泥砂浆,待终凝后再喷射混凝土。应通过试验,确定合适的速凝剂掺量和喷射风压。

b.岩面有渗水时,应做好引排水工作,再喷射混凝土。

c.埋设测试喷射混凝土厚度的标志,以确保最小厚度满足要求。

d.检查各机具设备、劳动力的准备情况,调试好风、水、电等管线路,并保证作业面具有良好的通风和照明条件。

ⓐ选用的空压机应满足喷射机工作风压和耗风量的要求。风压进入喷射机前必须进行油水分离。

ⓑ喷射机输料管应能承受0.8MPa以上的压力,并应有良好的耐磨性能。

ⓒ检查速凝剂的泵送及计量装置性能。

②喷射作业。

a.喷射混凝土作业应紧跟开挖面,下次爆破距喷射混凝土作业完成时间的间隔不得小于4h。

b.喷射作业时喷头与受喷面基本垂直,距离保持为0.6~0.8m,并呈螺旋状自下而上施喷，且喷射厚度适当，分层进行，喷射首层混凝土时，应着重找平，后一层应在前一层终凝后进行，喷射完成2h后，对其表面喷水养护，使其表面保持湿润。

c. 喷射混凝土混合物应随拌随喷，回弹物不得重新用作喷射混凝土材料。

d. 有裂隙渗水处，采取相应措施，改变喷射混凝土的配合比，增加水泥用量，先喷干混合料，待其与涌水融合后，再重新加水喷射，并由远至近向涌水处逼近，然后在渗水处安设排水管将水排出，再在导管周围喷射。涌水量大时，设置泄水孔，边排边喷射。

e. 钢架与壁面之间的间隙应用喷射混凝土充填密实，岩壁、钢架、混凝土黏结良好。拱脚基础喷射混凝土要密实，严禁悬空。

f. 冬季施工时，喷射混凝土作业区的温度不应低于5℃，混合料进入喷射机的温度不低于5℃，在结冰的岩面上不得进行喷射混凝土作业。混凝土强度未达到设计强度前不得受冻。隧道内环境温度低于5℃，严禁喷水养生。

g. 对于超挖部位均采用混凝土填充，严禁添加片石填充。

h. 小净距隧道喷射混凝土作业应和相邻洞内爆破作业错开，避免爆破时对混凝土的质量产生影响。

2.1.6.3　锚杆

(1)一般要求

①锚杆施作时要确保其长度和根数，在防水板施工之前，委托第三方检测单位对隧道锚杆长度、数量、注浆饱满度进行检测，检测频率原则上不低于锚杆数量的3%。

②锚杆应尽量与岩面垂直。所有锚杆必须安装垫板，垫板应与喷射混凝土表面紧密接触。

③锚杆施工宜在初喷后及时进行。Ⅳ、Ⅴ级围岩的系统锚杆尾端应预留足够长度，确保锚杆垫板能够在初喷完成后安装，以便于锚杆质量检测。

④锚杆安装时，隧道现场监理工程师应旁站，对每次锚杆的安装，应详细注明锚杆施作的里程桩号、围岩等级、锚杆施作情况、设计数量、实做数量等。

⑤砂浆锚杆安设后不得拉拔、敲击，其端部3d内不得悬挂重物。

⑥锚杆施工必须实行监理旁站制度。严格控制钻孔深度、锚杆与岩面垂直度、锚杆长度及安装深度、锚杆质量、安装间距和锚固砂浆饱满度等。

(2)施工工艺

①钻孔：

a. 根据锚杆的类别和所需长度进行钻孔，钻孔时应先标示出锚杆孔的位置。

b. 钻孔深度应大于锚杆锚固长度的95%，但超长值不大于10cm。

c. 用高压风将孔清理干净。

②普通砂浆锚杆：

a. 施工流程如图2.1.6-2所示。

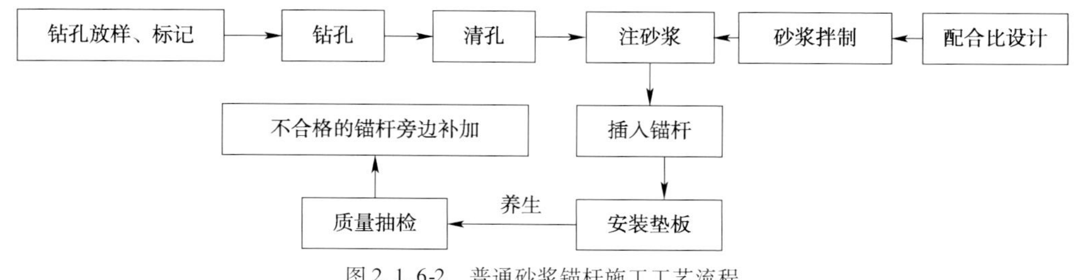

图2.1.6-2　普通砂浆锚杆施工工艺流程

b. 安装：采用砂浆锚杆专用注浆泵灌注砂浆，注浆时将注浆管插入钻孔中，使管口离孔底10cm，并随水泥砂浆的注入缓慢匀速拔出，同时迅速将锚杆插入，其锚固长度应大于锚杆长度的95%，安装锚垫板。

③药卷锚杆：

a. 施工流程如图2.1.6-3所示。

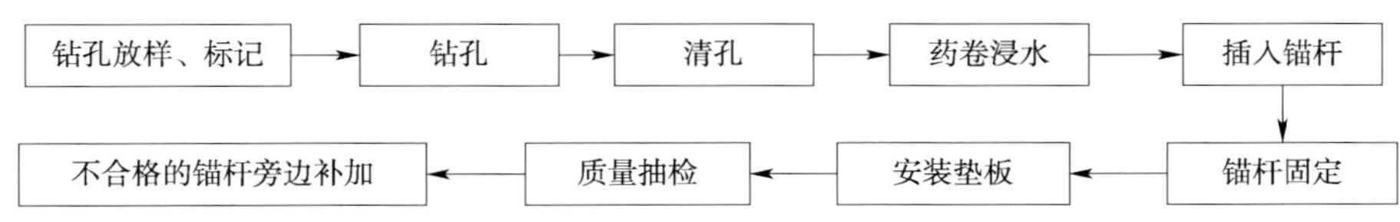

图2.1.6-3　药卷锚杆施工工艺流程

b. 安装：

ⓐ涌水地段锚杆施工时，如孔内流水，则在附近另外钻孔，施作锚杆。

ⓑ“药卷”在水中浸泡，保证水泥吸足水分，但不能过久。

ⓒ安装时，用锚杆的杆体将“药卷”匀速地顶入锚杆安装孔，边顶边转动杆体，使“药卷”水泥在杆体周围均布密实，但不可过搅。

ⓓ若使锚杆安装后立即起作用，可在水泥中加速凝剂，也可在水泥中加水泥微膨胀剂。

④中空注浆锚杆：

a. 普通中空注浆锚杆。

ⓐ施工流程如图2.1.6-4所示。

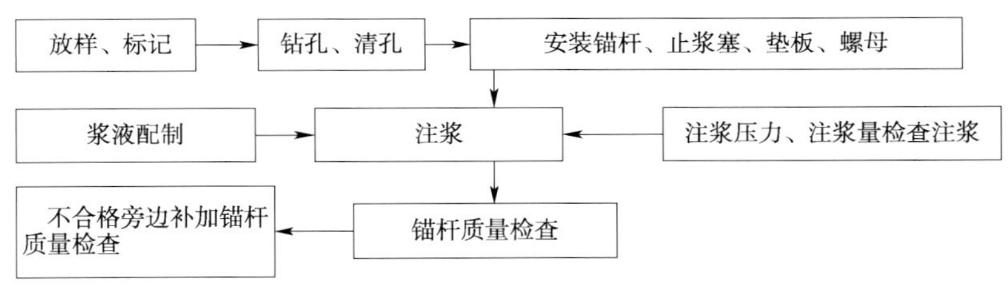

图2.1.6-4　中空注浆锚杆施工流程

ⓑ安装：钻孔清空后，及时安装中空注浆锚杆，检查止浆塞安装的严密性，垫板平整全面紧贴岩面后，快速开动注浆机注浆，注浆压力根据设计参数和注浆机性能确定。

b. 自钻式中空注浆锚杆。注浆前可作吹尘管，排除凿岩形成的粉尘；注浆时浆液通过中空锚杆钻头喷出，填充锚杆周围的钻孔和地层裂隙，使锚杆与周围土质凝固成一体。

ⓐ钻进：采用台车或手持式凿岩机将安装好钻头的锚杆钻进至设计深度。锚杆如需加长，可用联接套进行联接，然后通过钻机钻进。

ⓑ卸下钻机，将止浆塞安装在锚孔内离孔口25cm处。特殊情况如注浆压力较大或围岩太破碎，可用锚固剂封孔。

ⓒ通过快速注浆接头将锚杆尾端与锚杆专用注浆机相连。

ⓓ开动机器注浆，待注浆饱满且压力达到设计值时停机。注浆压力根据设计参数和注浆机性能确定。

ⓔ根据设计需要，安装垫板和螺母。

c. 涨壳式预应力注浆锚杆施工工艺流程如图2.1.6-5所示。

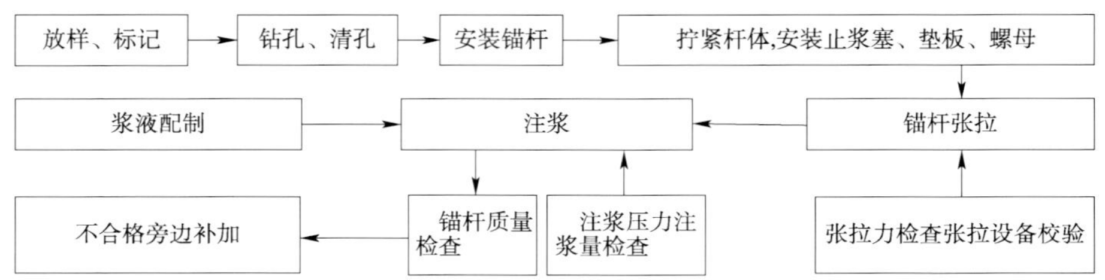

图 2.1.6-5　涨壳式预应力注浆锚杆施工工艺流程

ⓐ安装:清孔完成后,及时安装涨壳式预应力锚杆,检查止浆塞安装严密,垫板平整、全面、紧贴岩面后施加 50 ~ 80MPa 预应力。

ⓑ张拉完成后,快速开动注浆机注浆,注浆压力根据设计参数和注浆机性能确定。

(3)施工要点

中空锚杆应注浆饱满,承包人质检人员和监理工程师按照检查频率,认真进行检测,杜绝出现不注浆或采用锚固剂锚固现象。

2.1.6.4　钢支撑

(1)一般要求

①根据隧道跨径制作模具,钢架依靠模具分节段制作,每节长度不宜大于 4m 且避开起拱线处;尺寸符合设计要求,形状与开挖断面相适应。

a. 型钢钢架采用冷弯法制作,可在工厂加工制作,亦可在现场加工制作,非节段连接时采用焊接连接。现场加工必须在平整、坚实的成型台上进行。

b. 格栅钢架依靠模具控制尺寸,钢筋节点必须采用焊接,焊接长度应不小于 40mm,对称焊接。

②钢板厚度及螺栓规格应符合设计要求。接头钢板螺栓孔应采用机械钻孔,禁止采用气割冲孔。

③首榀钢支撑加工完成后,应放在平地上试拼,当各部分尺寸满足设计要求时,方可生产。

④相邻两榀钢架之间必须用直径不小于 18mm 的纵向钢筋连接,连接钢筋间距不应大于 1m。

⑤钢支撑两侧拱脚应安装在牢固的基础上。拱脚底超挖、拱脚高程不足时,应用混凝土垫块填充;拱脚高度应低于上半断面底线 15 ~ 20cm。钢支撑拱脚在喷混凝土之前妥善包裹。当拱脚处围岩承载力不够时,应向围岩方向加设钢垫板、垫梁或浇筑强度等级不低于 C20 的混凝土以加大拱脚接触面积。

⑥严格控制钢拱架垂直度(小于 2°)、安装间距、钢架和混凝土结合情况等。

(2)施工工艺

钢架安装施工工艺如图 2.1.6-6 所示。

(3)施工要点

①钢支撑应分节段安装,连接钢板平面应与钢架轴线垂直,钢板连接紧密。

②钢架立起后,校正位置、定位固定,并用纵向连接筋将相邻钢架连接牢靠。钢架安装时应垂直于隧道中线,竖向不倾斜、平面不错位、不扭曲。上、下、左、右允许偏差为 ± 50mm,钢架倾斜度应小于 2°。

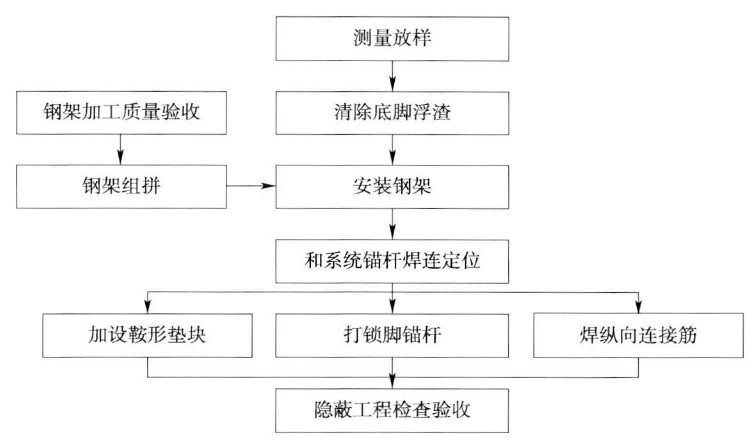

图 2.1.6-6　钢架安装施工工艺

③钢架可在初喷混凝土后安装，应尽可能与围岩或初喷面密贴，有间隙时应采用混凝土垫块楔紧，严禁采用片石回填。如发生超挖较大时，可用同型号的“工”字钢做成“T”型支护，支撑在岩壁与“工”字钢之间。

④钢架必须严格按设计架设，间距必须符合设计要求，且须符合招标文件技术规范的要求，拱架安装位置采用红油漆进行标注，并编写节段号码。

⑤下导坑开挖时，预留洞室的位置应按设计要求进行支护，只有在施工二衬时方可拆除，以确保安全。下导坑开挖应半幅施工，且每个作业面开挖，长度不大于 5m，并及时完成后续支护，避免“工”字钢悬空。

⑥钢架安装就位后，钢架与围岩之间的间隙应用喷射混凝土充填密实，并使钢架与喷射混凝土形成整体。喷射混凝土应由两侧拱脚向上对称喷射，并将钢架覆盖，临空一侧的喷射混凝土保护层厚度应不小于 20mm。

⑦钢架应经常检查，如发现异常现象立即加固。

2.1.6.5　钢筋网

(1)一般要求

调直钢筋网钢筋，清除锈蚀和油渍，加工合适的钢筋网片。

(2)施工要点

①钢筋网应随受喷面起伏铺设，与受喷面间隙宜控制在 20～30mm。

②钢筋网应与锚杆、钢支撑连接牢固，在喷射混凝土时不得晃动。

③钢筋网搭接长度不得小于 $30d$(d 为钢筋直径)，并不得小于一个网格长边尺寸。

2.1.6.6　超前锚杆支护

(1)一般要求

①超前锚杆一般为砂浆锚杆。每根搭接长度应大于 1m，锚杆插入孔内的长度不得小于设计长度的 95%，尾部与钢架焊连，增强共同支护作用。

②超前锚杆宜和钢架支撑配合使用，外插角、长度应符合设计，且大于循环进尺的 2 倍。

③锚杆材料符合规范和招标文件要求。

(2)施工工序

施工工序如图 2.1.6-7 所示。

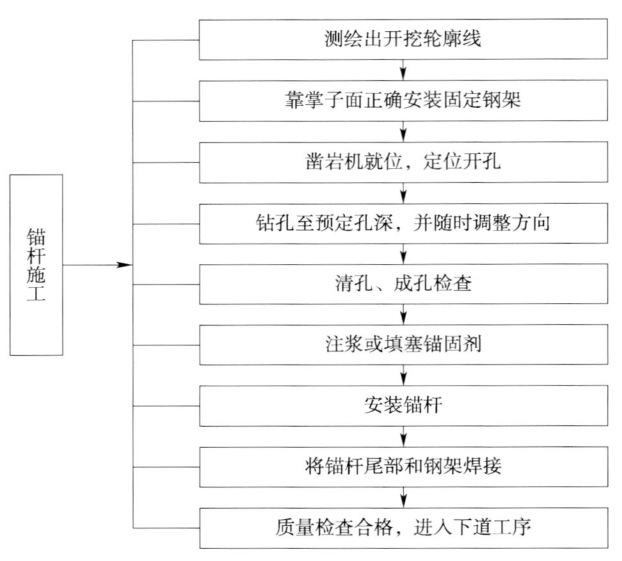

图 2.1.6-7 锚杆施工工序

(3)施工要点

参考前文砂浆锚杆的内容。

2.1.6.7 超前小导管预注浆支护

(1)一般要求

①超前小导管应为热扎无缝钢管,长度满足设计要求,纵向搭接长度不小于 1.0m。在小导管前部钻注浆孔,孔径 8mm,孔间距 20 ~40cm,呈梅花形布置,前端加工成尖锥形,尾部留长度不小于 100cm,作为不钻孔的止浆段,如图 2.1.6-8 所示。

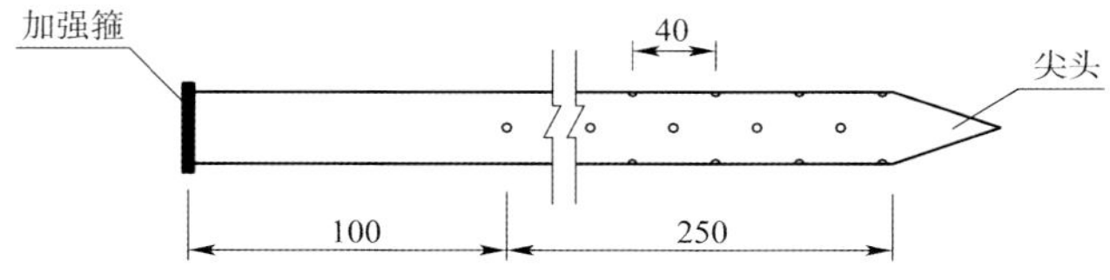

图 2.1.6-8 小导管示意图(尺寸单位:cm)

②小导管注浆浆液配比必须经试验确定,应采用水泥双液,水泥采用普通 42.5 号水泥;水灰比宜为 1:1 ~1:1.2;水泥浆与水玻璃体积比宜为 1:0.8 ~1:1,水玻璃浓度为 35 波美度;模数为 2.4;凝胶时间为 30s ~3min。根据初步选定的配合比,测定凝胶时间,直到满足凝胶时间要求,确定施工配合比。注浆压力 0.3MPa,注浆终止压力 1.0 ~1.5MPa;浆液扩散半径 0.3 ~0.5m。

③小导管注浆时,监理工程师应旁站,并填写旁站记录(旁站记录表参见《监理规范》)。

(2)超前小导管预注浆

施工工序框图如图 2.1.6-9 所示。

(3)施工要点

①小导管钻孔前应按设计要求进行精确定位,以防止穿孔或交叉。小导管应从钢架腹部穿过,尾端与钢架焊接,外插角和间距应符合设计要求。

②小导管安设一般采用钻孔打入法,即先按设计要求钻孔,钻孔直径比钢管直径大 3 ~5mm,然后将小导管穿过钢架,用锤击或钻机顶入,顶入长度不小于钢管长度的 90% ,并用高

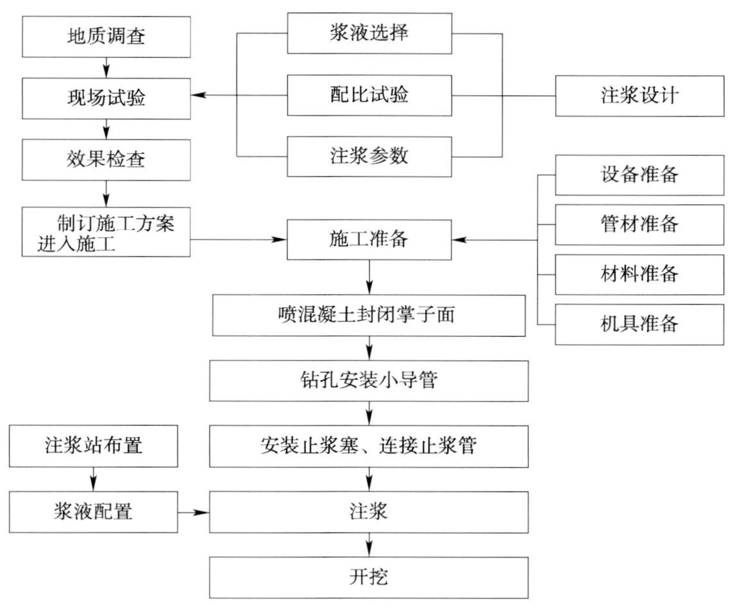

图 2.1.6-9　超前小导管预注浆施工工序

压风将钢管内的砂石吹出。

③注浆前,应对开挖面及 5m 范围内的坑道喷射厚为 50 ~ 100mm 混凝土或用模筑混凝土封闭,以防止注浆作业时,发生孔口跑浆现象。

④为防止孔口漏浆,在小导管尾端用麻绳及胶泥封堵管孔缝隙。注浆管与小导管采用活接头螺旋连接,快速装拆。注浆压力由小到大,从开始 0MPa 升到终止压力 1.0(或 1.5)MPa,稳压 3min,流量计显示注浆量较小时,结束注浆;注浆顺序由两侧对称向中间进行,自下而上逐孔注浆,如有窜浆或跑浆时,间隔注浆,最后全部完成注浆。小导管单液注浆如图 2.1.6-10 所示。

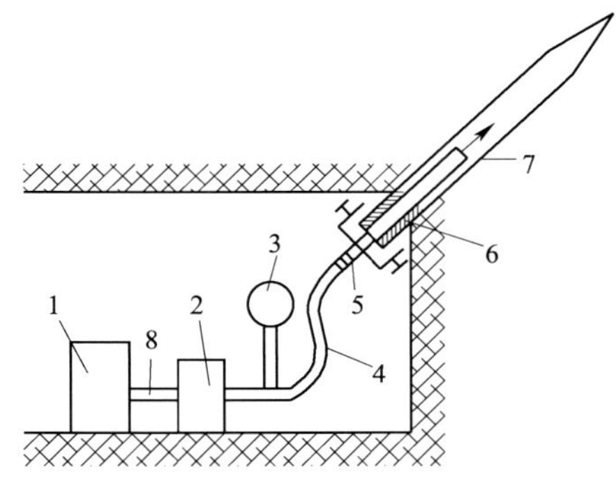

图 2.1.6-10　小导管单液注浆

1-浆液桶;2-注浆泵;3-压力表;4-高压胶管;5-注浆嘴;6-堵浆塞;7-小导管;8-进浆管

⑤隧道的开挖长度应小于小导管的注浆长度,预留部分作为下一次循环的止浆墙。

2.1.6.8　超前管棚支护

(1)一般要求

①超前管棚支护的长度和钢管外径、厚度应满足设计要求。

②管棚钢管外径为 108mm,钢管中心间距宜为管径的 2 ~ 3 倍,考虑路线纵坡的影响,合理选择外插角。

(2)超前管棚施工工艺

超前管棚施工工艺框图与超前小导管预注浆施工工艺框图类似。

(3)施工要点

①沿设计轮廓线纵向施钻管棚孔,其外插角以不侵入隧道开挖轮廓线为原则。钻孔顺序由高孔位向低孔位进行。

②钻孔施工采用管棚钻机,利用套管跟进的方法钻进,长管安装一次完成。注浆时为避免钻孔串浆,应钻一孔注一孔。

③管棚定位：以套拱内预埋的孔口管定向、定位，严格控制其上抬量和角度。

④接长管棚钢管时，接头应采用厚壁管箍，上满丝扣，丝扣长度不应小于150mm。接头应在隧道横断面上错开。

⑤为确保注浆质量，在钢管安装后，用钢板焊封管口，在钢板上穿孔安装两通接头。

⑥用双液注浆泵按照先单液浆、再双液浆，先稀后浓的原则注浆。注浆量由压力控制，初压为0.5～1.0MPa，终压为2.0MPa，持续5 min结束。

2.1.6.9 质量问题预防及处理措施

(1)超前锚杆

①超前锚杆施工位置和方向发生偏斜。

a.形成原因：超前锚杆钻孔时孔位未准确定位并做出明显标志，钻孔处插角控制不严格或未使用测斜仪测量、控制钻孔方向。

b.预防及处理措施：

ⓐ施工前应按照设计位置和间距准确测量放样并标记开挖轮廓线和锚杆孔位。

ⓑ可先由钻工按设计外插角度钻3～5孔，然后插入炮棍或锚杆以控制其他孔的方向和角度，用测斜仪检查控制钻孔方位。

ⓒ出现钻孔偏斜应采用砂浆或混凝土封堵后重新钻孔。

②开挖后超前锚杆外露或塌落。

a.形成原因：超前锚杆施工外插角偏小，纵向搭接长度不符合设计和规范要求，开挖循环进尺过大与超前锚杆长度不匹配等。

b.处理措施：

ⓐ严格控制超前锚杆钻孔外插角施工误差，误差不得超过2°，超前锚杆纵向搭接长度宜为超前长度的40%～60%，不得小于1m，保证前方始终大致形成双层锚杆。

ⓑ开挖时必须保留前方有一定长度的锚固区，保证超前锚杆的前端有一个稳定的支点。

ⓒ开挖后如出现超前锚杆外露或滑塌现象，应及时喷射混凝土进行封闭，并尽快打入下一排超前锚杆。

(2)超前钢管

①管棚方向发生偏斜。

a.形成原因：钻孔角度误差控制不严。

b.处理措施：

ⓐ严格控制钻孔角度。

ⓑ钢拱架定位准确，安装稳固。

②钢管后端下坠移位。

a.形成原因：钢管后端支撑不牢固。

b.处理措施：

ⓐ管棚钢架应安装牢固、安装前应清除拱脚处的虚渣，严禁钢架置于虚渣上，在超挖处应垫放型钢等以调整高差，两边底脚应用楔子将钢架与围岩间楔紧。

ⓑ在浅埋、跨度较大的隧道洞口软弱围岩段、塌方段等处，采用混凝土套拱作为管棚的孔口环向支撑，套拱长度一般为1～2m。

③超前小导管注浆时发生串浆、跑浆。

a.形成原因：注浆的导管被堵塞，开挖面、坑道壁未封闭或孔口注浆压力过大。

b. 处理措施：

ⓐ采用多台泵同时注浆，堵塞串孔后隔孔注浆。

ⓑ调整浆液浓度及配合比，缩短凝胶时间，进行小量低压力注浆或间歇式注浆，使浆液在裂隙中有相对停留时间，以便凝固。

ⓒ小导管注浆的孔口最高压力应严格控制在允许范围内，以防压裂开挖面，注浆压力一般为0.5～1.0MPa，止浆塞应能承受注浆压力。

(3)锚杆孔内砂浆不饱满和达不到设计锚固力

①原因分析：

a. 眼孔不直、钻孔过深或过浅、钻孔直径过大或过小、眼孔内有泥浆。

b. 灌浆时注浆管外壁黏浆过多，砂浆下淌；安装锚杆时，孔内砂浆向外流出；先灌后锚法，插入锚杆前，砂浆已硬化等。

②预防措施：

a. 钻孔时凿岩机位置要固定，尤其是下端不能移动，严格按设计的深度和孔径选择钻杆和钻头。

b. 先灌后锚时注浆管要钻到孔底并随注浆同时抽出，先锚后灌浆时要将孔口堵塞严密，砂浆要有一定的黏稠度，速凝剂掺量符合要求并尽快使用。

(4)钢筋网质量问题

①质量问题：

a. 钢筋网的质量问题主要是喷混凝土时回弹率高及易出现脱口现象。

b. 钢筋网晃动，喷射距离、角度、风压掌握不好。

②预防措施：

a. 钢筋网一定要和锚杆焊接牢固。

b. 采用双层钢筋网时，第一层钢筋网被混凝土覆盖后再铺设第二层钢筋网。

c. 开始向钢筋网喷射混凝土时，适当减少喷头至受喷面的距离。

d. 喷射中如果有脱落的混凝土被钢筋网架住，应及时清除。

2.1.6.10 初期支护质量要求

①喷射混凝土均匀密实，表面平顺光亮，无干斑或流滑现象。

②对初期支护混凝土的强度、厚度、空洞、锚杆和钢拱架(钢格栅)的施工质量进行全面检测，检测合格并经发包人确认后进行下道工序。

2.1.6.11 安全施工

①在台车临边设置安全护栏，并设置漏电保护器。

②凿岩机钻眼时必须先送水后送风。

③放炮后必须进行喷雾、洒水，出渣前应用水淋湿石渣和附近的岩壁。

④吹孔、注浆和喷混凝土施工人员均应佩戴防尘口罩和防护眼镜、胶皮手套。

⑤长大隧道应在压入式的出风口设置喷雾器，以增加空气湿度，降低粉尘含量。

⑥钻眼作业应采用湿式凿岩。当水源缺乏、容易冻结或岩性不适于湿式凿岩时，可采用带有捕尘设备的干式凿岩，采用防尘措施后应达到规定的粉尘浓度。

2.1.7 仰拱与底板

2.1.7.1 一般规定

①仰拱应根据围岩受力状况、初期支护监测情况及时组织施工，且应保持洞内交通畅

通，不得影响前方的掘进施工。

②仰拱开挖应严格按审批的开挖方案进行，并结合拱墙施工抓紧进行仰拱初期支护和仰拱模筑混凝土施工，实现支护结构早闭合。

③仰拱混凝土浇筑必须使用模板，保证混凝土浇筑质量。

④仰拱垫层、初期支护、二次衬砌、底板混凝土不得一并浇筑。

⑤仰拱应一次成型，不宜左右半幅分次浇筑。底板混凝土可半幅浇筑，但接缝应平顺且做好防水处理，超挖部位应采用与衬砌相同强度等级混凝土浇筑回填。

⑥仰拱、填充层及底板混凝土应尽早施做，其施工进度应能满足拱墙混凝土及二衬施工，保证衬砌台车的正常作业长度。底板混凝土必须严格控制标高，确保混凝土路面的厚度和高程，尤其是超高段。

⑦Ⅱ、Ⅲ级围岩地段应全断面一次开挖成型，底板混凝土应及时进行浇筑以改善洞内交通状况和施工环境。

⑧仰拱、底板施工时，应按图纸要求施作中心排水沟、横向盲管、拱脚纵向排水管等排水设施，并注意设置与二衬贯通的变形缝。

⑨洞口段仰拱应在开挖进洞150m之内封闭成环。

⑩隧道严禁私自改变支护形式。

2.1.7.2　施工工序

仰拱、底板施工工艺流程如图2.1.7-1、图2.1.7-2所示。

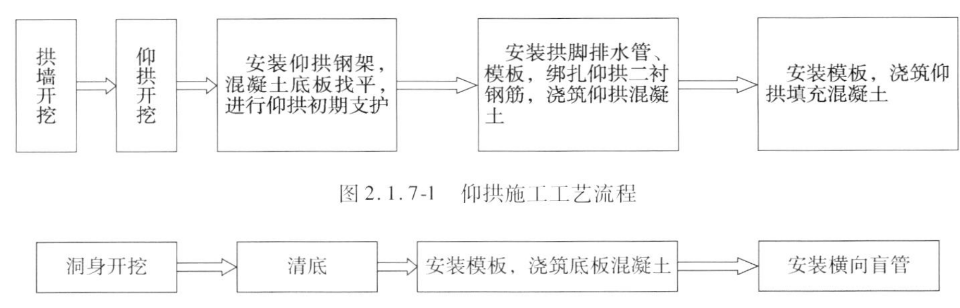

图2.1.7-1　仰拱施工工艺流程

图2.1.7-2　底板施工工艺流程

2.1.7.3　施工要点

(1)开挖

①仰拱土质地层开挖应以人工开挖为主，并辅以机械配合。

②隧道仰拱开挖应平顺，避免引起应力集中。边墙钢架底部杂物清除干净，保证与仰拱钢架连接良好。

③特殊地段仰拱开挖必须严格按审批方案进行施工，确保施工质量和安全。

(2)初期支护

①仰拱开挖和仰拱初期支护应衔接紧密，但应先施作混凝土垫层，再安装仰拱钢架，然后喷射混凝土或采用模筑混凝土。

②仰拱底无初期支护层时，也应先施作混凝土垫层，便于进行仰拱钢筋安装及安装模板等作业。

③仰拱钢支撑安装必须符合设计和规范要求，且与边墙拱架的牛腿焊接顺畅牢固。

(3)二衬钢筋预埋

①仰拱二衬钢筋的制作与安装应符合设计和规范要求。两侧二衬边墙部位的预埋钢筋伸出长度应满足与二衬环向钢筋焊接的要求,且将接头错开,使同一截面的钢筋接头数不大于总数的50%。

②仰拱二衬钢筋的绑扎必须保证两个间距的要求,即两层层距和单层钢筋间距。层间距通过焊接定位钢筋来确定。

(4)混凝土施工

①仰拱混凝土应为矮边墙施工创造工作面,仰拱和底板施工前应清除积水、杂物、虚渣等。

②仰拱、仰拱上的填充层及底板混凝土施工应使混凝土配合比准确,必须使用顶模,顶模上预留振捣孔,保证混凝土捣固密实。仰拱混凝土可采用泵送浇筑。禁止仰拱和填充层一次施工。

③仰拱、底板的施工缝和变形缝应按设计要求进行防水处理。

④仰拱填充采用片石混凝土时,片石应距模板边10cm以上,片石不得直接接触仰拱顶,且片石间距大于粗集料的最大粒径。

⑤浇筑片石混凝土仰拱填充时,禁止采用先码放片石再使用混凝土充填空隙的做法。应先浇一层混凝土,人工码放片石,再浇筑混凝土,再码片石的顺序进行施工。片石掺量不大于25%。

⑥仰拱以上的混凝土或片石混凝土(仰拱填充)应在仰拱混凝土达到设计强度的70%后施工。

⑦仰拱和底板混凝土强度达到设计强度100%后方可允许车辆通行。

2.1.7.4　质量问题预防及处理措施

(1)仰拱厚度不足

①分析原因:欠开挖。

②预防措施:严禁仰拱部分欠开挖,仰拱断面开挖后应立即检查,不足部分需重新开挖,未经监理人检验不得浇筑混凝土。

(2)钢筋保护层厚度不足和混凝土表面不密实

①原因分析:钢筋绑扎位置不准确,振捣不到位。

②预防措施:

a. 仰拱的钢筋绑扎和浇筑应采用大样板,可有效保证钢筋保护层的厚度,确保不露筋。

b. 加强振捣,采用插入式振捣器和平板振捣器结合的方法。

2.1.7.5　安全施工

①在仰拱开挖周边设置护栏围挡,并安装密目式安全立网;出口处设置警示标志。

②仰拱施工时,采取栈桥的方式保证洞内交通不中断。

2.1.8　防水与排水

2.1.8.1　一般规定

①隧道施工防排水设施应符合设计并与运营防排水工程相结合,做到排水通畅。

②隧道防排水不得污染环境,不得直接排入地表水源。

③隧道防排水应遵循因地制宜,综合治理,防、排、截、堵相结合的原则施工。

④隧道施工前应做好不影响施工的防排水设施。

⑤加强衬砌背后结构防排水施工质量,强调结构自身防水。

⑥防水板应在初期支护基本稳定后施工,铺设松紧适度。

⑦停车带、洞室与正洞连接处的防排水工程应与正洞同时完成，其搭接处应平顺，不得有破损和折皱。

⑧加强成品保护工作，开挖和衬砌作业不得损坏防水层，当发现层面有损坏时应及时修补；防水层在下一阶段施工预留的连接部分，应采取措施保护。

⑨排水系统的环向集水管、纵向管、横向排水管和中央管必须连接牢固通畅，确保隧道的防排水系统的防排作用。

2.1.8.2　施工防、排水

(1)一般要求

①隧道洞口应及时做好防排水系统，完善防排水措施，保证隧道及时进洞；确保洞顶、洞口不受地表水的下渗和冲刷。

②边坡、仰坡坡顶的截水沟应结合永久排水系统修建，其出水口应与路基边沟顺接组成完善的排水系统，并防止水流冲刷危害农田和水利设施。

(2)防排水施工工序

防排水施工工序如图2.1.8-1所示。

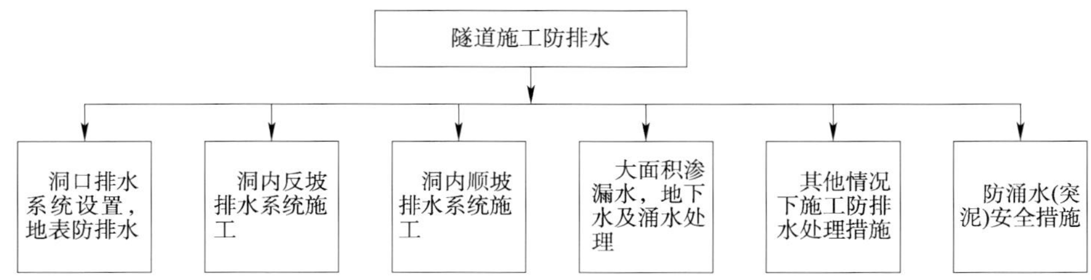

图2.1.8-1　防水与排水施工工序

(3)施工要点

①洞内顺坡排水：

a.洞内顺坡排水一般采用在距边墙基脚1.5m处设临时排水沟的方法排水。

b.在特殊地质隧道一般采用预制管和浆砌片石排水沟排水，尽量阻止水直接接触岩体。

c.阶法施工时，上下台阶设架槽(管)引流至下台阶排水沟，严禁漫流浸泡下台阶基坑。

②洞内反坡排水：

a.对于反坡排水的隧道，每200m设置一个集水坑，通过水泵逐级抽排至洞口。

b.抽水机和集水坑容积应按实际排水量确定，设在对施工干扰较小的位置。

c.抽水机功率应大于排水所需功率的20%，并备用抽水机。

d.做好停电时的应急排水准备工作。

③井点降水施工：洞内涌水或地下水位较高时，可采用井点降水法和深井降水法处理。井点降水施工应符合下列要求。

a.根据降水要求，选择降水形式、降水设施，编制降水施工方案。

b.在隧道两侧地表面布置井点，间距宜为25～35m。井底应在隧底以下3～5m。

c.应设水位观测井，及时测定动水位，调整降水参数，保证降水效果。

d.重视降水范围内地表环境的保护工作，制订包括量测监控、回灌等措施，预防地表超限下沉措施。

④洞内水量较大时的处理措施：

a.洞内渗漏水严重、大股集中水时，应钻孔引流至集水坑。顺坡段引流出洞，反坡段用抽水机抽水出洞。

b. 详细记录钻孔位置、数量、孔径、深度、方向和渗水量等情况。利用排水设施引流至边墙排水管。

c. 隧道洞口基坑排水：采用井点降水法和深井降水法保持地下水位稳定在基底开挖线0.5m以下。

⑤承压水的排放：

a. 预计开挖工作面前方有承压水，应立即暂停掘进施工，采取措施，进行排水降压。采用超前钻孔或辅助坑道排水。

b. 超前钻孔及辅助坑道应保持10～30m的超前距离，最短亦应超前1～2倍掘进循环长度。

⑥高压涌水的处理：

a. 预测前方有高压涌水时，立即暂停掘进，采用钻孔排水的方法降低地下水的压力。

b. 封堵涌水注浆应先在周围注浆，切断水源，然后顶水注浆，将涌水堵住。

2.1.8.3 结构防、排水

(1)一般要求

①防排水材料应符合国家、行业标准，满足设计要求，并有出厂合格证明。

②必须采用防水混凝土，其施工配合比设计应符合下列规定：

a. 每立方米混凝土中水泥和矿物掺加总量不宜小于320kg。

b. 砂率宜为35%～45%。

c. 水灰比不得大于0.55。

d. 非泵送防水混凝土的坍落度不宜大于50mm。泵送防水混凝土的入泵坍落度宜为100～140mm。坍落度每小时的损失值不应大于30mm。

e. 掺加引气剂的混凝土含气量应控制为3%～5%。

f. 防水混凝土的缓凝时间宜为6～8h。

g. 抗渗性能试验：6个试件中有4个未出现最大水压值为合格。

③止水带和止水条采用背贴式、中埋式橡胶止水带和带注浆管膨胀止水条，埋设位置要准确、粘贴牢固平整。

(2)施工工序

结构防水和排水施工工艺如图2.1.8-2所示。

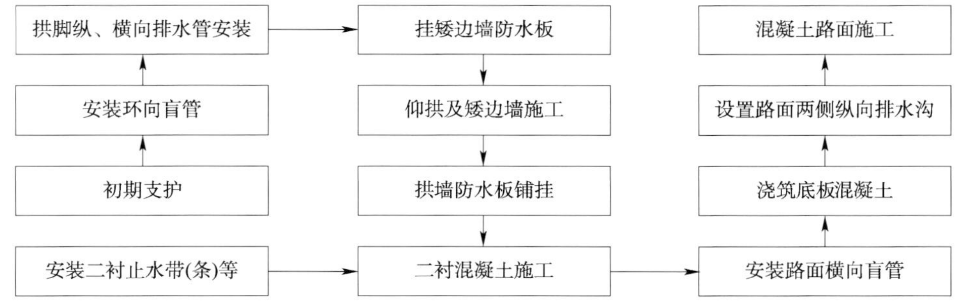

图2.1.8-2 结构防水与排水施工工序

(3)施工要点

①衬砌背后防排水。

a. 衬砌背后纵、环向盲管，中心排水管（沟）排水性能良好；横向排水管排水通畅。

b. 衬砌混凝土施工时，不得损坏防排水设施，确保各排水孔道连接顺畅，以形成通畅的排水体系。

c. 各管路连接采用变径三通方式，纵向排水管与三通接头连接应用土工布包裹；中心排水管和纵向排水管高程控制良好。

d. 各排水管材的规格、质量、安装间距、材质应符合设计和规范要求。

②防水板质量。

a. 防水板宜选用高分子材料，幅宽 2 ~ 4m，EVA 膜厚度不小于 1.5mm，并应符合设计要求，柔性好、耐久性好、耐刺穿性好。

b. 防水板铺设之前应检查是否有变色、波纹（厚薄不均）、斑点、刀痕、撕裂、小孔等缺陷，如果存在质量疑虑，应进行张拉试验、防水试验和焊缝张拉强度试验。

③防水板铺设。

a. 防水板铺设前检查。

ⓐ检查喷射混凝土表面无空鼓、裂缝、松酥、外漏锚杆头、钢筋头等能刺破防水板的物质。

ⓑ喷射混凝土平整度要求：$D/L \leqslant 1/6$，拱顶 $D/L \leqslant 1/8$，否则要进行基面处理。（L 为喷射混凝土相邻两凸面间的距离，D 为喷射混凝土相邻两凸面间凹进深度）。

ⓒ用隧道激光断面仪检查断面尺寸，复核中线位置和高程，确保衬砌厚度和净空满足规范和设计要求。

ⓓ防水板铺设应超前二衬施工 1 ~ 2 个衬砌段，形成铺挂段、检验段、二衬施工段的流水作业。

ⓔ基面明水提前采用盲管排入纵向排水盲管。

b. 防水板铺设前拼焊。

ⓐ根据隧道断面尺寸，裁剪单幅板材的长度（隧道环向长度的 1.1 ~ 1.2 倍）。宜将 2 幅板材首先在铺挂前拼焊。

ⓑ焊接一律采用双焊缝焊接，搭接宽度不得小于 10cm，单条焊缝的有效焊接宽度不得小于 1.25cm。EVA 膜与垫片进行热合时间不得少于 10s。

c. 防水板施工工序流程如图 2.1.8-3 所示。

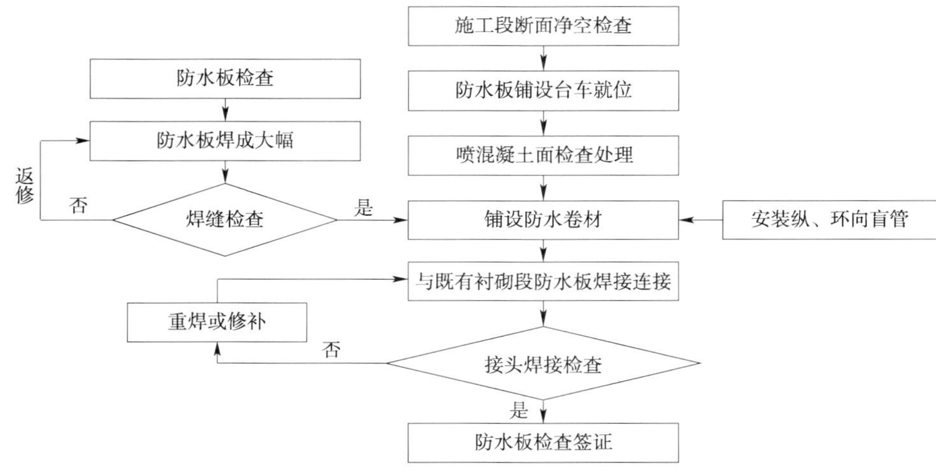

图 2.1.8-3　防水板施工工序流程

d. 防水板铺挂。

ⓐ工艺：基面清理→土工布垫层施工→塑料垫片施工→防水板铺挂。

ⓑ土工布垫层施工。铺设方法：在隧道拱顶纵中心线，使土工布垫层的横向中心线与喷射混凝土的纵向中心线相重合。土工布从拱顶部开始向两侧下垂铺设，用塑料胀管、木螺丝或射钉和塑料垫片将土工布固定在合格的喷射混凝土基面上。

ⓒ塑料垫片施工：用塑料胀管和木螺丝将塑料垫片压在土工布垫层上，间隔 50 ~ 150cm 矩形布置（拱顶 50cm，边墙 100cm，底板 150cm）。

ⓓ防水板铺设：剪裁卷材长度（要考虑搭接在底板上），然后与土工布垫层一样从拱顶部开始向两侧下垂铺设，边铺边热熔焊接。防水板铺挂松弛率要求：环向松弛率经验值一般取 10%，纵向松弛率一般取 6%。根据初期支护表面的平整程度适当调整，以保证浇筑混凝土时板面与喷混凝土面密贴。防水板接缝应避开变形缝或施工缝位置。

e. 防水层破损的检查。

ⓐ利用防水层接缝时留出的空腔做充气检查。

ⓑ检查方法：用 5 号注射针与压力表相接，用打气筒充气。充气时留出的空腔会鼓起来，当压力表达到 0.1 ~ 0.15MPa 时，停止充气。如果保持压力 1min 不下降，说明焊接质量良好；否则，用肥皂水涂在焊缝上，找出漏气之处，补焊，直到接缝不漏气为止。

ⓒ在防水层施工过程中，发现防水层破损处，必须立即做出明显的记号，以便逐个把破损处修补好。

f. 防水层破损修补的具体要求：

ⓐ补丁不得过小，离破损边沿不得小于 7cm。

ⓑ补丁要剪成圆形，边沿不能有正方形、长方形及三角形等的尖角。

④成品防护。

a. 当衬砌紧跟开挖时，衬砌前端的防水板要采取保护措施，防止爆破飞石损伤防水板。

b. 开挖、铺挂防水板、衬砌三者平行作业时，铺设防水层地段距开挖面不应小于一个爆破安全距离，并在施工中采取措施，保护铺挂成形的防水板。

c. 绑扎钢筋时，防止钢筋损伤防水板；焊接钢筋时在焊接作业与防水板之间增挂防护板。

d. 防水层安装后严禁在其上凿眼打孔。

e. 在浇筑二次衬砌混凝土前，应检查防水层铺设质量和焊接质量，如发现有破损情况，及时处理。振捣混凝土时，振捣棒不得接触防水板。

（4）止水带和止水条。

①止水带。

a. 止水带埋设位置准确，其中间空心圆环应与变形缝的中心线重合；止水带定位时，应使其在界面部位保持平展，防止止水带翻滚、扭结，如发现有扭结不展现象应及时进行调整。在固定止水带和浇筑混凝土过程中应防止止水带偏移，以免单侧缩短，影响止水效果。可采用定位钢筋定位。

b. 止水带先施工一侧的混凝土时，其端头模板应支撑牢固，严防漏浆。

c. 接头应连接牢固，接头宜设置在距铺底面不小于 300mm 的边墙上。

d. 隧道断面变化处或转角处的阴角应抹成半径不小于 50mm 的圆弧，橡胶止水带的转角半径不应小于 200mm，钢片止水带不应小于 300mm，且转角半径应随止水带的宽度增大而相应加大。

e. 不得在止水带上穿孔打洞固定止水带。在固定止水带和灌筑混凝土过程中应注意保护止水带不被钉子、钢筋和石子等刺破。如发现有刺破、割裂现象,必须及时修补。

f. 宜加强混凝土振捣控制,排除止水带底部气泡和空隙,使止水带和混凝土紧密结合,且应注意防止振捣造成止水带偏位或破损。

g. 止水带的长度应根据施工需要事先向生产厂家定制,尽量避免接头。如确需接头,应连接牢固。根据止水带材质和止水部位不同可采用不同的接头方法。橡胶止水带的接头形式应采用搭接或复合接,塑料止水带的接头形式应采用搭接或对接。止水带的搭接宽度不应小于100mm,冷粘或焊接的缝宽不应小于50mm。

h. 变形缝处止水带应采用背贴式。

②止水条。

a. 止水条宜选用制品型遇水膨胀止水条。

b. 止水条必须在上环二衬混凝土浇筑时预埋,并嵌入2cm。必要时用胶黏结或钢钉固定,下环混凝土施工时将其固定后,方可浇筑下一环混凝土。

c. 确保止水条位置准确,固定牢固,在下环混凝土浇筑前禁止被水浸泡。

d. 明洞位置不宜采用止水条。

(5)施工缝的处理

①混凝土应连续浇筑,原则上不留纵向施工缝。如确实留有施工缝应采用手持式凿毛机进行凿毛,并清理干净。

②水平施工缝:墙体水平施工缝宜设置在高出铺底面不小于300mm的墙体上。拱墙结合的水平施工缝,宜设置在拱墙连接线以下150~300mm处。

③垂直施工缝:垂直施工缝施工时,应将其表面浮浆和杂物清除。刷不低于结构混凝土强度等级的净浆或涂混凝土界面处理剂,及时浇筑混凝土。端头模板应支撑牢固,严防漏浆。端头应埋设涂有脱模剂的楔形硬木条,形成预留浅槽,其槽应平直,槽宽比止水条宽1~2mm,槽深为止水条厚的1/3~1/2,将遇水膨胀止水条牢固地安装在预留浅槽内。

④根据二衬台车、矮边墙和仰拱等的各自长度,设置施工缝。

⑤施工缝应水平或垂直,并用模板或其他措施,形成预定的形状,以保证与后续工程紧密连接。

(6)变形缝的处置

变形缝应满足密封防水、适应变形、施工方便、检修容易等要求,变形缝的施工应注意:

①沉降变形缝的最大允许沉降差值应符合设计规定,设计无规定时,不应大于30mm。当计算沉降差值大于30mm时,应采取特殊措施。

②沉降变形缝的宽度宜为20~30mm,伸缩变形缝的宽度宜小于此值。

③变形缝处的混凝土结构厚度不应小于300mm。

④变形缝底应设置与嵌缝材料无黏结力的背衬材料或遇水膨胀止水条。

2.1.8.4 质量问题预防及处理措施

(1)防水层

①防水层破损。

a. 形成原因:

ⓐ喷射混凝土基面处理不符合要求,存在钢筋头、凸出的管件等尖锐突出物,刺破防

水层。

ⓑ爆破飞石砸破或电焊烧伤防水层。

b. 预防及处理措施：

ⓐ铺挂防水层前，对基面进行认真检查，在确认基面外露的钢筋、尖锐突出物处理完毕并用砂浆抹平后，方可铺挂。

ⓑ开挖和衬砌作业要防止损坏防水层，当衬砌紧跟开挖时，衬砌前端的防水层要采取保护措施，防止爆破飞石砸破防水层。

ⓒ衬砌钢筋的安装、焊接，各种预埋件的设置，挡头板的安装，混凝土输送管道的就位以及浇筑混凝土等作业时，应小心谨慎或采取适当措施，避免出现撞破、刺穿或烧伤防水层的现象。

ⓓ如发现防水层存在破损情况，应及时进行修补。

②防水层存在空缝、气泡现象。

a. 形成原因：防水层焊接或黏接不牢，质量不过关或黏接（焊接）操作不当，致使黏接（或焊接）存在假缝、漏焊等现象。

b. 预防及处理措施：

ⓐ严格按防水层操作工艺进行操作，接合前应将待接的两块防水层接头擦净、对齐，并保证搭接长度，采用热合焊接时应严格控制焊接温度、焊机行走速度，保持焊机与焊缝良好接触、行走平稳。

ⓑ应加强检查，对个别漏接、漏焊处及时补接，补焊时尽量避免防水层的接头处折皱。

③防水层与喷射混凝土基面未密贴、出现紧绷现象或松弛度过大。

a. 形成原因：

ⓐ初期支护表面存在的凹坑未进行补平处理。

ⓑ防水层吊环间距过大。

b. 预防及处理措施：

ⓐ衬砌前应将紧绷处一定范围内的防水层拆除，更换大面积的防水层后重新接合；或将紧绷处防水层割开，增加一块防水层并黏接成整体。

ⓑ铺挂防水层前应根据喷射混凝土表面平整程度确定防水板固定点间距，尽量均匀布置，初期支护混凝土平整度较差时应适当调整。

（2）止水带

①与混凝土结合不密贴。

a. 形成原因：止水带周围混凝土振捣不密实，混凝土凝固后产生收缩。

b. 预防及处理措施：在浇筑混凝土时加强接缝混凝土的振捣，确保止水带与混凝土结合密贴、无空隙。

②止水带偏位。

a. 形成原因：安装止水带定位不准、钢筋卡固定不牢、衬砌挡头板跑模或混凝土振捣不均。

b. 预防及处理措施：

ⓐ在止水带安装时要严格执行规定的安装工艺。

ⓑ衬砌端头混凝土浇筑时，止水带两侧混凝土应均匀灌入，防止混凝土过分偏压造成止水带偏斜，同时注意均匀振捣。

ⓒ挡头板拆除后，应将外露的一半止水带掰直掰正，用钢筋卡卡紧后进入下一环衬砌施工。

(3)排水

①衬砌背后排水不畅。

a. 形成原因：

ⓐ环向排水管未接至纵向盲管，或基面渗水量较大未布设环向排水盲管。

ⓑ纵向排水盲管与横向排水管(泄水孔)未接通。

ⓒ横向排水管(泄水孔)堵塞。

b. 预防及处理措施：

ⓐ基面渗水量较大处，布设排水盲管集中引排水。

ⓑ环向和纵向排水管，纵向和横向排水管之间接头要连接牢固、密封，可采用三通连接。

ⓒ横向排水管(泄水孔)应设置不小于2%的流水横坡，并经常疏通。

②路面渗水或冒水。

a. 形成原因：路面底排水盲管堵塞或与隧道内排水沟、隧底盲沟连接不畅。

b. 预防及处理措施：

ⓐ路面底排水沟施工时不能堵塞，路面底排水盲沟必须外裹渗滤布，防止路面基层或面层施工时，水泥浆液渗入，堵塞排水通道。

ⓑ隧道内排水沟施工时，不能堵塞路面底排水盲沟的出水口。

2.1.8.5 防排水质量要求

隧道结构防排水工程、防水板、止水带、隧道施工防排水工程实测项目及外观鉴定按照《公路工程质量检验评定标准》(JTG F80/1—2004)隧道的相关要求执行。

2.1.8.6 安全施工

①在集水井周边设置安全护栏，并悬挂密目式安全立网。

②在防水板铺设台车周边设置安全护栏，底部设置兜底安全平网。

2.1.9 二次衬砌

2.1.9.1 一般规定

①二衬作业区的防水层，纵向、环向排水管等验收合格。

②二衬采用衬砌台车工艺浇筑混凝土，并执行隧道二衬台车验收准入制度。

③二衬施工前必须对初期支护断面进行测量，对不符合要求的部位应进行处理。

④对施作防水层时记录下的渗水严重(或渗水对二衬结构有侵蚀)部位，应按设计要求重点做好防水或防侵蚀工作，需要变更的做好变更工作。

⑤为确保隧道的净空轮廓线及衬砌厚度，衬砌时应预留沉降量。

⑥预埋件、预留洞室的位置和尺寸必须符合设计。

⑦衬砌断面级别应和初期支护级别相一致，衬砌时围岩较差地段向围岩较好地段延伸，延伸长度为5m。

⑧衬砌完成后，组织检查衬砌施工质量，重点检查衬砌厚度、钢筋保护层厚度、背后空洞。

⑨继续做好监控量测工作。

2.1.9.2 二衬施作时机的确定

①二次衬砌应在围岩和初期支护变形基本稳定后施作，变形稳定符合以下条件：

a. 各测试项目的位移速率明显收敛，围岩基本稳定。

b. 已产生的各项位移已达预计总变形量的 80% ~90%。

②二次衬砌距掌子面的距离符合设计和规范要求，一般情况不大于 150m，软弱地段应紧跟掌子面。

2.1.9.3 配合比设计

(1)性能要求

①各种原材料及外加剂满足规范和设计要求。水泥强度等级不低于 42.5 级，水灰比不大于 0.55，最小水泥用量不少于 $300kg/m^3$，拱顶封顶部位不少于 $350kg/m^3$。拌制混凝土拌和物时，水泥质量偏差不超过 ±2%，集料质量偏差不超过 ±5%，水及加气剂质量偏差不超过 ±2%，但严禁使用早强水泥。

②混凝土应流动性好、坍落度衰减慢、干缩性小、初凝时间相对较长、终凝时间相对较短，满足泵送混凝土施工要求，满足抗渗性、抗裂性要求。

③混凝土水化热低且水化热高峰值发生在混凝土达到一定强度之后，以承受由于水化热产生的温度应力。

④混凝土有早强性能，特别是拱肩部位，以利于模板早拆，满足衬砌快速施工需要。

(2)配合比设计要求

①配合比根据原材料质量及设计混凝土所要求的强度、抗渗指标、施工和易性、凝固时间、运输灌注和环境温度条件通过试配确定，推荐采用“双掺”技术，即掺加外加剂和外掺料。同时应设计微膨胀混凝土的配合比，以补偿混凝土收缩使拱顶与围岩之间产生的裂隙。

②根据混凝土浇筑部位的不同选择适宜的坍落度，墙部混凝土坍落度宜小，拱部混凝土坍落度宜大。在保证混凝土可泵性的情况下，宜尽量减小混凝土的坍落度，并提高混凝土的和易性、保水性，避免混凝土泌水。但是禁止通过调整用水量改变混凝土的坍落度。

③配合比设计及混凝土施工时应采取措施，以减少反弧部位混凝土气泡、麻面等质量通病的发生。

2.1.9.4 施工工序

二次衬砌施工工艺流程如图 2.1.9-1 所示。

2.1.9.5 衬砌模板台车

(1)一般要求

①采用全液压自行式衬砌台车，结构尺寸准确，各种伸缩构件、液压系统、电气控制系统运行良好，支撑结构设置合理，并有闭锁装置。

②台车应具有足够的强度、刚度、稳定性和抗上浮能力，具有承受所浇筑混凝土的重力、侧压力及施工中产生的各项荷载的能力。

③衬砌台车应能保证多次重复使用不变形，面板钢板厚不小于 10mm。三车道台车面板钢板厚应不小于 12mm，外弧模板每块钢板宽度应大于 1.5m，两车道台车每延米质量应不小于 6.8t，三车道台车每延米质量应不小于 8.5t。

④应在 3m、5.3m、拱顶处设置作业窗口，作业窗口间距纵向不宜大于 3m，横向不宜大于 2.5m，窗口尺寸为 50cm × 50cm，且应整齐划一；作业窗口周边应加强，防止周边变形，窗门应平整、严密、不漏浆。

⑤台车的长度根据隧道的平面曲线半径、纵坡合理选择，长度一般为 8 ~ 12m，对曲线半径小于 1200m 的台车长度不应大于 9m。

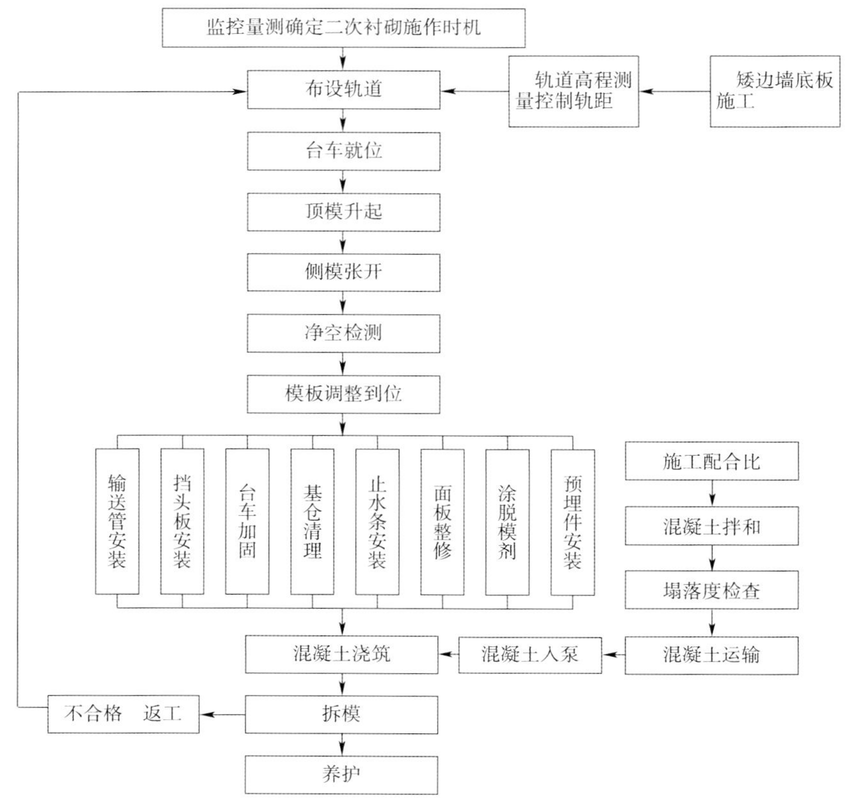

图 2.1.9-1　二次衬砌施工工艺流程

⑥模板支撑桁架门下净空满足各种施工设备通行要求，桁架各层平台的高度满足工人安管、混凝土振捣等作业要求。

⑦衬砌台车必须在工厂制造、现场拼装，拼装完毕后，对模板表面彻底打磨，清除锈斑；对模板板块拼缝进行焊联并将焊缝打磨平整；做好涂油防锈工作。

⑧衬砌台车在隧道开挖前必须进场，连拱隧道、小净距隧道一端必须要有两部衬砌台车，以确保左右线开挖、二衬的合理布局，确保结构安全。加宽段落必须专门配备加宽衬砌台车，其结构如图 2.1.9-2 所示。

(2)台车调试

①测量台车各结构尺寸，做到台车模板尺寸与隧道的衬砌结构尺寸相符合(考虑沉降量)。应检查台车两端断面尺寸的一致性，避免形成“喇叭口”，造成两模混凝土错台。

②二衬台车现场拼装完成后，必须在轨道上往返行走 3 ~5 次后，再次紧固螺栓，并对部分连接部位加强焊接以提高其整体性。

③每施作衬砌 500 ~600m，台车应全面校验调试一次，校验可在隧道加宽带进行。

④由监理工程师组织成立专门的审批验收小组，对每座隧道的二衬台车进行逐一检查验收。

2.1.9.6　施工要点

(1)矮边墙、底板

①矮边墙与二衬同时浇筑时，二衬台车下应增加矮边墙模板，并对底板混凝土接触面进行凿毛，凿毛采用机械凿毛(手持凿毛机)。

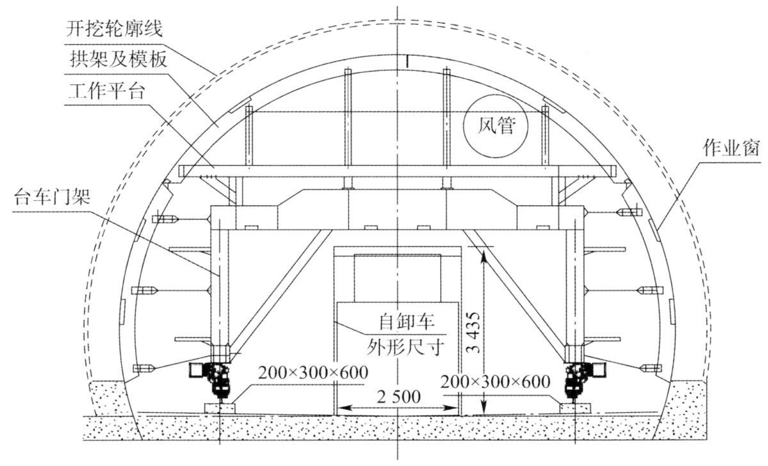

a)二次衬砌模板台车正立面

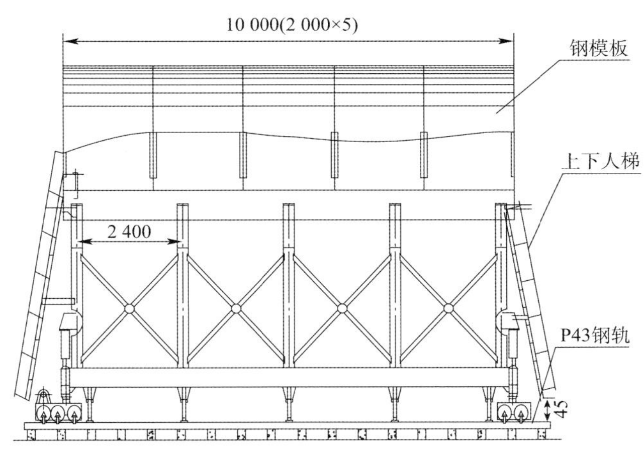

b)二次衬砌模板台车侧立面

图 2.1.9-2　整体钢模衬砌台车结构(尺寸单位:mm)

②衬砌台车模板底部距垫层顶面 20 ~ 30cm,浇筑二衬混凝土时,采用活动模板支挡,保证密闭不漏浆。拆模时先拆底部活动模板,然后台车模板整体脱模。

③对设计有二衬钢筋的段落,预埋的接地扁铁应与钢筋焊接,无衬砌钢筋的应尽量与锚杆头进行焊接,以确保接地电阻满足设计要求。

④按设计要求布设纵向透水盲管及其与沉砂井的连接管,预留环向软式透水盲管和防水板接头,设置预埋件和预留洞室等。

⑤施工前应清理好仰拱填充混凝土顶面。

(2)预留洞室和预埋件

①预留洞室模板及预埋件在钢筋混凝土衬砌地段,宜固定在钢筋骨架上;在无钢筋衬砌地段采取在衬砌台车模板上钻孔,用螺栓固定。

②预留洞室模板宜采用钢模,承托上部混凝土重量时应加强支撑。

(3)衬砌钢筋

满足本指南“路基、路面、桥梁工程”钢筋加工、焊接、安装的相关要求外,还应满足以下要求:

①钢筋集中加工、统一配送。

②环向钢筋必须按设计轮廓线进行放大样，以隧道实测断面作参考。

③钢筋安装要求。

a. 横向钢筋与纵向钢筋的每个节点均必须进行绑扎或焊接。

b. 钢筋焊接搭接长度应满足设计及规范要求，受力主筋的搭接应采用焊接，焊接搭接长度及焊缝应满足规范要求。

c. 相邻主筋搭接位置应错开，错开距离不应小于1000mm。

d. 同一受力钢筋的两个搭接距离不应小于1500mm。

e. 箍筋连接点应在纵横向筋的交叉连接处，必须进行绑扎或焊接。

f. 钢筋其他的连接方式应符合相关规范的规定。

g. 安装钢筋时，钢筋长度、间距、位置、保护层厚度应满足设计要求。

④为确保二衬钢筋定位准确、钢筋保护层厚度符合要求，采取的措施有：

a. 先由测量人员用坐标放样，在调平层及拱顶防水层上定出自制台车范围内前后两根钢筋的中心点，确定好法线方向，确保定位钢筋的垂直度及与仰拱预留钢筋连接的准确度。钢筋绑扎的垂直度采用三点吊垂球的方法确定。

b. 用水准仪测量调平层上定位钢筋中心点高程，推算出该里程处圆心与调平层上中心点的高差，采用自制三脚架定出圆心位置。

c. 圆心确定后，采用尺量的方法检验定位钢筋的尺寸是否满足设计要求，对不满足要求的位置重新调整，全部符合要求后固定钢筋。钢筋固定采用自制台车，二衬钢筋间距由钢管焊接的可调整的支撑杆控制。

d. 定位钢筋固定好后，根据设计钢筋间距，在支撑杆上用粉笔标出环向主筋布设位置，然后开始绑扎此段范围内钢筋。各钢筋交叉处均应绑扎。

e. 钢筋保护层应全部采用混凝土垫块控制，不得使用塑料垫块。

f. 要求主筋纵向间距、分布筋环向间距、内外层间距、保护层厚度均应符合设计要求。

g. 预埋钢筋位置应符合设计，且钢筋必须纵向成直线顺直、竖向垂直，间距均匀；外露尺寸满足连接要求。

(4)台车就位

①防水板、排水盲管、衬砌钢筋、预埋件等隐蔽工程在台车模板就位前应验收合格。

②采用五点定位法，即以衬砌圆心为原点建立平面坐标系，通过控制顶模中心点、顶模与侧模的铰接点、侧模的底脚点来精确控制台车就位。曲线隧道应考虑内外弧长差引起的左右侧搭接长度的变化，以使弧线圆顺，减少接缝错台。

③衬砌台车驾驶员必须经培训合格后方可进行台车操作，对控制面板、油路、顶缸等重要部件随时加强维修保养，保证台车正常作业。

④台车模板与混凝土搭接长度应不小于10cm，曲线路段按照内侧控制，台车各节点连接牢固、位置准确、系统运行良好。

⑤施工前特别检查支撑是否到位牢固、是否与混凝土结合紧密，防止漏浆。禁止采用塑编袋等非专用材料塞缝。

(5)安装挡头模板、止水条(止水带)

①根据衬砌厚度制作台车端部挡头模板，宜采用质地良好的木板，其单片宽度不宜小于300mm，厚度不小于30mm。

②挡头模板结构应能保证衬砌环接缝榫接，以保证接头处质量，增强其止水功能。

③挡头板应定位准确、安装牢固，顶部应留有观察小窗口，以观察封顶混凝土浇筑情况。

④止水条（止水带）等安装见本书 2.1.8 防水与排水的相应内容。

（6）二衬混凝土

①浇筑二衬混凝土前应重点检查下列内容：

a. 输送泵接头是否密闭，机械运转是否正常，基仓清理是否干净。

b. 输送管道布置是否合理，接头是否可靠。

c. 施工缝是否经过适当处理。

d. 脱模剂是否涂刷均匀。

②混凝土浇筑时，做到以下几点：

a. 混凝土拌制前，根据砂石含水率的测定结果调整用水量，实现理论配合比向施工配合比的转换。

b. 拌制混凝土时，水泥质量偏差不得超过 ±1%，集料质量偏差不得超过 ±2%，水及外加剂质量偏差不得超过 ±1%。

c. 混凝土浇筑前，必须将矮边墙凿毛，并采用手持凿毛机凿毛。

d. 泵送混凝土前应采用按设计配合比拌制的水泥浆润滑管道。

e. 混凝土应采用混凝土搅拌运输车运输，确保在运送过程中不产生离析、撒落及混入杂物。

f. 混凝土直接入泵仓，输送管尾端设软管控制管口与浇筑面的垂距，混凝土不得直冲防水板板面或台车模板板面流至浇筑位置，垂距应控制在 1.5m 以内；禁止采用振捣棒输送混凝土，以防混凝土离析。

g. 混凝土由下至上、左右交替、从两侧向拱顶对称浇筑。每层浇筑高度、方向应根据搅拌能力、运输距离、灌筑速度、洞内气温和振捣等因素确定。为防止浇筑时两侧侧压力偏差过大造成台车移位，两侧混凝土浇筑面高差宜控制在 50cm 以内，同时应合理控制混凝土浇筑速度。

h. 施工过程中，输送泵应连续运转，泵送连续浇筑，宜避免停歇造成“冷缝”，间歇时间超过规范要求时，按施工缝处理。

i. 当混凝土浇至作业窗下 50cm，作业窗关闭前，应将窗口附近的混凝土浆液残渣及其他杂物清理干净，涂刷脱模剂，将其关紧，防止窗口部位混凝土表面出现凹凸不平甚至漏浆现象。

j. 隧道衬砌起拱线以下的反弧部位是混凝土浇筑作业的难点部位，应对混凝土性能、坍落度及捣固方法进行有效控制，以减少反弧段气泡，有效改善衬砌混凝土表面质量。

k. 混凝土的入模温度，在冬季施工时不应低于 5℃，夏季施工时不应高于 32℃。

l. 混凝土应采用振动器振捣密实，并应采取确实可靠的措施确保混凝土密实。振捣时，不得使模板、钢筋、防排水设施、预埋件等移位。

m. 拱部混凝土衬砌浇筑时，应在拱顶预留注浆孔，注浆孔间距应不大于 3m，且每模板台车范围内的预留孔不少于 4 个。拱顶注浆填充，宜在衬砌混凝土强度达到 100% 后进行，注入砂浆的强度等级应满足设计要求，注浆压力应控制在 0.1MPa 以内。

n. 封顶采用顶模中心封顶器接输送管，采用补偿型混凝土，逐渐压注混凝土封顶。当挡头板上观察孔有浆溢出时，标志着封顶完成。

o. 每板二衬混凝土浇筑完成时，应制作二组拆模用混凝土试件；及时清理场地的废弃混凝土及垃圾，保持施工现场整洁。

(7)拆模

①根据混凝土试件强度试验，确定拆模时间。不承受外荷载的拱、墙，混凝土强度应达到 5MPa 以上时拆模。

②当衬砌施作时间提前，拱、墙承受有围岩压力及封顶和封口的混凝土强度应满足设计要求时，一般应在混凝土强度达到设计强度 70% 以上后拆模。

(8)养生

①在拆模前用高压水冲洗模板外表面，拆模后喷淋混凝土表面，以降低水化热，在冬季施工时，应做好衬砌的防寒保温工作，养护温度不得低于 5℃。

②养生时间要求：洞口 100m 养护期不少于 14d，洞身养护不少于 7d，对已贯通的隧道一般养护期不少于 14d。

(9)缺陷处理

拆模时，监理工程师必须旁站；若发现缺陷，不得擅自修补，须经监理工程师批准后方可进行处理。

(10)特殊洞室要求

①紧急停车带。

a. 紧急停车带及洞身衬砌截面变化段，应制订专项施工方案。

b. 紧急停车带衬砌两端与洞身衬砌应圆顺平整连接。

c. 紧急停车带应布置在同一级别围岩地层中。开挖过程中，若发现不在同一级别围岩时，应及时报告监理工程师。

②车行、人行横洞。

a. 车行、人行横洞与主洞交叉段的衬砌，应制订专项施工方案。

b. 车行、人行横洞应与主洞同时进行衬砌。

c. 对车行横洞、人行横洞等特殊洞室，采用移动式模架拼装模板施工。边墙基础应与边墙一次浇筑完成，分次浇筑时应处理好接缝。

③交叉段的钢筋应相互连接良好，绑扎牢固使之成为整体。交叉段衬砌混凝土应连续浇筑，不得中断。

④拱、墙模板拱架的间距，应根据衬砌地段的围岩情况、隧道宽度、衬砌厚度及模板长度确定。架设拱、墙支架和安装模板时，应位置准确、连接牢同、严防移位。围岩压力较大时，拱架、墙架应增设支撑或缩小间距。

⑤移动式模架或拼装模板重复使用时，应注意检查，如有变形应及时修整。在拱架外缘应采用径向支撑与围岩顶紧，以防混凝土浇筑时拱架变形、移位。拱架、支架应与隧道中线垂直方向架设。拱架的螺栓、拉杆、斜撑等应安装齐全。拱架(包括模板)高程应预留沉落量。施工中应随时测量、调整。

2.1.9.7　质量问题预防及处理措施

(1)衬砌混凝土厚度不足

①原因分析：

a. 隧道开挖成型差，衬砌混凝土厚度严重不均匀；欠挖或初期支护侵入衬砌限界。

b. 个别隧道衬砌混凝土背后存在脱空现象。

②预防措施:提高钻眼技术水平,优化钻爆参数,提高光面爆破效果,加强隧道开挖断面检测,严格控制欠挖。加强衬砌混凝土浇筑过程检查和控制,避免混凝土背后土出现脱光现象。

(2)超设计荷载承受围岩压力

①原因分析:未开展监控量测工作,仅凭经验来确定二次衬砌的施作时间,安全可靠性差,造成二次衬砌超设计荷载承受围岩压力。

②预防措施:二次衬砌施作时机,应在围岩和初期支护变形基本稳定时进行。当围岩变形较大、流变特性明显,需提前进行二次衬砌时,必须对初期支护或衬砌结构进行加强。

(3)混凝土水灰比过大

①原因分析:

a. 混凝土配料时原材料计量误差大,外加剂的掺加随意性大,没有根据砂、石料的实际含水率及时调整施工用水量。

b. 在混凝土运输及泵送过程中加水。

②预防措施:

a. 严格按施工配料单计量,定期检查校正计量装置。加强砂石料含水率检测,及时调整拌和用水量。

b. 混凝土在运输和泵送过程中严禁加水。如混凝土坍落度不能满足施工,应由试验室提供调整配比,改善混凝土工作性能。

(4)混凝土均质性差、产生麻面

①原因分析:主要是采用整体式钢模板台车施工,混凝土浇筑时不振捣或漏振所造成。

②预防措施:

a. 适当放慢浇筑速度,两侧边墙对称分层灌注,在墙、拱交界处停1~1.5h,待边墙混凝土下沉稳定后,再灌注拱部混凝土。

b. 混凝土灌注过程中必须振捣,提高混凝土的密实度和均质性,减少内部微裂缝和气孔,提高抗裂性。

c. 蜂窝麻面的产生主要是振捣问题,施工前应做好操作交底,浇筑的混凝土用插入式振动器振实,振动器应快插慢拔,每个插点的振捣时间应该适宜,须控制在20~30s。以混凝土不再显著下沉,泛起的水泥浆无气泡为准。

d. 漏浆也是混凝土蜂窝麻面产生的主要原因,要求模板施工时要严格控制空隙、孔洞,防止漏浆。

e. 使用振动棒时要避免振捣棒碰撞钢筋和预埋件,混凝土的浇筑厚度应控制在500mm以内。

(5)产生裂缝

①原因分析:

a. 盲目追求施工进度,随意提前脱模时间,使低强度混凝土过量承受荷载,破坏了混凝土结构。脱模后对混凝土没有进行潮湿养护。

b. 夏季施工时砂、石料露天堆放,无切实有效的降温措施,使混凝土拌和料入模温度高。冬期施工时采取的防寒保温措施不力。

c. 原材料质量差、配合比设计不合理。

ⓐ水泥品种选择不当,安定性不好,不同批次的水泥混用;碎石、砂级配差,含泥量超标,

碎石中石粉含量大,针、片状物过多。

ⓑ进行配合比设计时,水泥用量过多,掺和料和外加剂的选用不当。

d. 钢筋网、钢架与岩面不密贴。

e. 拱脚坐到了浮渣上,未置于稳定的地层上。

②预防措施:

a. 把好材料进场关,严格控制原材料的质量和技术标准。

b. 混凝土的拌和。控制混凝土的入模温度。夏季施工时,尽量安排在夜间浇筑混凝土。

c. 混凝土的脱模、养护。

ⓐ混凝土拆模时的强度必须符合设计或规范要求、严禁未经试验人员同意提前脱模,脱模时不得损伤混凝土。

ⓑ必须及时喷水养生。

d. 钢筋网、钢架要与岩面密贴,整体受力。

e. 拱脚处的浮渣必须彻底清除,置于稳定的地层上。

2.1.9.8　质量要求

(1)9.8.1　外观质量

①衬砌轮廓线条平顺美观,无跑模、露筋现象,混凝土颜色均匀一致,确保无气泡、无色差、无渗漏。

②混凝土无因施工养护不当而产生的裂缝。

(2)二衬质量检测

①二衬和仰拱必须适时实行检测。对检查不合格的项目,承包人必须进行返工整改。

②二次衬砌检测项目见表2.1.9-1。

隧道二衬质量检测结果　　表2.1.9-1

测段	桩号	探测位置	二衬钢筋		二衬混凝土厚度(mm)			背后空洞情况	备注
			实测	设计	最大	最小	设计		
1		拱顶							
2									
3									
4		左拱腰							
5									
6									
7		右拱腰							
8									
9									

(3)预留洞室质量

预留洞室尺寸要符合设计,棱角整齐,外观质量好。

(4)拱顶预留接线盒质量

拱顶预留接线盒的位置要准确,电缆钢管要安放在两层钢筋的中间,其平面线形要与隧道的线形一致。

2.1.9.9　安全施工

①台车上下行通道应满铺木板,并设安全网兜底;作业平台临边设置安全护栏。

②台车下方通道应满足洞内通车要求,内轮廓要设置警示灯。

③衬砌作业段两端20m,设置行车限速警示牌。

④衬砌台车安装、拆除时应设置警戒区,警戒区边缘设置警戒隔离绳和警示牌。

⑤衬砌台车安装配电箱必须上锁,由专人管理使用;必须使用漏电保护器开关。

2.1.10 路面及附属工程

2.1.10.1 路面

(1)一般要求

①隧道路面施工过程中,隧道内必须保持良好通风,并设置满足施工需要的照明系统。应选用带净化装置的柴油动力机械,汽油动力机械不宜进洞。

②隧道水泥路面施工应由专业化队伍进行施工,选用满足施工要求的配套机械设备,形成流水线作业。

③混凝土路面正式施工前,应铺筑混凝土试验段以确定施工工艺参数,试验段长度宜为150~200m。水泥混凝土路面侧模必须采用槽钢进行施工。

④水泥混凝土路面应根据施工组织设计连续浇筑。在浇筑过程中,应使已铺设路面地段的修整、防护、养生等作业,得以正常进行。水泥混凝土路面强度未达到规范或设计要求前,不得开放交通。

⑤水泥混凝土路面配合比必须同时满足三项技术要求:弯拉强度、工作性和耐久性。

⑥隧道水泥混凝土路面高程按比设计高程高10mm施作,采用精铣刨机铣刨10mm,保证路面平整和粗糙度。

(2)施工工序

隧道路面施工工序如图2.1.10-1所示。

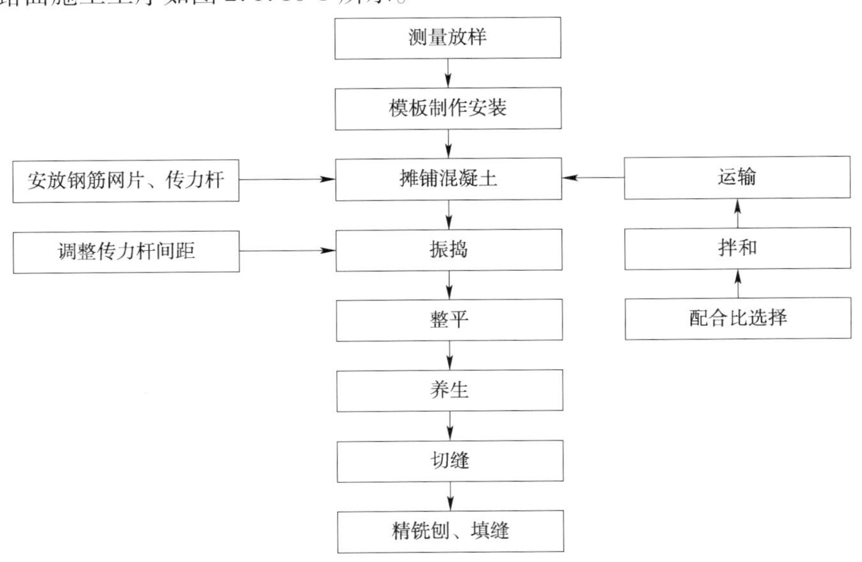

图2.1.10-1 隧道路面施工工序

(3)机械配备

①路面铺筑采用三辊轴机组施工。板厚200mm以上宜采用直径168mm的辊轴,轴长宜比路面宽度长处600~1200mm。振动轴的转速不宜大于380r/min。

②主要设备配置如表 2.1.10-1 所示。

机械设备配置 表 2.1.10-1

工作内容	主要施工机械设备	
	名称	备注
钢筋加工	钢筋切断机、折弯机、电焊机	
测量放样	水准仪、全站仪	
混凝土拌和	强制式混凝土拌和楼	≥75(m^3/h)
	装载机	$3m^3$
	发电机	≥120kW
	供水泵和蓄水池	≥$250m^3$
运输	混凝土运输车	6~$12m^3$
摊铺	三辊轴机组	
抗滑	精铣刨机	
切缝	软锯缝机	
	常规切缝机或支架锯缝机	
	移动发电机	
磨平	水磨石磨机	处理局部不平整部位
灌缝	灌缝机或插胶条工具	
养生	压力式喷洒机或喷雾器	
	工地运输车	4~6t

(4)模板的技术要求

①模板应采用刚度足够的槽钢、轨模或钢制边侧模。模板高度应为面板设计厚度,模板长度宜为3~5m。需设置拉杆时,模板设置拉杆插入孔。每米模板应设置1处支撑固定装置。模板的垂直度用垫木楔方法调整。

②横向施工缝端模板应按设计规定的传力杆直径和间距设置传力杆插入孔和定位套管。两边缘传力杆到自由边距离不宜小于150mm。每米设置1个垂直固定孔套。

③模板或轨模数量应根据施工进度和施工气温确定,并应满足施工周转需求。一般情况下数量不宜少于3~5d进度需要。

(5)模板安装

①支模前在基层上应进行模板安装的测量放样,画线标示安装位置。每20m应设中心桩,每100m宜布设临时水准点,核对路面高程、面板分块、胀缝和构造物位置。测量放样的质量要求和允许偏差应符合规范的规定。

②纵横曲线路段应采用短模板,每块模板中点应安装在曲线切点上。

③模板应安装稳固、顺直、平整,无扭曲。相邻模板间采用螺栓连接,接头连接应紧密,底部空隙用砂浆补平封闭,不得有底部漏浆、前后错茬高低错台等现象。模板侧面每米采用地锚1处固定,保证模板能承受摊铺、振捣、整平设备的负载,行进、冲击和振动时不发生移位。严禁在基层上挖槽,嵌入式安装模板。

④与混凝土拌和料接触的表面应涂脱模剂或隔离剂,接头应粘贴胶带或塑料薄膜等密封。

⑤模板安装完成后,应对立模的平面位置、高程、横坡、相邻板高差等参数进行全面检查。

⑥模板的检验、安装完成后,应经过测量人员检验合格后,方可进行下道工序。

(6)模板拆除及矫正

①混凝土的抗压强度不小于8.0MPa方可拆模。当缺乏强度实测数据时，边侧模的允许最早拆模时间宜符合规范规定。达不到要求，不能拆除端模时，可空出一块面板，重新起头摊铺，空出的面板待两端均可拆模后再补做。

②拆模不得损坏板边、板角和传力杆、拉杆周围的混凝土，也不得造成传力杆和拉杆松动或变形。模板拆卸宜使用专用拨楔工具，严禁使用大锤强击拆卸模板。

③拆下的模板应将黏附的砂浆清除干净，并矫正变形或局部损坏部位。

（7）施工要点

①基底处理：

a.路面施工前对底板的几何尺寸、高程、纵横向坡度进行全面检查。

b.表面冲洗干净、不积水，排水系统良好。

c.对产生纵横向断裂、挤碎、隆起、碾坏或大面积高程偏高而影响路面厚度的部位，进行挖除；局部小面积高程偏高影响路面厚度时，采取凿除处理，确保面板厚度。

②混凝土摊铺：

a.混凝土摊铺前，基层表面用高压风将杂物清扫干净，并洒水湿润，但不得积水。

b.根据试验段确定的数据准确控制摊铺厚度和行车速度。布料车辆必须由专人指挥。

③混凝土振捣：

a.插入式振捣棒每次移动距离不宜超过振捣棒有效作用半径的1.5倍，且不得大于500mm，振捣时间宜为15～30s，避免触及模板和钢筋。

b.振捣作业应缓慢匀速，保证拌和物表面不再冒气泡并泛出水泥浆为准。

c.不密实地段辅以平面振捣器振捣，保证混凝土密实。

④整平：

a.利用三辊轴进行提浆和整平，设专人及时处理轴前料位的高低情况，避免出现轴下间隙，保证混凝土表面平整。

b.采用横向通长的铝合金刮尺往返进行精确刮平，使混凝土表面的平整度达到规范要求。刮尺前整尺范围内必须有混合料，避免虚平现象。同时应进行清边整缝，清除黏浆，修补缺边、掉角。

c.混凝土表面采用二次收浆工艺，第一次用直尺刮平后，待其表面泌水完毕后及时进行精平，以保证路面表面平整度。

⑤精铣刨：

a.路面铣刨必须采用精铣刨机，铣刨宽度不小于2.0m，铣刨刀头不小于1000个。

b.施工时路面混凝土表面高程比设计高出1cm。当路面混凝土强度达到设计强度后，采用精铣刨机铣刨混凝土表面至设计高程，保证路面的平整度和构造深度满足设计要求。

⑥接缝：

a.纵缝。

ⓐ对于前一幅混凝土路面出现的跑模、错台，必须通过拉直线切割处理；对模板底部漏浆的混凝土进行清除处理。

ⓑ侧边拉杆位置准确，对于变形拉杆扳直校正，如有松脱或漏插，应钻孔重新植入。

b.横向缩缝。

ⓐ路面横向缩缝均应采用切缝法施工。有传力杆缩缝的切缝深度应为1/4～1/3板厚，最浅不得小于70mm；无传力杆缩缝的切缝深度为1/5～1/4板厚，最浅不得小于60mm。

ⓑ缩缝传力杆采用前置钢筋支架法施工,混凝土摊铺前应准确放样,并用钢钎锚固。混凝土摊铺时用振捣棒先振实传力杆下面的混凝土,再摊铺上层混凝土。传力杆无防黏涂层一侧应焊接。

c. 横向施工缝。

混凝土摊铺中断时间超过30min时,应设置横向施工缝,其位置应与胀缝或缩缝重合。横向施工缝在缩缝处采用平缝加传力杆,施工缝传力杆施工方法同缩缝传力杆。在胀缝处其构造与缩缝相同。

d. 胀缝设置。

ⓐ根据设计图纸和规范要求设置胀缝。

ⓑ胀缝应采用前置钢筋支架法施工,用振捣棒振实胀缝板两侧的混凝土后再摊铺。

ⓒ在混凝土终凝前,剔除胀缝板上部混凝土,嵌入(20 ~25)mm×20mm的木条,整平表面。胀缝板应连续贯通路面板宽度。

e. 灌缝。

ⓐ混凝土养生结束后,应及时灌缝。

ⓑ清除接缝中的杂物、尘土及其他污染物,确保缝壁及内部清洁、干燥。

ⓒ填缝料的各项指标必须符合设计图纸和规范要求,填缝必须饱满、均匀并连续贯通。

⑦养生:

在混凝土路面表面具有一定强度后立即覆盖透水土工布、保湿养生,高温天气养生不宜少于14d,低温天气养生不宜少于21d。养生期间,禁止车辆和人员通行。

2.1.10.2 各类洞室和横通道

①各类洞室和横通道不得在衬砌断面变化及各种衬砌接缝处设置。

②各类洞室、横通道与正洞连接地段的开挖,应在正洞掘进至其位置时,将该处一次开挖成形并按设计支护。

③各类洞室和横通道的永久性防、排水工程,应与正洞一次同时完成,与正洞连接的折角处,防水层应平顺铺设,不得出现空白。

④设备洞、横通道、预留洞室等二次衬砌施工应符合下列规定:

a. 衬砌中的预埋管件、预留孔、槽的位置准确,预埋管件必须经过防腐和防锈处理,设备洞、横通道与正洞的钢筋应连接牢固。

b. 检查各种附属设施之间及其与排水系统之间位置是否合适,如有冲突,应上报监理人,会同有关人员及时处理。

c. 安装模板时应将预埋管件固定,各类孔、槽及边墙内的各类洞室位置准确。

d. 浇筑混凝土时应确保各类预埋管件、预留孔槽不产生位移。各类洞室、横通道与正洞的衬砌一次同时完成。

2.1.10.3 水沟、电缆槽

①水沟、电缆槽的开挖应与边墙基础开挖同时进行,禁止在边墙浇筑后再爆破开挖。

②水沟可采用预制或现浇制作,边沟采用预制安装时,应保证边沟与相邻路面接缝平整。

③水沟应与衬砌排水、路面排水的管路连通,封闭严密,保持顺畅。

④电缆槽壁中的预留管件、预留孔等定位准确,与边墙应连接牢固,必要时加设短钢筋。

⑤电缆槽盖板应平顺、整齐、无翘曲,盖板铺设应平稳,盖板两端与沟壁的缝隙应用砂浆填平,不得晃动或吊空;盖板规格应统一,便于维护和调换。

⑥电缆槽侧墙施工前应凿毛，并配置连接钢筋和水平钢筋。

⑦电缆沟靠路面一侧应滞后路面施工，以免影响路面机械摊铺。

2.1.10.4　隧道内装饰

①装饰必须满足隧道照明、潮湿环境及防灾等要求，采用全断面喷涂防火涂料和阻燃性外墙涂料。

②隧道边墙面层采用阻燃性外墙涂料，厚度1mm；拱部采用外墙涂料。防火涂料采用专用厚型防火涂料，耐火极限时间大于2.0h。

③采用厚性涂料，能够满足修饰隧道内壁的作用。

④与衬砌的黏结强度大于0.15MPa，并要求在长期潮湿状态下不脱落。

⑤涂料可采用喷涂或粉刷，保证色调均匀，不得出现色斑和杂色。

2.1.10.5　蓄水池

①蓄水池应在地基坚固处设置，混凝土浇筑应做到振捣密实、表面光洁，无渗漏。

②蓄水池混凝土在达到设计强度后，应进行闭水试验。

③设置避雷设备时，应进行接地电阻试验，其冲击接地电阻应符合设计要求。

④蓄水池应有冬季保温防冻措施，确保池内不结冰。

⑤倡导在地形、地质等条件允许的情况下，在隧道洞口等合适位置设置蓄水池，对隧道内排出的水充分蓄水利用，用于消防及日常养护。

2.1.10.6　预埋件

①通风机底盘与机座相连的地脚螺栓，应按设计要求的风机底盘螺栓孔布置预留灌注孔眼。螺栓埋设时，灌浆应密实，螺栓应与机座面垂直。

②水泵基础施工时按设计要求埋设水泵地脚螺栓或预留孔位。

③安装工程所用各种预埋件应按设计要求进行防锈蚀处理。

④预埋钢管管口应打磨平整，管内穿5号铁丝，并在混凝土浇筑后进行检查、试通。

2.1.10.7　质量要求

①隧道路面、排水沟、电缆沟、蓄水池、设备洞、横通道及预留洞室等实测项目及外观鉴定按照《公路工程质量检验评定标准》(JTG F80/1—2004)路面的相关要求执行。

②预埋件应位置准确，尺寸符合设计要求。

2.1.11　隧道冬期施工

2.1.11.1　目的与要求

①承德市位于河北北部山地，属于大陆性、季风性燕山山地气候。特点是夏季短促，冬季干寒漫长，昼夜温差悬殊，位于山岭重丘区，其特点是工程量大、施工条件恶劣、正常施工期短。承包人应根据实际工程进度，考虑冬期施工保质保量地完成项目建设。

②承包人应制订详细可行的冬期施工方案。

2.1.11.2　编制冬期施工方案的要点

①建立冬期施工的组织机构，明确冬期施工的工作内容和工艺流程，实行定岗定责制度，做好施工原始记录，保证实现质量结果和责任的可追溯性。

②制订详细可行的施工计划，充分考虑实际的工作效率、工序间的交接时长。

③选定合理的施工方法，编制冬季专项施工方案，经内审后报监理工程师审批。合格后对参建全体人员进行技术交底，明确责任。(结合技术交底有针对性地进行施工前培训。)

④冬期施工前应对参建设备进行全面的检修，排除可能的故障，保证设备的良好运行。

⑤做好冬期施工的混凝土、砂浆及外加剂的试验配比工作，并提出施工配合比。

⑥拌和站必须采用带保温层的彩钢材料封闭保温。采取搭建加热锅炉对拌和站、碎石、砂等原材料敷设加热管加热保温措施。

⑦隧道洞口须采用门架加棉帘封闭保温措施。

⑧混凝土、砂浆用水需加热，但进入拌缸时水温应不超过55℃。

⑨冬期施工应注意防火、防煤气中毒等，应采取防措施，制订应急预案。

⑩施工便道、行走机械要有防滑措施。

⑪做好冬期施工的测温工作，包括大气温度，材料拌和、存储温度、混凝土入模温度、养生温度等。制作统一表格，认真测量、填写记录。

2.1.12 地质超前预报

2.1.12.1 目的与要求

①采用各种地质分析、物探、超前钻探手段探明前方围岩地质情况，及时调整施工方法和采取相应的技术措施，降低地质灾害发生的概率。

②超前地质预报的结果应体现及时性，地质状况正常，不良地质采取的措施及时通知承包人，使工程处于可控状态。

③施工过程中应将实际开挖的地质情况与预报结果进行对比分析，以指导和改进地质预报工作。

④地质预报结论应有书面报告，并及时呈报承包人、监理人和发包人，对所有预报资料存档备查。

⑤地质超前预报的分级：

a. 隧道施工中地质预测、预报方案应根据区域地质资料和设计文件制订，以达到预报准确、节省资源的目的。

b. 根据地质对隧道安全的危害程度，地质灾害分为A、B、C、D四级，如表2.1.12-1所示。

地质灾害分级表 表2.1.12-1

地质灾害分级		A	B	C	D
		严重	较严重	一般	轻微
地质复杂程度	岩溶发育程度	极强，厚层块状灰岩，大型溶洞、暗河发育，钻孔岩溶率>10%	强烈，中厚层灰岩夹白云岩地表溶洞落水洞密集，地下以管道水为主，钻孔岩溶率5%～10%	中等，中薄层灰岩，地表出现溶洞，钻孔岩溶率2%～5%	微弱，不纯灰岩与碎屑岩互层，地表以下以溶隙为主，钻孔岩溶率<2%
	涌水涌泥程度	特大突水（涌>10^5 m^3/d）大型（10^4～$10^5 m^3/d$）、突泥，高水压	中小型突水（涌水量10^3～$10^4 m^3/d$）、突泥	小型涌水（涌水量10^2～10^3 m^3/d）、涌泥	涌水<$10^2 m^3/d$，涌突水可能性较小
	断层稳定程度	大型断层破碎带、自稳能力差，富水，可能引起大型失稳坍塌	中型断层带，软弱、中～弱富水，可能引起中型坍塌	中小型断层，弱富水，可能引起小型坍塌	中小型断层，无水，掉块
	地应力影响程度	极高地应力，严重岩爆，大变形	高应力，中等岩爆，中～弱变形	弱岩爆，轻微变形	无岩爆、无变形
	瓦斯影响程度	瓦斯突出	高瓦斯	低瓦斯	无

续上表

地质灾害分级	A	B	C	D
	严重	较严重	一般	轻微
地质因素对隧道施工影响程度	危及施工安全可能造成重大安全事故	存在安全隐患	可能存在安全问题	局部可能存在安全问题
诱发环境问题的程度	可能造成重大环境灾害	施工、防治不当，可能诱发一般环境问题	特殊情况下可能出现一般环境问题	无

⑥复杂地质的预测、预报应坚持隧道洞内探测与洞外地质勘探相结合，地质方法与物探方法相结合，贯穿于施工全过程。超前地质预报采用长期预报和中短期预报相结合的方法。

a. 长期预报：采用 TSP 地震波法进行长距离（100 ~ 200m）预报，每 50 ~ 100m 进行一次地震波法超前地质探测，保证前后两次地震波法超前地质探测结果有足够的重叠范围。

b. 中期预报：中期预报是对距离开挖面前方 30 ~ 100m 的预报。采用水平声波反射法（HSP）、LDS-1A 陆地声纳仪和 HY-30 红外线探测仪中的一种或几种探测相结合的方法进一步探测分析。需要低端采用超前钻孔进行验证。

c. 短期预报：短期预报是对距离开挖面前方 30m 以内的预报，是在中期预报的基础上，结合前期的成果，采用地质雷达探测以及掌子面编录法（地质素描法）进行更准确的预报。需要的地段用超前钻孔验证。

2.1.12.2　地质预报工作流程

地质预报工作流程如图 2.1.12-1 所示。

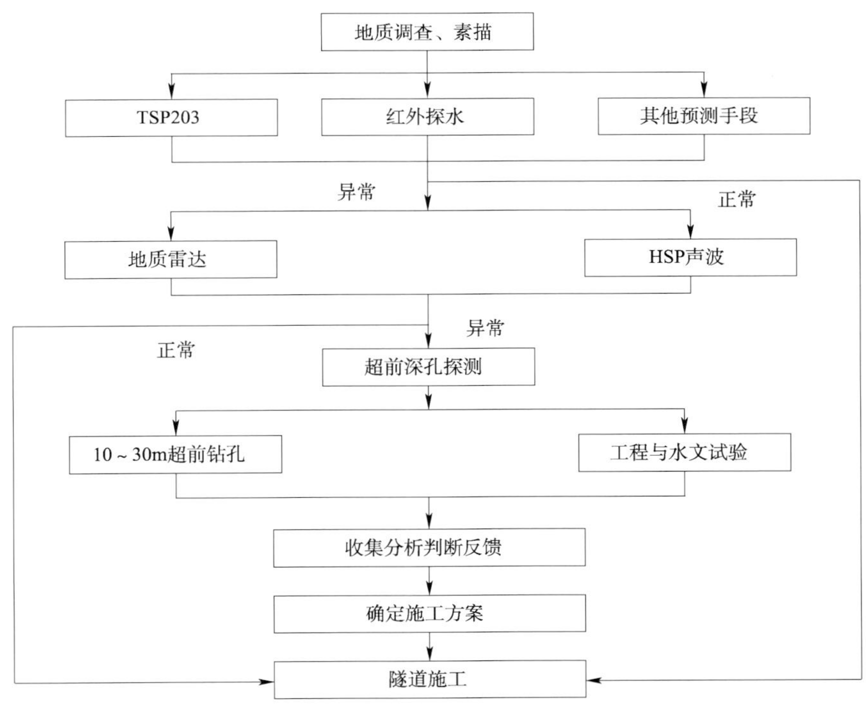

图 2.1.12-1　地质预报工作流程

2.1.12.3　超前地质预报的方法

①施工阶段地质调查，隧道施工中，对已开挖段进行地质观察和观测，推测前方的地质

情况，调查的主要内容有隧道开挖面的地质描述、岩体结构面产状调查、涌水观测等。

②施工地质探测，利用机械设备和检测仪器，预测开挖面前方围岩的工程地质，可通过导坑、钻探、物探的方法进行，如图 2.1.12-2 所示。

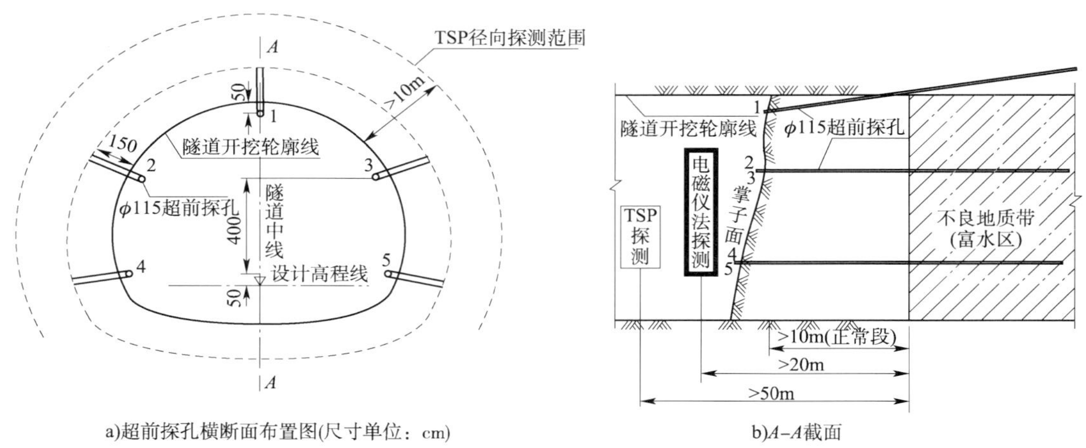

图 2.1.12-2　超前探孔横断面布置

a. 隧道开挖前，首先用 TSP 每隔 50 ~ 100m 探测一次，初步查明不良地质带和富水带的位置，再用电磁仪等方法每隔 20 ~ 30m 探测，基本确定前方和周边富水区的位置，在邻近怀疑的富水区采用钻孔探查，探明长度 20 ~ 30m，保护段长度不小于 10m。

b. 探孔的终孔点应超出开挖轮廓线外 1.5m，钻孔方位根据物探成果调整。

c. 采用 TSP 法探测应查明隧道开挖轮廓线外径向 10 ~ 20m 以内的地质情况，若发现异常及时上报。

d. 根据各探孔的探测和出水情况，综合判定是否进行注浆堵水和堵水方式。探孔在钻进时，对出水的位置、流量、水压及出水状态等做详细记录。

③施工地质预测，根据地质调查和地质探测进行预测，包括围岩的工程地质特征的预测和涌水量的预测。

2.1.12.4　地质预报的内容

①预报地质情况及水文地质的情况。

a. 地层岩性，如软弱夹层、破碎地层、煤层及特殊岩土。

b. 地质构造，特别对断层、节理密集带、褶皱构造等。

c. 不良地质，特别是溶洞、暗河、人为坑洞、放射性、有害气体、高地应力、高地温、高岩温等发育情况。

d. 地下水，特别是岩溶管道水、富水断层、富水褶皱轴及富水地层地带等。

②对照图纸提供的地质资料，预报地质条件变化情况及对事故的影响程度。

③预报可能出现的不良地质及其对施工的影响以及处理措施。

a. 可能出现的塌方、滑动的部位、形式、规模以及发展趋势，提出处理措施。

b. 可能出现突然涌水的地点、涌水量大小、地下水泥沙含量及对其影响。

c. 软岩内鼓、边墙掉块地段对施工的影响。

d. 岩体突然开裂或原有裂隙逐渐加宽的位置及其危害程度。

e. 对隧道将要穿过不稳定岩层、较大断层作出预报，以便及时改变施工方法，采取应急措施。

f. 隧道附近或穿过瓦斯地段的岩(煤)层中,预报瓦斯影响范围。

④位移量测中发现围岩变形速率加快时,应预报对围岩稳定性的影响程度。

⑤浅埋隧道地面出现下沉或裂缝时,预报对隧道稳定和施工的影响程度。

⑥隧道施工中由于措施不当,可能造成围岩失稳,应及时采取改进措施。

2.1.13 监控量测

2.1.13.1 监控量测目的

①判断隧道围岩的稳定状态,保证施工安全、指导施工、调整支护参数。

②掌握地表沉陷、围岩和支护结构的受力状态,并对其稳定性作出评价和结论。

③调整支护结构形式、确定支护参数施作时间。评价支护结构的合理性及安全性,并对设计和施工的合理性进行评估和信息反馈,以确保施工安全和隧道的稳定。

④了解支护结构的工作状态和应力分布。

2.1.13.2 工作程序

监控测量的工作程序如图 2.1.13-1 所示。

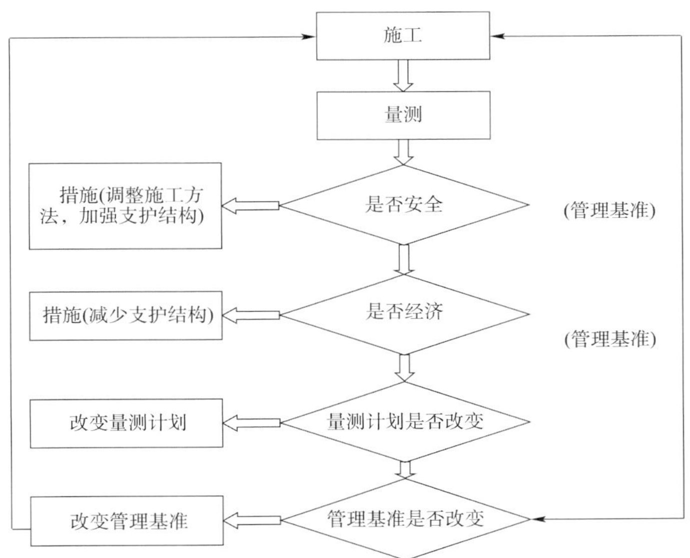

图 2.1.13-1 监控量测的工作程序

2.1.13.3 量测项目及要点

(1)必测项目(表 2.1.13-1)

必测项目 表 2.1.13-1

量测项目	方法和工具	布置	测试精度	量测频率			
				0~15d	16~30d	31d 以后	3 个月以后
洞内、外观察	现场观察、地质罗盘	开挖及初期支护后进行	—	开挖后			
周边位移	收敛仪	每 5~50m 一个断面,每断面 2~3 对测点	0.1mm	1~2 次/d	1 次/2d	1~2 次/周	1~3 次/月

续上表

量测项目	方法和工具	布置	测试精度	量测频率			
				0 ~ 15d	16 ~ 30d	31d 以后	3 个月以后
拱顶下沉	水准仪、钢尺	每 5 ~ 50m 一个断面	0.1mm	1 ~ 2 次/ d	1 次/2d	1 ~ 2 次/周	1 ~ 3 次/月
地表下沉	精密水准仪、水准尺	浅埋段、洞口每 10 ~ 20m 一个断面，每个断面在 3*B* 宽度范围内设 7 个测点	0.5mm	开挖面距离量测断面前后 <2*b*，1 ~ 2 次/d； 开挖面距离量测断面前后 <5*b*，1 次/2 ~ 3d； 开挖面距离量测断面前后 >5*b*，1 次/3 ~ 7d			

注：*B*-隧道开挖宽度。

(2)量测要点

①洞内外观：

a. 隧道施工过程中应进行洞内、外观察。洞内观察分开挖工作面观察和已支护地段观察两部分。填写内容见表 2.1.13-2。

隧道洞内外地质与支护状况观察记录 表 2.1.13-2

工程名称		施工单位		合同段		
桩号		监理单位				
观察时间						
图片素描						
地质及支护状况描述						

施工单位： 监理单位： 日期：

b. 开挖工作面观察应在每次开挖后进行。观察工作面状态、围岩变形、围岩风化变质情况、节理裂隙、断层分布和形态、地下水情况以及喷射混凝土的效果。观察后填写隧道地质与支护状况观察记录表和施工阶段围岩级别判定卡。对已支护地段的观察应每天进行一次，主要观察围岩、喷射混凝土、锚杆和钢架等的工作状态。观察中发现围岩条件恶化时，应立即上报监理工程师、发包人并通知设计单位，采取相应处理措施。

c. 洞外观察重点在洞口段、岩溶发育区段地表和洞身埋置深度较浅地段，其观察内容包括地表开裂、地表沉陷、边坡及仰坡稳定状态、地表水渗透情况、地表植被变化等。

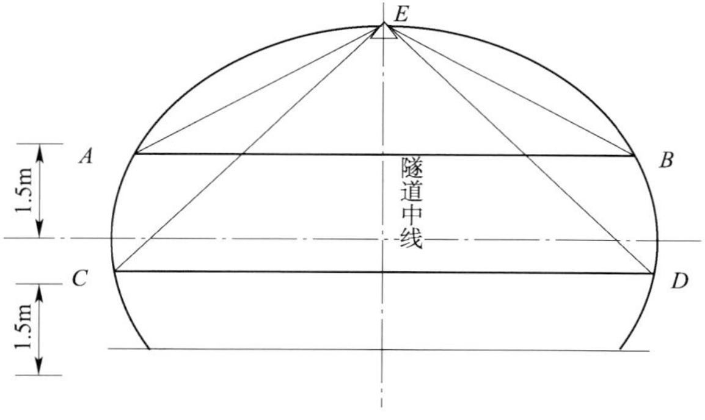

图 2.1.13-2 周边位移、拱顶下沉量测测线布置

②隧道周边、拱顶下沉位移量测：

a. 测点埋设：喷锚支护施作后，用风枪钻 ϕ40mm、深 200mm 的孔，用砂浆固定测点。周边位移同一基线上的两测点在同一直线上，拱顶位移量测的测杆头设挂钩。砂浆凝固后即可进行量测，测线布置如图 2.1.13-2 所示。

b. 施工时要注意保护测点，一旦发现测点被掩埋，要尽快重新设置，以保证数据不中断。

c. 按检查净空位移和拱顶下沉的量测频率，每 5 ~ 50m 一个断面，每断面 1 ~ 2 对测点确定的量测频率比较取大值。施工状况发生变化时(开挖下台阶、仰拱或拆除临时支护等),应增加检测频率。

d. 拱顶下沉和水平收敛量测断面的间距为:Ⅲ级及以上围岩不大于40m,Ⅳ级围岩不大于25m,Ⅴ级围岩应小于20m。围岩变化处应适当加密,在各类围岩的起始地段增设拱顶下沉测点1~2个,水平收敛1~2对。当发生较大涌水时,Ⅳ、Ⅴ级围岩量测断面的间距应缩小至5~10m。

e. 水平收敛测线的布置应根据施工方法、地质条件、量测断面所在位置、隧道埋置深度等条件确定。在地质条件良好,采用全断面开挖方式时,可设一条水平测线;当采用台阶开挖方式时,可在拱腰和边墙部位各设一条水平测线。

f. 各测点应在避免爆破作业破坏测点的前提下,尽可能靠近工作面埋设,距离一般为0.5~2m,并在下一次爆破循环前获得初始读数。初读数应在开挖后13h内读取,最迟不得超过24h,而且在下一循环开挖前,必须完成初期变形值的读数。

③地表下沉量测:

a. 位于Ⅳ~Ⅴ级围岩中且覆盖厚度小于40m的隧道,应进行地表沉降量测。根据图纸要求或监理工程师指示,应在施工过程中可能产生地表塌陷之处设置观测点,地表下沉观测点按普通水准基点埋设,作为各观测点高程测量的基准,从而计算出各观测点的下沉量。地表下沉桩的布置宽度根据围岩类别、隧道埋置深度和隧道开挖宽度而定。

地表下沉监测范围横向应延伸至隧道中线量测$(1\sim2)(B/2+h+H)$。纵向应在掌子面前后$(1\sim2)(h+H)$(B为隧道开挖宽度,h为隧道开挖高度,H为隧道埋深),测点间距宜为2~5m,并应根据地质条件和环境条件进行调整。测点布置如图2.1.13-3所示。

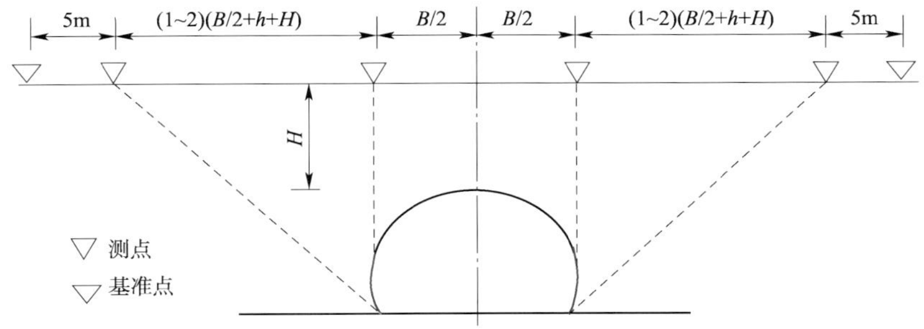

图2.1.13-3　地表下沉量测测点布置

b. 地表下沉量测应在开挖工作面前方$H+h$(隧道埋深+隧道开挖高度)处开始,直到衬砌结构封闭、下沉基本停止时为止。

c. 地表下沉的量测尽量与洞内拱顶下沉量测、周边位移量测在同一断面内,当地表有建(构)筑物时,应在建(构)筑物周围增设地表下沉测点。

2.1.13.4　量测数据分析和信息反馈

(1)一般要求

①隧道现场监控量测应成立专门量测小组,负责日常量测、数据处理和仪器保养维修工作,并及时将量测信息反馈给施工单位和设计单位。各预埋测点应牢固可靠,不得任意撤换和破坏。

②现场监控量测应按量测方案认真组织实施,并与其他施工环节紧密配合,不得中断工作。

③每次量测后,应及时进行数据整理和分析,并绘制量测数据时态曲线和距开挖面关系

图。应绘制地表下沉值沿隧道纵向和横向变化量和变化速率曲线。

④应根据量测数据处理结果,及时提出调整和优化施工方案和工艺。围岩变形和速率较大时,应及时采取安全措施,并建议变更施工设计。

⑤围岩稳定性、二次支护时间应根据所测得位移量或回归分析所得最终位移量、位移速度及其变化趋势、隧道埋深、开挖断面大小、围岩等级、支护所受压力、应力、应变等进行综合分析判定。

(2)监控量测资料整理及信息反馈

①及时对现场量测数据绘制时态曲线和空间关系曲线。

②当位移—时间曲线趋于平缓时,进行数据处理或回归分析,以推算最终位移和掌握位移变化规律。

③当位移—时间曲线出现反弯点时,则表明围岩和支护已呈不稳定状态,应加强支护,必要时暂停开挖。

④隧道周壁任意点的实测相对位移值或用回归分析推算出的总相对位移值均应小于规范要求。当位移速率无明显下降,而此时实测位移值已接近规范要求,或喷层表面出现明显裂缝时,应采取补强措施,并调整支护参数或开挖方法。

⑤根据量测结果进行综合判断,确定变形管理等级,以指导施工。

a. 实测位移值不应大于隧道的极限位移,并按变形管理等级施工。一般情况下,宜将隧道设计的预留变形量作为极限位移,而设计变形量应根据检测结果不断修正。

b. 根据位移速率判断:速率大于 1mm/d 时,围岩处于急剧变形状态,应加强初期支护;速率变化在 0.2 ~ 1.0mm/d 时,应加强观测,做好加固的准备;速率小于 0.2mm/d 时,围岩达到基本稳定。在高地应力、岩溶地层和挤压地层等不良地质中,应根据具体情况制订判断标准。

c. 根据位移速率变化趋势判断:当围岩位移速率不断下降时,围岩处于稳定状态;当围岩位移速率保持不变时,围岩尚不稳定,应加强支护;当围岩位移速率变化上升时,围岩处于危险状态,必须立即停止掘进,采取应急措施。

d. 初期支护承受的应力、应变、压力实测值与允许值之比大于或等于 0.8 时,围岩不稳定,应加强初期支护;初期支护承受的应力、应变、压力实测值与允许值之比小于 0.8 时,围岩处于稳定状态。

(3)量测资料

竣工文件中应包括以下量测资料:

①现场监控量测计划。

②现场监控量测说明。

③实际测点布置图。

④围岩和支护的位移—时间曲线图、空间关系曲线图以及量测记录汇总表。

⑤量测变更设计和改变施工方法地段的信息反馈记录。

2.1.13.5　竣工后量测

隧道工程竣工后,应满足长期量测的要求,量测点应在施工期间埋设,竣工后移交业主单位专人管理。

2.1.14　安全、环保管理与文明施工

2.1.14.1　安全管理

①隧道开工前,项目总工组织向施工作业人员进行技术和安全交底,详细说明隧道安全

生产的有关技术要求，分析可能存在的重大危险源，安全交底台账必须签字确认。落实工前教育制度，规范进洞管理。

②隧道进口处设置监控系统，并安排专人值守，负责登记人员和机械设备、物资的进出洞情况；洞口安装安全报警系统。

③施工过程中的安全生产费用不得低于投标价的1%，其中用于隧道工程的安全生产费用不低于投标报价清单中隧道总价的2%。

监理工程师应认真监督检查承包人安全生产费用使用情况，监督承包人是否用于购买和更新合格的安全防护用具和设施，落实安全施工措施，改善安全生产条件。施工现场存在安全事故隐患、未落实安全生产费用的，监理工程师应立即要求其改正，承包人拒不改正的，监理工程师应当及时向项目业主报告。

④承包人在编制施工组织设计和施工方案时，应当根据隧道工程的特点制订专项安全技术保障措施、现场临时用电方案和施工安全应急救援预案，备好应急抢险物资，定期组织应急演练。每个隧道施工现场设置1处抢险物资储备点。

⑤软弱围岩地段开挖，应配备足够长度、可手动拆卸的逃生钢管，管径不小于600mm，管壁厚度不小于10mm，每节长度为1.5～2.0m。

⑥监理工程师应按规定认真审查承包人的安全保证体系，审核隧道施工安全技术措施和施工方案。对危险性较大的分部分项工程，承包人应当单独编制安全专项施工方案，并按规定通过有关专家的论证、审查。

⑦现场办公、生活和作业区应设置在符合安全性要求的地段，并与炸药库和隧道开挖保持一定的安全距离；施工人员的膳食、饮水、休息场所、医疗救助设施等应当符合卫生标准，现场临时搭建的建筑物应当符合安全使用要求。

⑧发包人按照河北省高速公路管理局《高速公路“平安工地”建设达标验收标准》，组织对隧道施工现场安全管理进行验收。

2.1.14.2　环保管理

①隧道开工前，项目总工组织向施工作业人员进行环保交底，详细说明隧道环保的有关技术和环保要求，环保交底台账必须签字确认，落实工前教育制度。

②监理人应按规定认真审查承包人的环保管理体系，审查环保技术措施和环保专项施工方案；隧道工程穿越自然保护区，承包人应当应制订专项环保施工方案，并按规定通过有关专家的论证、审查。

③强化“安全环保 美观耐久”建设理念，完善环境保护的各项管理制度，提高施工人员的环保意识，保护美丽的自然环境。

④严禁止施工人员携带外来物种进入自然保护区，禁止上山打猎或滥砍滥伐，保护动植物。

⑤施工场地应尽量不靠近居民，运输道路及施工区应定时洒水，以减少粉尘污染。

⑥选用效率高、噪声低的机械，禁止噪声超标的机械设备进场。正确使用机械设备并进行维修、保养，确保设备在良好的条件下运行，减少废气排放量，减少运行噪声。

⑦及早施作防护工程、排水工程，对裸露地表的植被进行覆盖，防止水土流失。

⑧生活垃圾定点倾倒，统一深埋处理。施工废水通过沉淀过滤池处理合格后进行排放，防止对河流的污染。施工机械的废油废水，采用隔油池等有效措施加以处理，避免超标排放。

⑨在整个施工过程中,作业环境应符合职业健康及安全环保标准。

2.1.14.3　文明施工

(1)文明施工管理

①建立“文明施工”领导小组,开展文明工地创建活动,定期进行文明施工专项检查,有效实施奖惩措施。

②制订隧道文明施工作业指导书,对施工人员进行上岗前的文明施工、规范化操作培训,建立文明施工管理档案。

③洞口上方安装隧道名称标牌,洞口安装安全进洞、进洞须知等标识标牌,洞口边坡或仰坡上设置质量、安全宣传标语。

④施工产生的废土、废渣弃到指定地点,施工废水经过净化后再排放。

⑤施工结束后,施工机械停放在指定的机械停放区;现场做到“工完料净”。

⑥洞内作业做到工序衔接,工区分明,各作业工序无相互干扰。

(2)施工照明

①成洞段每隔6~8m设置一个固定灯,电线敷设整齐划一,位于地面2m以上。

②围岩差、不安全因素较大地段应增加照明度,在洞内设备存放处、抽水机站应设置照明。

③漏水地段照明采取防水灯头和灯罩。

④距离掌子面50m内应设置移动照明灯具,保证洞内照明充足。

⑤各类电器设备和输电线路须有专职电工经常进行检查维修。

(3)洞内通风防尘

①采取必要的通风、洒水等防尘措施,保证洞内粉尘及有害气体的浓度达到健康标准。

②隧道掘进150m以上,必须实施管道通风,长大隧道采用混合通风方式。

③长大隧道应在压入式的出风口设置喷雾器,以增加空气湿度,降低粉尘含量。

④通风能满足洞内作业需要,隧道作业面风压应不小于0.5MPa。每人供应新鲜空气$3m^3/min$,采用内燃机械作业时,供风量不宜小于$4.5\ m^3/(min \cdot kW)$。

⑤通风管安装平顺、接头严密,弯管半径不小于管直径的3倍,每100m平均漏风率不得大于2%。

⑥通风机运转时严禁人员在风管的进出口停留,不得将任何物品放在通风管或管口上。

⑦隧道洞内道路平整畅通,保持湿润、不扬尘。

(4)成品保护

①监控量测各预埋点设置专用标志牌,标明测点的名称、部位、编号、埋设日期等。

②对已完成衬砌段落及时挂牌标明里程桩号。

2.2　交通安全设施

2.2.1　总则

2.2.1.1　目的和适用范围

(1)目的

为规范承德山区干线公路交通安全设施施工,提高管理水平,确保各道施工工序工作到位,克服质量通病,保证工程质量,保障施工安全,倡导文明施工,编制本指南。

(2)适用范围

本指南适用于承德山区干线公路建设项目。

2.2.1.2　编制依据

①国家、交通主管部门发布的与工地建设相关的文件、标准、规范、规程和指南。

②河北省颁布施行的有关施工管理的文件规定。

③行业内通行的先进施工工艺和管理办法。

2.2.1.3　主要内容

交通安全设施共9部分,主要内容包括总则,施工准备,交通标志,路面标线,波形梁护栏,轮廓标,隔离栅、防落网,停车港湾、观景平台及服务设施,安全生产和文明施工。

2.2.2　施工准备

2.2.2.1　一般要求

①在交通安全设施施工开工前,应对施工现场的地质地基情况、水文气象条件进行勘察,施工单位技术人员在全面理解设计要求和做好设计技术交底的基础上,根据设计要求、合同文件和现场的实际情况,编制切实可行的实施性施工组织设计,并按规定报批。

②在开工前,必须建立健全质量、环保、安全管理体系和质量检测体系,并细化到各施工工点;对各类施工班组、施工人员进行岗前培训和技术、安全等交底。

③按招标的承诺,组织各工种的技术人员、施工队、机械设备进场,并满足工程实际需要。

④交通安全设施产品须经有资质的检测机构检测,取得合格证,并经监理检验确认满足设计要求后方可使用。

2.2.2.2　人员组织

①按投标文件承诺的技术人员及主要施工人员要求组织进场。

②施工队伍的作业人员必须具有劳动部门颁发的特种作业许可证。

③定期对劳务人员进行安全教育,按时对劳务人员发放劳保用品。

④按时对劳务人员工资进行结算,不准拖欠农民工工资。施工单位负直接责任,项目法人负监管责任。

⑤各施工工点管理组织机构如图2.2.2-1所示。

2.2.2.3　技术准备

①开工前,施工单位根据监理工程师提供的测设资料和测量标志,组织复测,并将复测结果提交总监办审批。

②合理制订施工组织设计,报总监办审批。

③所有交通安全设施工程全面施工前,必须开展首件样板工程。交通安全设施首件样板工程包括标志(不小于1km)、标线(不小于200m)、波形梁钢护栏(不小于500m)、隔离栅(刺钢丝与焊接网各不小于500m)、轮廓标(不小于500m)。

2.2.2.4　材料准备

①交通安全设施所用主要材料应进行甲控。

②所有材料进场后经检测验收后方可使用。必要时,执行取样见证制度,进行外委试验检测。

③施工单位应及早进行混凝土配合比设计,监理单位进行平行验证试验并审批。

④交通安全设施所有钢构件必须进行防腐处理,符合防腐处理标准要求。

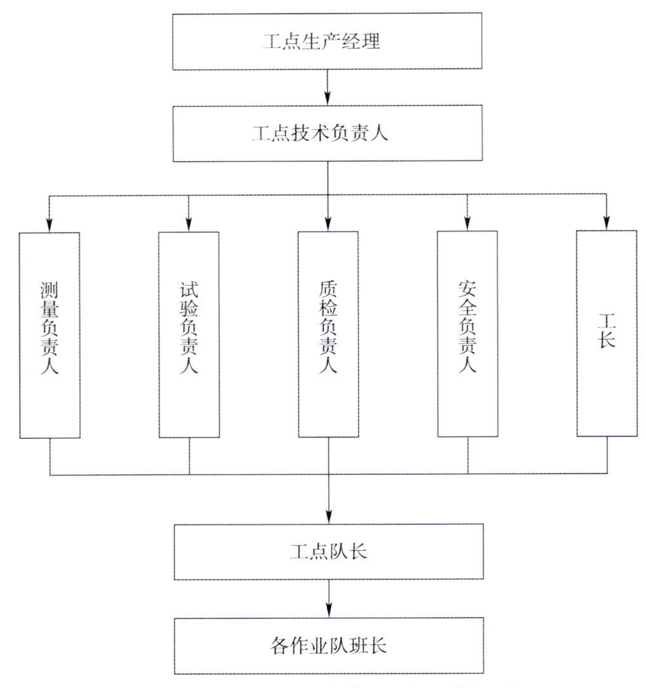

图 2.2.2-1　施工工点管理组织机构框图

2.2.3　交通标志

2.2.3.1　一般要求

①施工前，现场踏勘，全面核实交通标志设置位置、高度、板面内容等，以保证标志设置位置合理，且不受声屏障等设施的影响；保证板面内容正确，为驾乘人员提供正确的、饱满的信息，正确引导交通运营。做到以人为本、安全至上，使公路出行者更便捷、更舒适、更方便。道口标志设置如图 2.2.3-1 所示。

图 2.2.3-1　道口标志设置

②交通标志板面框架应整体制作，使用定型框架支设运输，不得现场拼装板面框架。

③交通标志板面框架应具有足够的刚度，应采用网格式框架运输，板面应保持平整，不得损伤板面。施工单位应根据设计风速、板面尺寸、支撑方式等，验算标统标志结构的强度、变形及其稳定性。

④在运输、安装过程中不应损伤交通标志面及金属构件的镀层。

2.2.3.2　防腐要求

①所有钢构件均应进行防腐处理。

②铝合金构件可不考虑防腐处理。

③不同材质的金属构件互相接触时，应使用非金属套、垫或保护层使两者隔离。

2.2.3.3　施工流程及施工要点

(1)制作标志面

①标志面采用反光膜材料时，应符合下列规定：

a. 标志反光膜的逆反射性能应符合设计要求。

b. 反光文字符号应采用电脑刻绘机来完成,文字符号一般采用转移膜法粘贴。

c. 反光膜应尽量减少拼接。

②包装、储存及运输标志面时,应符合下列规定:

a. 贴上反光膜的标志板应用保护纸进行分隔,并应存放在室内干燥的地方。标志以分层储存,但应用发泡胶把两块标志分隔。标志也可以竖立储存以减小压力,一些小标志可以悬挂储存。

b. 标志面应有软衬垫材料加以保护,以免搬运中受到刻划或其他损伤。

c. 采用其他标志面材料时,应符合设计文件的规定。

(2)加工标志底板流程

加工标志底板流程如图 2.2.3-2 所示。

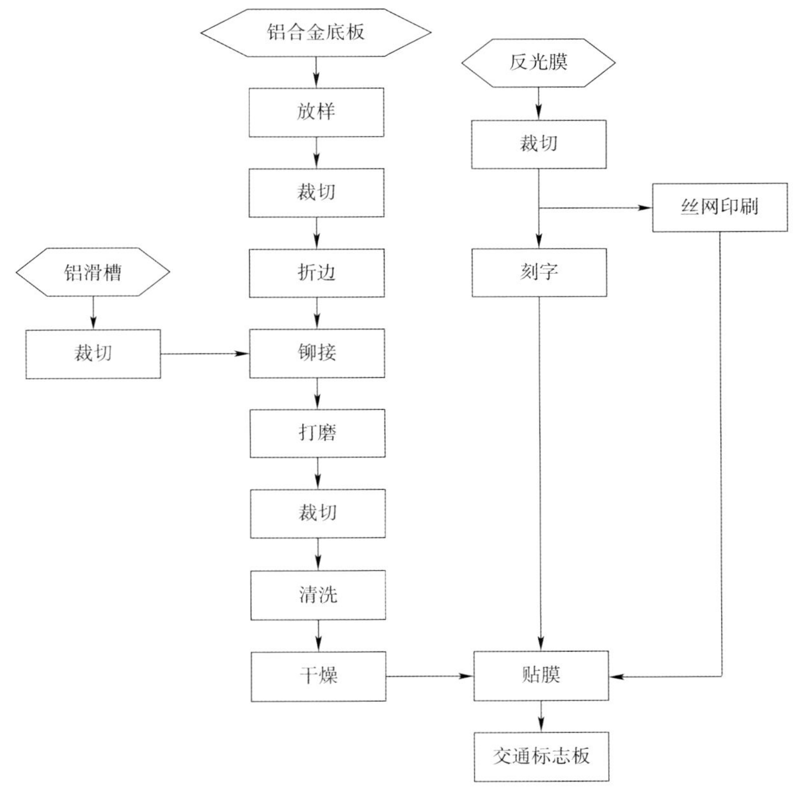

图 2.2.3-2 交通标志板生产工艺流程

(3)钢构件的加工

①通常法兰盘和加强筋板的生产工艺是相同的,应分别根据设计的要求,选择不同的材料和不同的加工形状、尺寸。切割一般是采用半自动氧气乙炔切割机,用钻床在法兰盘上钻孔成型。

②横梁和短横梁的生产工艺是相同的。钢管的切割一般直接采用氧气乙炔切割。短横梁是立柱的一个部件,将其焊接到立柱上后,一并热浸镀锌。

③立柱的生产工艺基本上是短横梁、法兰盘和加强筋板等部件的焊接组合。钢管上端的开孔也是采用氧气乙炔切割。

④在公路现场,把立柱上端短横梁的法兰盘与横梁的法兰盘进行连接,端头盖上柱帽,就完成了单悬臂式的支撑件。

(4)施工要点

①所有交通标志均应按设计文件的要求确定合理的设置位置。

a. 标志应按设计桩号定位。标志桩号不能随便更改。

b. 依照设计图纸要求，对开挖的基坑进行准确放样，对于压实度不满足的基坑要进行必要的处理。

c. 标志定位时应保证各类交通标志的横向位置任何部分均不侵入公路建筑限界以内，其中柱式板的内边缘、悬臂式标志和门架式标志的立柱内边缘距土路肩边缘线的距离不应小于25cm。设置于桥梁上的小型交通标志如受空间条件的限制，其立柱可以落在混凝土护栏上，但应进行必要的防护；大型标志必须单独设置基座。

②标志基础的地基承载力应满足设计文件的规定。设计文件中未规定时，地基承载力不得小于150kPa。浇筑混凝土时，应注意准确设置地脚螺栓和底座法兰盘。

a. 开挖基坑。

ⓐ开挖基坑时注意对既有防护工程等进行有效保护，减小损坏。

ⓑ基坑开挖后，应及时进行混凝土浇筑。雨季施工时，成型的基坑必须采用防水毁措施。

b. 基础浇筑。

ⓐ基础外露部分必须使用钢模板。混凝土不得直接接触基坑土石方面。

ⓑ基座基底必须用C20混凝土(或M10砂浆)抹面。

ⓒ基座钢筋笼要用高强度等级混凝土垫块支垫。

ⓓ将法兰盘的外露螺栓进行包裹处理，以防施工过程中将其损坏。

ⓔ二次收浆后，及时用土工布覆盖洒水养生，养生期不少于7d。低温期浇筑的混凝土基础必须采取覆盖保温措施。

③标志安装。

a. 根据设计图纸要求以及基础顶部高程，准确测算出立柱的长度，并逐一进行编号登记，在立柱上用红色漆喷涂编号。

b. 立柱必须在基础混凝土强度达到设计强度的80%以上时才能安装，调整好后，必须对地脚螺栓进行防盗点焊，并对点焊后的位置进行防腐处理。

c. 立柱安装前，监理工程师应全面检验立柱和基座质量，合格后方可进行。

d. 标志安装完毕后，应进行板面平整度和安装角度的调整，以确认在白天和夜间条件下标志的外观、视认性、颜色、镜面眩光等是否符合图纸要求。

e. 标志安装完毕后，整理施工作业区，恢复路面整洁。检测标志板下缘至路面净空高度及标志板内缘距路边缘距离，检查柱帽是否安装牢固。

2.2.3.4 标志设置

(1)警告标志

警告标志依据现行规范，结合设计速度及路基宽度，一级公路均采用边长110cm的三角形，二级公路均采用边长90cm的三角形，如图2.2.3-3所示。

图2.2.3-3 警告标志

警告标志采用单悬臂支撑方式(图2.2.3-4),其立柱采用外径168mm的普通钢管,横梁采用一根外径114mm的普通钢管,基础采用现浇钢筋混凝土结构。

隧道进口应设置“进入隧道 请开大灯”“进入隧道 车辆慢行”警告标志。隧道内路面中间安装反光路钮,两侧洞身安装反光标志。

另外,钢波护栏立柱贴红色反光膜,小半径路段设反光诱导标志。

(2)禁令标志

禁令标志依据现行规范,结合设计速度及路基宽度,一级公路均采用直径100cm的圆形,二级公路均采用直径80cm的圆形,如图2.2.3-5所示。

图2.2.3-4 警告标志支撑方式

图2.2.3-5 禁令标志

禁令标志采用单悬臂支撑方式,其立柱采用外径168mm的普通钢管,横梁采用一根外径114mm的普通钢管,基础采用现浇钢筋混凝土结构。

为避免路侧标志牌设置过密及单处警告标志上部过空,每处警告标志,板面不少于2块,不多于3块,也可与禁令标志合并设置。

(3)村庄组合、警告综合标志

村庄组合、警告综合标志是现行规范中没有的,根据河北省标志牌整治工程的统一要求,结合路侧村镇、平交路口位置,将村名、平交警告标志综合起来,如图2.2.3-6、图2.2.3-7所示。

图2.2.3-6 村庄组合标志

图2.2.3-7 警告综合标志

村庄组合标志采用单悬臂支撑方式,其立柱采用外径168mm的普通钢管,横梁采用一根外径114mm的普通钢管,基础采用现浇钢筋混凝土结构。

警告综合标志采用单悬臂支撑方式,其立柱采用外径203mm的普通钢管,横梁采用两根外径114mm的普通钢管,基础采用现浇钢筋混凝土结构。

(4)指路标志

标志牌中所有汉字均采用交通标志牌专用字体。二级公路,地点信息汉字高40cm,国省道路编号总高40cm;一级公路,地点信息汉字高50cm,国省道路编号总高50cm。指路标志根据其功能、位置,分为预告标志、告知标志及确认标志三种形式。

①预告标志。

预告标志(图2.2.3-8)设置于国省干线平交口、高速公路出入口前300~500m处,对过往驾驶员进行提示,使其减速行驶的同时,意识到前方路口的形状、下一步行驶路线并做操作准备。

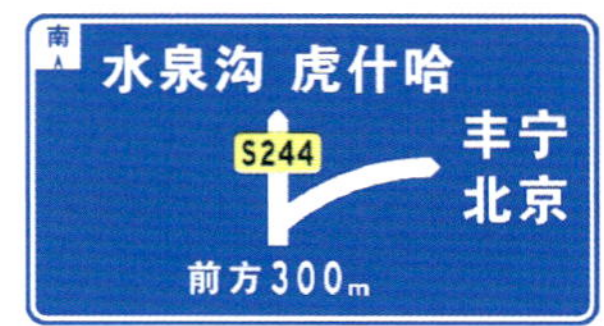

图 2.2.3-8 预告标志

②告知标志。

告知标志(图 2.2.3-9)设置于国省干线平交口、高速公路出入口前 30 ~ 80m 处,指示前方路口各个方向的目的地,使驾驶员选择正确的行驶路线。

图 2.2.3-9 告知标志

③确认标志。

确认标志(图 2.2.3-10)设置于国省干线平交口、高速公路出入口后 100 ~ 300m 处,用于明确驾驶员是否行驶在预期路线上,同时确认距前方目的地的距离,以便为接下来的行程做好打算。

另外,确认标志也用于长距离行驶过程中,消除驾驶员担心走错的心理,确认标志间隔一般小于 15km。

高速公路服务型互通匝道口应设牌提示走一般干线至市、县、镇行政中心的量程,如图 2.2.3-11 所示。

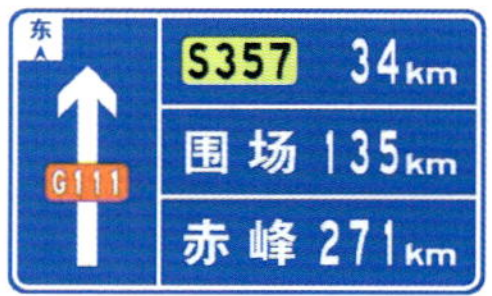

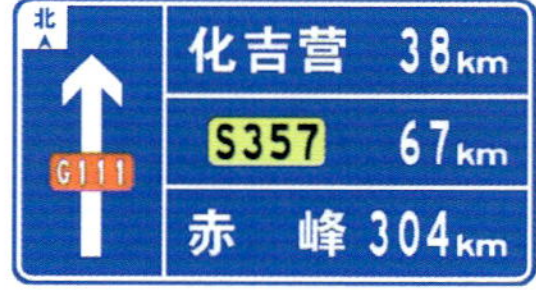

图 2.2.3-10 确认标志

图 2.2.3-11 匝道口确认标志

2.2.3.5 质量验收

①标志的设置位置及安装角度应符合设计文件的要求。

②标志面应平整完好,无起皱、开裂、缺损或凸凹变形。标志板边缘应整齐、光滑。

③标志面在夜间车灯照射下,底色和字符应清晰明亮、颜色均匀,不应出现明暗不均和影响认读的现象。

④标志板外形尺寸、底板厚度、文字高度、标志面的逆反射性能等应符合设计文件的规定。

⑤标志板下缘至路面的净空高度及标志板内缘距公路边缘线的距离应满足设计文件的要求。

⑥所有钢构件防腐层应均匀、颜色一致,不得有流挂、滴瘤或多余结块,镀件表面应无漏镀等缺陷。

⑦标志基础的地基承载力和规格、强度应符合设计要求。

2.2.4 路面标线

2.2.4.1 一般要求

①严格控制标线涂料、反光标线、玻璃珠、突起路标材料质量。

②标线喷涂前要仔细清洁路面，表面应清洁干燥，无松散颗粒、灰尘、沥青渣、油污、沙土、积水或其他有害物质。

③新铺沥青混凝土路面的交通标线施工，可在路面施工完成一周后开始；新建水泥混凝土路面的交通标线施工，应在混凝土养护膜老化起皮并清除后开始。水泥混凝土路面应施画双组分标线。

④标线预涂底油时，应先喷涂热熔底油下涂剂，按试验确定的间隔时间喷涂热熔涂料，以提高其黏结力。

⑤标线长、宽、厚度应符合要求，线形流畅，曲线圆滑，与道路线形相协调，不允许出现折线。标线表面不应出现网状裂缝、断裂裂缝、起泡现象。

⑥路面标线、突起路标施工过程中，应加强安全管理，维护标线涂料和突起路标的正常养护周期。

⑦喷涂施工应在白天进行，雨、雪、沙尘暴、强风、气温低于10℃的天气，应暂停施工。

⑧喷涂标线时，应进行交通管制，设置适当的警告标志，阻止车辆、行人在作业区内通行，直至标线充分干燥。

⑨喷涂作业时，应采取有效措施，防止涂料污染路面。

⑩标线涂料应存放在干燥通风的环境下。

⑪在平交道、学校地段、村镇段落和人员密集区域增设人行横道线、减速让行线和路面限速标志，如图2.2.4-1、图2.2.4-2所示。

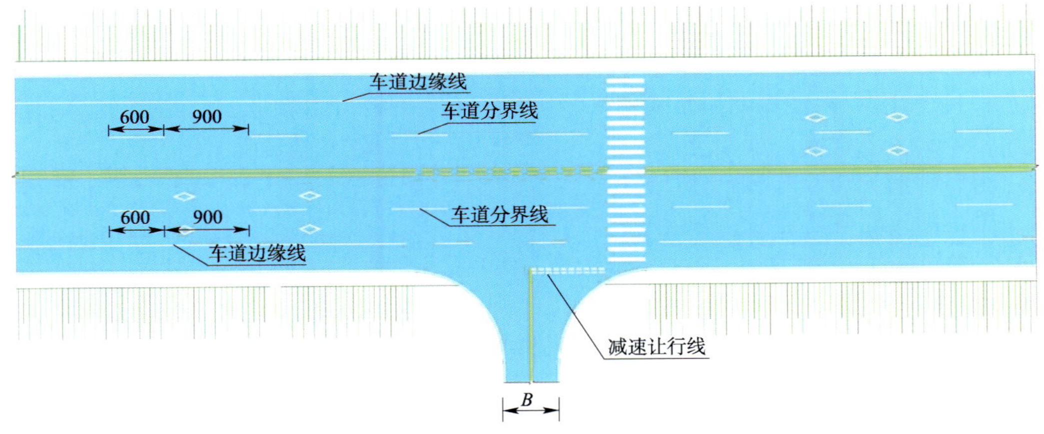

图2.2.4-1　人行横道线、减速让行线（尺寸单位：mm）

2.2.4.2　材料要求

标线涂料种类见表2.2.4-1。

2.2.4.3　施工要点

（1）路面标线

①设置标线的路面表面应清洁干燥，无松散颗粒、灰尘、沥青渣、油污、沙土、积水或其他有害物质。先进行放线，弹标线轮廓线。

②为了确保标线涂料和路面材料完全相适应，要进行现场试验确定底油的类型和用量。喷涂底油前，将喷涂部位彻底清理干净，达到表面干燥，无起灰现象。

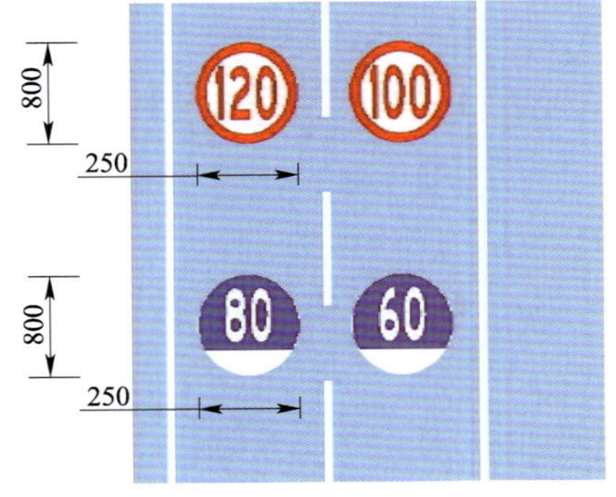

图2.2.4-2　路面限速标志（尺寸单位：mm）

标线涂料分类　表 2.2.4-1

型号	规格	玻璃珠含量和使用方法	状态
热熔型	反光型	涂料中含 18% ~25% 的玻璃珠，施工时涂布涂层后立即将玻璃珠撒布在其表面	固态
	突起型	涂料中含 18% ~25% 的玻璃珠，施工时涂布涂层后立即将玻璃珠撒布在其表面	
双组分	反光型	涂料中不含（或含 18% ~25%）玻璃珠，施工时涂布涂层后立即将玻璃珠撒布在其表面	液态
	突起型	涂料中含 18% ~25% 的玻璃珠，施工时涂布涂层后立即将玻璃珠撒布在其表面	
水性	反光型	涂料中不含（或含 18% ~25%）玻璃珠，施工时涂布涂层后立即将玻璃珠撒布在其表面	液态

③标线宽度、虚线长及间隔、点线长及间隔、双标线的间隔，图案、标记应按《道路交通标志和标线》（GB 5768—2009）规定施工。标线喷涂厚度应符合图纸要求。所有标线应顺直、平顺、光洁、均匀并且外观精美，湿膜厚度符合图纸要求。

④有缺陷、施工不当、尺寸不正确或位置错误的标线均应清除，路面应修补，材料应更换。正式喷涂前，必须设专人对施工放样进行复核，放样与复核不能为同一人。

⑤涂料喷涂于路面时的温度，应符合涂料生产商使用说明的要求，以保证喷涂使用寿命及喷涂质量。

⑥振荡标线是在平滑的基础标线上，一次成型长方形排骨式突起的高亮度道路标线涂料，即使在雨天也能取得超群的高视认性，在汽车压线的瞬间引起轻快的振动，以提醒驾驶员注意安全，是防止越线的新型产品。具体施工工艺为：

a. 路面处理。先清除路面泥土、尘埃等杂物；如含有水分，则应先用喷枪进行干燥处理。

b. 底漆洒布。使用专用设备按热熔型标线涂料的规定用量均匀洒布。

c. 振荡标线的涂敷。往热熔釜中投入专门材料，在充分搅拌的条件下使之完全溶解；在确认底漆完全干燥后，使用专用划线机在 170 ~210℃之间进行涂敷施工。

d. 玻璃微珠的撒布。使用与划线机一体的撒布器在涂敷之后，随即撒布玻璃微珠。

e. 确认涂料充分冷却、固化后，方可开放车辆通行。

f. 振荡标线规格及质量应符合图纸要求。

（2）突起路标

①突起路标应按图纸要求设置，设置时路面面层应干燥清洁，无杂屑。将环氧树脂均匀涂覆于突起路标的底部，涂覆厚度约为 8mm，将突起路标压在路面的正确位置上，轻微转动，直到四周出现挤浆并及时清除其溢出部分，在凝固前突起路标不得扰动。

②突起路标设置高度，顶部不得高出路面 25mm。

③设置间距及其他规定应按图纸要求进行。

④在降雨、风速过大或温度过高过低时，不进行设置。

（3）立面标记

①立面标记设置的位置应符合图纸规定。

②立面标记的颜色为黄黑相间的倾斜线条，斜线倾角为 45°。线宽及其间距均为 150mm，设置时应把向下倾斜的一边朝向行车道。桥梁、隧道处立面标记施工时，先在设置位置涂满黄漆，后再贴黑色反光膜；收费岛施工时，应先涂黄漆再涂黑漆。

③跨线桥墩柱或墩柱防撞体、限高门架等均应设置立面标记。

2.2.4.4　质量验收

（1）路面标线

①路面标线涂料、标线的颜色、形状和设置位置应符合《道路交通标志和标线》（GB

5768—2009)的规定和图纸要求。

②标线线形应流畅,与道路线形相协调,曲线圆滑,不允许出现折线;反光标线玻璃珠应撒布均匀,附着牢固,反光均匀。

(2)突起路标

①突起路标的布设及其颜色应符合《道路交通标志和标线》(GB 5768—2009)的规定或符合图纸要求。与路面的黏结应牢固、耐久,能经受汽车轮胎的冲击而不会脱落。

②突起路标外观应美观,尺寸符合有关规范要求,表面光滑,不得有尖角、毛刺存在,表面无明显的划伤、裂纹;安装应成直线,不得出现折线。曲线段的突起路标应与道路曲线相吻合,线形圆滑、顺畅。

2.2.5 波形梁护栏

2.2.5.1 一般要求

①波形梁护栏的路基土压实度和混凝土护栏的地基承载力应符合设计文件的规定。

②所有钢构件均应进行防腐处理。

③波形梁护栏二次校正后,必须全面进行防盗点焊。进行点焊后,因点焊的过程破坏了护栏上的防腐层,应及时进行防腐处理。

④所有镀锌喷塑处理的护栏在运输中要注意保护护栏上的防腐层,避免刮伤、磨损护栏上的防腐层和压伤护栏使其变形。人性化钢护栏如图 2.2.5-1 所示。

⑤波形梁护栏安装时根据实际情况适当调整,如延长至挡墙、桥梁护栏内,做到人性化;在填方路段明涵上设置钢管护栏或波形梁护栏(图 2.2.5-2),确保行车安全。

图 2.2.5-1 人性化钢护栏

图 2.2.5-2 填方路段明涵上设置钢管护栏或波形梁护栏

2.2.5.2 施工要点

(1)立柱放样

①应根据设计文件进行立柱放样,并以桥梁、通道、涵洞、隧道、中央分隔带开口、互通式立体交叉等控制立柱的位置,进行测距定位。

②立柱放样时可利用调节板调节间距,并利用分配方法处理间距零头数。

③应调查立柱所在处是否存在地下管线、排水管等设施,或构造物顶部埋土深度不足的情况。

(2)立柱安装

①立柱安装应与设计文件相符,并与公路线形相协调。

②位于土基中的立柱,可采用打入法、挖埋法或钻孔法施工。立柱高程应符合设计要求,并不得损坏立柱端部。

③位于小桥、通道、明涵等混凝土基础中的立柱,可设置在预埋的套筒内通过灌注砂浆

或混凝土固定,或通过地脚螺栓与桥梁护轮带基础相连。外露构件应涂刷与护栏立柱基本一致的漆,并进行防盗处理。

④立柱安装就位后,其水平方向和竖直方向应形成平顺的线形。

⑤护栏带与构造物连接处基坑应设置均匀,避免出现杂点等情况。

⑥如果护栏在路面喷洒乳化沥青前施工,在立柱上应有相应的防护措施,避免在喷洒沥青时损坏立柱的防腐层。

(3)防阻块、托架、横隔梁安装

①防阻块、托架应通过连接螺栓固定于护栏板和立柱之间,在拧紧连接螺栓前应调整防阻块、托架使其准确就位。

②设有横隔梁的中央分隔带护栏,应在立柱准确定位后安装横隔梁。在护栏板安装前,横隔梁与立柱间的连接螺栓不应过早拧紧。

(4)横梁安装

①护栏板应通过拼接螺栓相互连接成纵向横梁,并由连接螺栓固定于防阻块、托架或横隔梁上。护栏板拼接方向应与行车方向一致。拼接螺栓必须采用高强螺栓。

②立柱间距不规则时,可利用调节板、梁进行调节,不得采用现场切割护栏板的方法。

③安装完毕后,必须进行二次校正。校正时应以桥涵等构造物为一自然校正段;构造物间距过大时,每校正段长度不应小于2km。

(5)端头安装

各类护栏端头应通过拼接螺栓与护栏板牢固连接,拼接螺栓必须采用高强螺栓。

2.2.5.3 质量验收

①波形梁钢护栏产品应符合《公路三波形梁钢护栏》(JT/T 457—2007)的规定。

②护栏立柱、波形梁、防阻块及托架的安装应符合设计图纸和施工规范的要求。

③波形梁护栏的端头处理及与桥梁护栏过渡段的处理应满足设计要求。

④护栏立柱的埋深、基础规格、土基压实度、端部和过渡段处理应符合设计规范和设计文件的规定。

⑤立柱位置、立柱中距、垂直度、横梁中心高度应符合设计要求。

⑥直线段护栏不得有明显的凹凸、起伏现象,曲线段护栏应圆滑顺畅,与线形协调一致;中央分隔带开口端头护栏的线形应与设计文件相符。

⑦波形梁板搭接方向应正确,搭接平顺,垫圈齐备,螺栓紧固。

⑧防阻块、托架、横隔梁、端头的安装应与设计文件相符,安装到位,不得有明显变形、扭转、倾斜。

2.2.6 轮廓标

2.2.6.1 一般要求

①轮廓标应在具备安装条件时施工,且轮廓标各项指标合格。

②附着于梁柱式护栏上的轮廓标,必须在护栏校正验收后安装。

2.2.6.2 施工要点

(1)柱式轮廓标

①柱式轮廓标应按设计文件的规定量距定位。

②柱式轮廓标安装时,柱体应垂直于水平面,三角形柱体的顶角平分线应垂直于公路中心线,柱体与混凝土基础之间可用螺栓连接。

(2)附着式轮廓标

①附着于梁柱式护栏上的轮廓标可按立柱间距定位,附着于混凝土护栏和隧道侧墙上的轮廓标应量距定位。

②附着式轮廓标应按照放样确定的位置进行安装。反射器的安装角度应符合设计文件的规定,安装高度宜尽量统一,并应连接牢固。

③粘贴附着式轮廓标时,应清理护栏立柱表面的污垢,以确保其牢固。

2.2.6.3 质量验收

①轮廓标产品应符合《轮廓标》(GB/T 24970—2010)的规定,安装牢固,逆反射材料表面与行车方向垂直,色度性能和光度性能与设计相符。

②轮廓标不应有明显的划伤、裂纹、损边、掉角等缺陷,表面应平整光滑,无明显凹痕或变形;安装牢固,线形顺畅。

2.2.7 隔离栅、防落网

2.2.7.1 一般要求

①刺钢丝隔离栅施工时,必须用紧线器拉紧。

②隔离栅应有效闭合。在小桥涵等构造物处,应将隔离栅与构造物有效连接。

③隔离栅(图2.2.7-1)应随地形起伏设置,保证线形整体顺畅,在桥梁护网施工前应对所有预埋件的设置位置、强度、腐蚀程度进行检查。

④防落网安装前,应现场核查防落网设计长度是否满足要求。

⑤混凝土护栏浇筑时,应准确预埋防落网,安装预埋件。

图2.2.7-1 隔离栅

2.2.7.2 施工要点

(1)立柱

①隔离栅宜尽早实施。每个柱位均应按设计文件的要求确定高程,可根据实际地形进行调整。

②立柱放入基坑内正确就位后,在确认符合要求后,进行混凝土的浇筑。

③混凝土基础应集中预制,也可将立柱与混凝土基础制作成整体结构,现场直接安装到位。

④应严格检查立柱就位后的垂直度和立柱高程,以保证网片安装的质量和隔离栅安装完毕后的整体美观效果。

(2)隔离栅

基础混凝土强度达到设计强度的70%以后,可安装隔离栅网片。

①无框架卷网安装时,应从端头立柱开始,边铺设边拉紧。展网要求自如,挂钩时保证网不变形;有框架的片网安装后要求网面平整、无明显的凹凸现象,立柱间距正确,框架与立柱连接牢固,框架整体平顺、美观。

②刺钢丝安装时应从端头立柱开始,刺钢丝之间要求平行、平直,绷紧后可用12号钢丝与混凝土立柱或钢立柱上的钢钩绑扎固定,横向与斜向刺钢丝相交处用12号钢丝绑扎牢固。

③隔离栅网片安装完毕后,立柱基础周围均应进行最后压实处理,并恢复原貌。

图 2.2.7-2 防落网

(3)防落网

①桥梁护网应以跨线桥与公路、铁路等设施的交叉点为控制点,向两侧对称进行施工。当上跨桥梁为斜交时,桥梁护网长度应根据设计文件的要求作相应调整。

②桥梁护网的立柱一般采用预埋基础,立柱与基础连接应符合设计要求,牢固、垂直、高度一致。防落网安装后要结构牢固,围封严密,如图2.2.7-2所示。

③桥梁护网是桥梁建筑的附属安全措施,安装金属网片应平整、绷紧,舒展自然、美观。

2.2.7.3 质量验收

①隔离栅应与公路线形走向一致,顺直、流畅,纵坡起伏自然、美观。

②立柱基础尺寸、埋深、立柱的垂直度、柱间距、强度等级应达到设计文件的要求。

③隔离栅和桥梁护网表面均应进行防腐处理,表面不得有气泡、裂纹、疤痕、折叠和端面分层等缺陷。

④桥梁护网应作防雷接地处理,接地电阻应符合设计文件的规定。

2.2.8 停车港湾、观景平台及服务设施

2.2.8.1 停车港湾

考虑山区二级公路路基宽度较小、纵坡较大、大型车辆较多等因素,需设置停车港湾。停车港湾宜按不大于1km一处进行布置,也可依据实际需要,结合地形条件综合考虑,不均匀布设,但应选择在纵坡相对平缓、两侧位置满足互视条件的路段,如图2.2.8-1、图2.2.8-2所示。

图 2.2.8-1 停车港湾实景

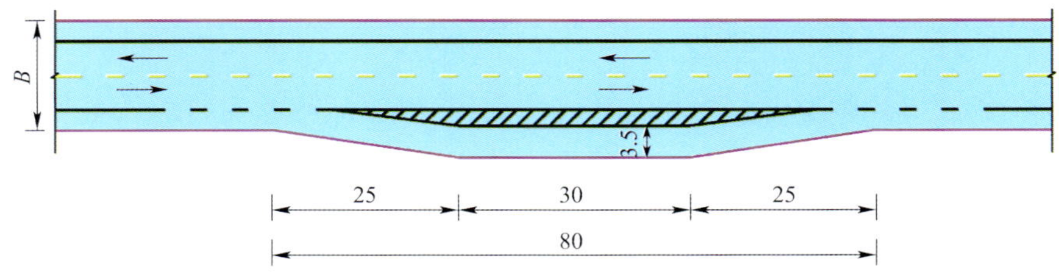

图 2.2.8-2 停车港湾示意图(尺寸单位:m)

停车港湾规模不宜过大,有效长度不小于30m即可。另外,在临近乡、镇及人口较多村落的路口,宜设置停车港湾及候车亭。

各级行政区域交界路段宜选择较开阔地段设置停车平台,接会地段宜设加宽的港湾式平台,并应加强绿化美化设计,设醒目标志。

对有条件的路段,在不影响行车安全的情况下,可在路外设置销售点。

2.2.8.2 观景平台

在景点附近或视野开阔路段应考虑设置合适的观景平台(图2.2.8-3)。观景平台需根据地形设置,尽可能结合取弃土场的选定设置,以减少占地和对环境的破坏。观景平台要求视野开阔,设有安全进出口、停车区、观景区,有条件的还可设置简易的服务区和绿化区。观景平台周边要根据实际情况设有必要的护栏、扶手等安全设施,进出口前后应有醒目的标志牌提醒过往车辆。

图2.2.8-3 分离式路基右侧车道观景平台

2.2.8.3 服务设施(区)

服务设施(区)应本着功能优先,环保节能,体现地域和文化特色的原则设置。设计要有超前意识,至少考虑10~15年,可一次设计、分期实施、预留发展空间。

一般干线公路每30km左右,特别是旅游公路,在有条件的路段宜设置小型服务区,如厕所、加油站、小型超市、加水、小憩、餐饮等。

服务设施(区)设计应注意以下几点:

①宿办楼和服务区位置要充分利用地形,避免大填大挖,考虑防洪需要,服务区可考虑单侧布局、双侧对称布局或双侧加上跨式布局。有条件的话,可利用互通区位置设置,减少占地。

②总体布置要功能设置齐全、完善,并体现人性化理念。先考虑总体布置的平面功能设计,再进行立面造型设计,服务区总平面设计应考虑交通组织,不发生交织。

③停车场设计中大货车、客车、小型车及危险品车辆区域应区别划分,不同区域路面结构可分别设计。

④服务区加油站一般应设置在远离主体建筑的区域,靠近服务区出口。加油站出口车道要加宽,保证畅通。

⑤服务区标志、标牌、标线设计要齐全。

⑥停车广场的排水、消防设施必须设置齐全,场区给排水、采暖、电力、通信、排污、机电管线、安防设施要统一规划。冷暖建议采用地源、水源热泵方式。

⑦建筑造型要体现当地地域,自然环境和文化特点,简洁大方。原则上应是一条高速体现一个风格。单体设计要满足功能的需要,服务性空间的设置,应采用大空间、灵活分割的设计原则。主体设计要考虑门面店的设计,考虑服务区商业模式和投入正常运营后商业效益的需要。

⑧职工生活区和经营区要分开设置。设计时考虑汽车修理、汽车救援、预留电动汽车充电等位置。

2.2.9 安全生产文明施工

2.2.9.1 安全生产

①安全生产管理要坚持“安全第一,预防为主”的方针,加强安全生产管理,建立和健全施工安全管理制度,制订安全生产规章制度和操作规程,建立以岗位责任制为中心的安全生产逐级负责制,制度明确、责任到人,奖罚分明。

②按施工人员的比例配备足够的专职安全员,安全员佩证为红色,施工现场必须配备合格的施工安全劳动保护器具和用品,施工人员一律戴安全帽上工地,驻地监理人员、施工人员一律佩证上岗。

③每一工序开始前,作出详细的施工方案和实施措施,报监理工程师审批后,及时做好

施工技术及安全技术交底，并在施工过程中督促检查，严格组织施工，从事特种工种作业人员必须持证上岗。

④施工现场的临时用电严格按照相关规定执行。施工中如发现危及地面建筑物或有危险品时立即停止施工，待处理完毕后方可施工。

⑤对从业人员进行专门的安全生产教育和培训，电工和各种机械操作驾驶人员等特种作业人员，必须经过劳动部门专业培训并考试取得作业操作资格合格证后，方准持证上岗独立操作。施工现场设立安全标志。

⑥交通安全设施施工时，应进行交通管制，摆放警告标志，采用限行措施。

⑦交通标志、路面标线、防眩设施、防落网等施工时，上路施工管理人员应穿反光背心，在作业区段前方按规定摆放交通标志标牌。

2.2.9.2　文明施工

①加强环保意识的宣传，采取有力措施控制人为的施工噪声，最大限度地减少噪声扰民。

②对机具设备加强保养，防止污染路面，废机油等应按要求处理，不得乱倒，不得流入水体污染环境。

③加强对施工现场管理，施工区应合理布局；工程阶段性完工和工程竣工，保证做到工完场清。

2.3　绿 化 工 程

2.3.1　总则

2.3.1.1　目的和适用范围

(1)目的

为规范承德山区干线公路绿化工程施工，确保各道施工工序工作落实到位，克服质量通病，保证工程质量，保障施工安全，倡导文明施工，编制本指南。

(2)适用范围

本指南则适用于承德山区干线公路绿化工程施工管理。

2.3.1.2　编制依据

①国家、交通主管部门发布的与工地建设、公路工程相关的文件、标准、规范、规程和指南。

②河北省颁布的有关施工管理的文件规定。

2.3.1.3　主要内容

绿化工程共8部分，分别为总则，施工准备，铺设表土，乔木，灌木和攀缘植物，种植草皮，喷播植草，养护管理，安全生产、文明施工、环境保护。

图2.3.1-1　绿化工程实景

绿化工程实景如图2.3.1-1所示。

2.3.2　施工准备

①组织准备：设置健全的工程施工管理职能机构。

②技术准备：公路绿化工程必须按照批准的绿化工程设计及有关文件施工。施工人员应掌握设计意图，施工单位要做详细的施工组织计划(如有反季节栽植和大树移植等高难度

工程作业,必须单另提交施工组织计划)并进行工程准备。

2.3.2.1 一般要求

①开工前,施工人员应按设计图纸进行现场核对,当有不符之处时,必须在该项工程施工前7天内向监理工程师和业主书面提出。根据绿化设计要求,选定的种植材料应符合其产品标准的规定。

②建立健全质量、环保、安全管理体系和质量检测体系,并细化到各施工工点;各类施工班组、施工人员进行岗前培训和技术、安全等交底。

③按计划安排组织施工队、机械设备进场,并满足工程实际需要。

④注重为行人创造更好的视觉环境,本着因路制宜、适地适树适花草及经济效益、社会效益、生态效益相结合的原则,通过绿色植物的诱导、美化、防护、遮蔽等功能,达到乔灌木结合,落叶阔叶树和常青树结合,近期效果和长远效果相结合,突出交界的标志性绿化,构建安全、优美、舒适且具有地方特色的公路绿化体系。

2.3.2.2 人员组织

①按计划安排组织管理、技术人员及主要施工人员进场,并满足工程实际需要。

②根据合同工期合理安排专业施工队进场。

2.3.2.3 主要设备及管理

组织施工车辆和各类机械设备按相关要求进场,并按照类别统一编号,规范标识,设备停放合理规划,分区布置,摆放整齐。

2.3.2.4 施工用水

根据工程的规模保证有足够的存水量和方便及时取水,配备符合要求的洒水车,以保证施工灌溉用水,以及运输便道等降尘用水量。

2.3.2.5 施工程序

施工程序为土壤处理→施工准备→苗木组织和采购(包括选苗、号苗、取苗)→现场定点放线→挖植树坑→施基肥→苗木运输到位→植树→浇定根水→修剪→养护管理。

2.3.3 铺设表土

2.3.3.1 一般规定

表土应为符合要求的种植土。表土铺设平整,厚度应符合设计要求。

2.3.3.2 施工准备

①施工前应调查土源和土质,土质应为符合要求的种植土;若土质条件差,可采取相应的消毒、施肥和客土等措施改良土质,以满足种植要求。

②施工前应调查边坡坡度和铺筑厚度,了解设计种植物种。

2.3.3.3 施工要点

①施工单位应确定挖取的表土以及恢复该地区的安排,采集地在用地界外应经有关机构批准。

②地表面的准备:

a. 覆盖表土范围的地表面,应清除施工废弃物和其他有碍植物生长的杂物并进行深翻,将土块打碎使其成为均匀的种植土,不能打碎的土块,大于25mm的砾石、树根、树桩和其他垃圾应清除并运到监理工程师同意的地点废弃。

b. 通过翻松、加填或挖除以保持地表面的平整。

③铺设:

a. 准备工作完成后，应立即铺设表土，当表土过分潮湿或不利于铺设时，不应进行铺设，除非另有规定，表土铺设完成后，其表面高程应比路缘石、集水井、人行道、车行道或其他类似结构低25mm。

b. 表土铺设达到要求厚度后，其完成的工程应符合图纸所要求的线形、坡度、边坡。

c. 铺设后，施工单位应用机具将表土滚压，并形成至少深50mm的纵向沟槽，全部铺设面积应具有均匀间隔的沟槽，其方向宜垂直于天然水流，以利于排水，但图纸另有要求者除外。

2.3.3.4 质量要求

①表土质量应为松散的、具有透水作用并含有有机物质的土壤，能助长植物生长，不应含有盐、碱土，且无有害物质以及大于25mm的石块、棍棒、垃圾等。

②表土铺设厚度除满足设计要求外，还应符合表2.3.3-1的要求。

植物生长的最小土层厚度　　表2.3.3-1

植物种类	植物生长的最小土层厚度(m)	植物种类	植物生长的最小土层厚度(m)
草本花卉	0.30	小灌木	0.45
大灌木	0.60	浅根乔木	0.90
深根乔木	1.50		

2.3.4 乔木、灌木和攀缘植物

2.3.4.1 一般要求

①种植植物品种宜选用适宜当地气候和地质条件的本土植物为主(图2.3.4-1)。

图2.3.4-1 公路沿线植物

②所有植物应考虑公路沿线地区特点，选择适合于当地气候条件、易于生长的并有丰满干枝体系和茁壮的根系。植物应无缺损树节、擦破树皮、受风冻伤害或其他损伤，植物外观应显示出正常健康状态，能承受上部及根部适当的修剪，所有植物应在苗圃采集。

③运到现场的乔木高度应符合图纸要求，其胸径(树高出地面1.3m处)应不小于30mm。

④不允许采用代替品种，除非证实在承包期内的正常种植季节采集不到规定的植物。只有经监理工程师同意后，才允许种植代替品种。

⑤各类植物应在公路所经当地的最适宜的季节进行种植，除非图纸上另有标明或监理工程师指示，土壤条件不适合种植时不应种植。

2.3.4.2 施工准备

①施工前应全面了解乔木、灌木和攀缘植物品种。

②施工前应做好乔木、灌木和攀缘植物的机具和材料的准备。

③施工前应做好乔木、灌木和攀缘植物的技术交底工作。

2.3.4.3　施工要点

(1)苗木准备

①苗木要求:地下部分,要求根系发达而完整,根颈一定范围内,要有较多的侧根和须根,大根系无劈裂。地上部分,中央领导枝要有较强优势,主侧枝分布均匀,能构成完美树冠,树冠要求丰满,生长茁壮,无病虫害,无机械损伤,且常青树的下部枝叶不枯落成裸干状,规格及形态须符合设计要求。另外,必须是本地的苗木。带土球的苗木的苗圃地必须是砂壤土或黄土,能带完整土球。

a.常青树树冠丰满,不偏体,枝条分布均匀,生长正常,尖梢度均衡,下部枝叶不枯落成裸干状,有明显的主头。

b.落叶乔木要主干明显,主侧枝分布均匀,树干通直,顶芽饱满。

c.花灌木要分枝达到要求规格,叶芽饱满,成枝力强,枝条木质化程度高。

d.灌木、绿篱:叶芽饱满,成枝力强,枝条木质化程度高。

e.花卉应符合下列规定:

ⓐ一、二年生花卉,株高应为10~40cm,冠径应为15~35cm。分枝不应少于8~10个,叶簇健壮,色泽明亮。

ⓑ宿根花卉,根系必须完整,无腐烂变质。

ⓒ观叶植物,叶色应鲜艳,叶簇丰满。

②起苗包装:

a.常青树:起苗时须严格按设计要求的土球直径。包装,以草绳包装为主,要求使绳略嵌入土球为度,如属壤土和砂性土壤均应采取密封式包装物包装,以防土球散落。若反季节栽植,土球直径须加大10~20cm。

b.落叶乔木:主侧根大于等于30cm,切口光滑,无劈裂。若反季节栽植,应进行强修剪,剪除部分侧枝,所保留的侧枝也应疏剪或短截,并应保留原树冠的1/3,同时必须加大土球体积并采取相应越夏措施,如搭棚遮阴、树冠喷雾、树干保温和保持空气湿润等。

c.花灌木、灌木要求:主侧根大于等于20cm,切口光滑,无劈裂。切口光滑,无劈裂。若反季节栽植,须带直径不小于30~40cm的土球或采用营养钵苗。

d.如大树移植,须按园林绿化工程大树移植技术规范施工。

③三证一签:苗木应具有县级以上的检疫合格证、苗木生产许可证、苗木合格证及苗木标签(即三证一签)。有病虫害的苗木不得进入施工现场。

(2)苗木运输和假植

①苗木运输是绿化工程的重要环节,运输数量必须与当日种植数量衔接,做到随起苗、随运输、随种植,以减少苗木根系暴露时间。

②苗木在运输过程中容易受到损伤,运输时必须遵循注意事项,如苗木在装卸车时,必须轻拿轻放,不得损伤苗木和散球。裸根苗木长途运输时,应将根部加以覆盖或喷水保持根系湿润。也可将根系沾泥浆减少蒸发量,保持根系不失水分。

(3)储存和保护

①苗木起苗后至种植,裸根苗应尽量降低暴露时间,超过1h暴露时间不能及时种植时,必须及时假植,假植时间不宜过长,假植如须用湿润土壤埋填根系的,时间不能超过72h,用水浸泡假植时,时间不能超过24h。

②裸根树种应将包打开，放在沟内，根部暂盖壅土，并保持湿润；

③带有土球及草袋包装的植物，应用土、稻草或其他适当材料加以保护，并保持土、稻草等潮湿，以防根系干燥。

（4）种植准备

①施工单位应按绿化工程布置的图纸标出种植地段、种植位置及苗木品种和规格，并进行放样，在种植之前这些布置应得到监理单位的检查认可。应做到：种植穴、槽定点放线符合设计图纸要求，位置准确，标记明显；种植穴定点时标明中心点位置。种植槽应标明边线；定点标志应标明树种名称（或代号）、规格；行道树定点遇有障碍物影响株距时，应与设计单位取得联系，进行适当调整。

②种植地段应修整到符合监理工程师指示的线形和坡度，并具有舒顺的外形。在种植中所有大土块、石块、硬土及其他杂物和不适于种植的材料，均应由施工单位自工地移走。处理好的表土和底土应分开，并得到监理单位认可。

（5）种植穴、槽的挖掘

①挖种植穴、槽前，调查附近所设地下设施等标志，并联系有关单位了解地下设施情况，避免损伤设施。

②各种树木种植的位置必须准确，挖掘种植穴时，按图进行定点放线。属于规则式种植时，树穴要排列整齐；属于自然式种植时，树穴须按设计保持自然。属于图案造型的，必须按坐标测设造型的边缘线，以保证图案造型不失真。力求达到设计的配置艺术要求。

③挖坑的坑壁要随挖随修，使其成直上直下形状，不要成锅底形。

④挖种植穴、槽后须立即将穴底踏实，按要求施基肥、回填表土至穴、槽的 1/3 处拌匀，并踏实。种植穴、槽的规格，按花灌木、常绿树、乔木、绿篱分成四类，树穴规格大小严格按表 2.3.4-1～表 2.3.4-4 执行。

落叶乔木类种植穴规格（单位：cm）　　表 2.3.4-1

胸　径	种植穴深度	种植穴直径	胸　径	种植穴深度	种植穴直径
2～3	30～40	40～60	5～6	60～70	80～90
3～4	40～50	60～70	7～8	70～80	90～100
4～5	50～60	70～80	8～10	80～90	100～110

常绿乔木类种植穴规格（单位：cm）　　表 2.3.4-2

树　　高	土 球 直 径	种植穴深度	种植穴直径
150	40～50	50～60	80～90
150～250	70～80	80～90	100～110
250～400	80～100	90～110	120～130
400 以上	140 以上	120 以上	180 以上

绿篱种植穴规格（单位：cm）　　表 2.3.4-3

种植（深×宽）/苗高	单　　行	双　　行
50～80	40×40	40×60
100～120	50×50	50×70
120～150	60×60	60×80

花灌木类种植穴规格(单位:cm) 表2.3.4-4

冠　径	种植穴深度	种植穴直径
100	60～70	70～90
200	70～90	90～110

(6)栽植

①苗木种植前的修剪。运苗前应在苗圃地对树冠进行修剪。种植前,应在施工现场对苗木根系进行修剪,保持地上地下平衡。

乔木类修剪应符合下列规定:

a.常绿针叶树,不宜修剪,只剪除枯死枝、生长衰弱枝、过密的轮生枝和下垂枝。

b.落叶乔木的定干高度需符合设计要求,定干高度以下的侧枝全部疏除。要求对树干伤口涂漆或伤口愈合剂,并对树体缠膜,待树体发芽后,需及时解膜,以防灼伤。

c.珍贵树种的树冠宜做少量疏剪。

d.枝条茂密具有圆头形树冠的常绿乔木可适量疏枝。枝叶集生树干顶部的苗木可不修剪。具有轮生侧枝的常绿乔木用作行道树时,可剪除基部2～3层轮生侧枝。

e.乔木根系修剪需将劈裂根、过长根剪除。

f.非种植季节种植具有明显主干的高大落叶乔木时,需保持原有树形,适当疏枝和摘叶,对保留的主侧枝需在健壮芽上短截,需剪去枝条的1/5～1/3。

灌木及藤蔓类修剪应符合下列规定:

a.灌木在种植前或栽植后需重剪。

b.对嫁接灌木,需将接口以下砧木萌生枝条剪除。

c.分枝明显、新枝着生花芽的小灌木,应顺其树势适当强剪,促生新枝,更新老枝。

d.用作绿篱的乔灌木,需在种植后按设计要求整形修剪。

e.非种植季节,带土球的灌木只能适当疏枝、摘叶,需保持原有树形。采用营养钵的灌木,不允许修剪。当有枯枝时应予剪除。

②散苗、散露根苗应掌握随掘随运随散苗、随栽植的原则,尽量缩短根部暴露时间以利成活。散苗时要轻拿轻放,行道树散苗要顺路的方向放树苗,不得横放路上影响交通。散带土球树木,要注意保护土球完整,搬运土球时不得只搬树干,尽量少滚动土球。

③栽植前对露根苗的根系要进行修剪,将断根、劈裂根,感染病虫害根,过长的根剪去,剪口要平滑,带土球苗和灌木应将围拢树冠的草绳剪断。

④栽植前应检查坑的大小,深度是否与根系、土球规格标准要求的坑径一致,不符时应修整。

⑤栽树时不得歪斜,要保持树木上下垂直,有树弯时应掌握树尖与根部在一垂直线上,行道树的树弯应在顺路的方向,与路平行。

⑥应由有经验工人,按照正常做法,进行种植和回填土,植物应垂直地栽好,比在苗圃的种植深度加深20～30mm。种植前的乔木和灌木应经监理单位检查认可。

⑦对裸根植物,先将表土放在坑底,其松散厚度约150mm,随即撒布适量(视表土性质而定)有机肥,在肥料上覆盖50～100mm回填土层,使根系不接触肥料。随后将裸根植物放在树坑中央,以自然形态散开根系,所有折断或损坏的根系,应予截去,促使根部生长良好。

在树坑四周及其上回填土后捣固并适当压紧,当回填到根系一半深度时,将植物稍提起,随即再按每层厚150mm回填土并压实。植物四周应由土围成与树坑大小相同的浅盆形凹穴(浅土盆)的蓄水池,深约150mm。

⑧栽行道、行列树应横平竖直,栽植时可每隔10株或20株,按规定位置准确地栽上一株作为前后植树对齐的依据,然后再分别栽植;

⑨根部带有土球的植物,应和上述⑦一样进行处理,并将表土及肥料放在穴内。随即将乔木或灌木垂直栽在坑底放稳,栽种深度应比苗圃时深25mm。回填土随即填在植物土球周围并捣实。土球上部的麻(草)袋应割开并移去,将土球上部的土松开并摊平,然后将其余回填土填下,还应做好浅土盆的蓄水池。

⑩栽植较大规格的常绿树和高大乔木时应在栽植同时埋上支柱,支柱应埋深在0.3m以下,支柱要捆牢,并注意不要使支柱与树干直接接触以免磨伤树皮。立支柱方向应在下风口。

⑪在种植后应按图纸要求,对乔木或灌木浇水,并要浇透,半月之内,再浇透水2~3次。其后每周一般浇水一次,视气候情况而定,直到植物成活为止。

⑫对于在中央分隔带栽植起防眩作用的树木,其高度和株距应符合图纸要求,如图纸无规定,则树高宜1.6m,株距宜2.0m。

2.3.4.4 质量要求

①新种植的乔木、灌木、攀缘植物,应在一个年生长周期满后方可验收。

②地被植物应在当年成活。

③种植的一、二年生花卉及观叶植物,应在种植15d后进行验收;春季种植的宿根花卉、球根花卉,应在当年发芽出土后进行验收。秋季种植的应在第二年春季发芽出土后验收。

④种植应按设计图纸要求核对苗木品种、规格及种植位置。

⑤规则式种植应保持对称平衡,行道树或行列种植树木应在一条线上,相邻植株规格应合理搭配,高度、干径、树形近似,种植的树木应保持直立,不得倾斜,应注意观赏面的合理朝向。

⑥种植绿篱的株行距应均匀。树形丰满的一面应向外,按苗木高度、树干大小搭配均匀。在苗圃修剪成型的绿篱,种植时应按造型拼栽,深浅一致。

⑦种植材料的覆盖物、包装物等应及时进行清理,不得随意乱弃,避免造成环境污染。种植带土球树木时,不易腐烂的包装物应拆除。

⑧珍贵树种应采取树冠喷雾、树干保湿和树根喷布生根激素等措施。

⑨种植时,根系应舒展,填土应分层踏实,种植深度应与原种植线一致。

⑩种植胸径50mm以上的乔木,应设支柱固定。支柱应牢固,绑扎树木处应夹垫物,绑扎后的树干应保持直立。

⑪攀缘植物种植后,应根据植物生长需要,进行绑扎或牵引。

⑫绿化工程质量验收应符合下列规定:花卉种植地无杂草、无枯黄,各种花卉生长茂盛;草坪无杂草、无枯黄;绿地整洁,表面平整;种植的植物材料的整形修剪符合设计要求。

⑬不同部位绿化工程质量验收标准应按相关规范执行。

2.3.5 铺植草皮

2.3.5.1 一般规定

①草皮应为符合设计要求的品种,整体图案美观。

②草皮应无枯黄、无明显病虫害、连续空白。

2.3.5.2 施工准备

①施工前应全面了解铺植草皮品种。

②施工前做好铺植草皮机具和材料的准备工作。

③施工前应做好液压喷草的技术交底工作。

2.3.5.3 施工要点

(1)选择草皮

应选择适合于当地气候条件、易于生长,同时具有耐旱、耐涝、容易生长、蔓面大、根部发达、茎低矮强壮和多年生长特性的草种。

(2)场地准备

①施工单位应按绿化工程布置的图纸标出种植地段、种植位置及品种的轮廓,并进行放样。

②种植场地应修整到设计的线形和坡度,并具有舒顺的外形;清除场地中所有大土块、石块、硬土、其他杂物和不适于种植的材料,处理好的表土和底土应分开。

③在铺植时,先在场地内铺设30mm厚的符合要求的表土。

(3)草皮验收

①施工单位应在铺植工作前提供有关草皮供应来源的全部资料。

②草皮应符合设计要求,并符合现行关于植物病害及虫传染检疫的法规的要求,需提供必要的全部检疫证明。

(4)草皮铺植

在铺植地表的准备工作完成以后,即可铺植草皮。铺草皮时,除平铺外,在边坡较高较陡之处也可铺植,即自坡脚处向上钉铺,用小尖木桩或竹签将草皮钉固于边坡上,铺植的形式,按图纸要求。

(5)草皮养护

铺植后应进行喷灌浇水养护,并对草皮进行拍打,养护初期应让草皮保持湿润状态,根据天气情况控制浇水量,结合浇水进行病虫害的防治和生长期追肥,使其顺利进入生长旺盛期。在草皮成坪、苗木生长正常后(大约3个月后),逐渐减少浇水次数,锻炼植物的适应能力,但在一年内尤其在旱季,要视天气情况对其进行定期护理,使其逐步进入自然生长状态。

2.3.5.4 质量要求

①绿地草坪应符合设计要求,整体图案美观。

②草坪应无杂草、无枯黄、无明显病虫害,无连续0.5m^{2}以上空白面积。

③草坪应整洁,表面应平整,微地形整理应符合设计要求,不应有明显集水区。

④草坪成活率应不小于95%。

⑤如果有绿化喷灌设施,应能正常运转。

2.3.6 喷播植草

2.3.6.1 一般规定

坡面绿化符合设计要求,草灌成活,分布均匀,整体效果美观,如图2.3.6-1所示。

图2.3.6-1 喷播植草

2.3.6.2 施工准备

①施工前应全面了解铺植草皮品种。

②施工前应做好液压喷草机具和材料的准备。

③施工前应做好液压喷草的技术交底工作。

2.3.6.3 施工要点

(1)坡面检验及修整

对于一般坡面应进行常规处理:刷除多余土方、平整竖向冲沟、耙松光滑坡面表土。对于坡率大于1:1的陡坡应对坡面进行特殊处理:沿等高线开挖凹槽、植沟或蜂窝状浅坑。

(2)搅拌混合

采用设计要求的混生互补的草(灌)种与肥料、黏合剂、保水剂、内覆纤维材料、色素及水等,按规定比例放入混料罐内,通过搅拌器将混合液搅拌至全悬浮状。

(3)机械喷播

采用的机具进行喷播植生,在喷播施工过程中,喷枪应左右各偏45°~60°范围以全扇面或半扇面沿喷播路线依次按最佳着地点(在射液抛物线最高点后1~3m范围内)要求实施喷播,并注意左右扇面搭接,喷播施工时应注意风向,避免逆风喷播,大风、大雨应停止喷播施工。

(4)铺设无纺布

完成喷播植生施工后,应及时铺设外层覆盖材料——无纺布,采用单层14g/m^{2}规格或双层10g/m^{2}规格的无纺布。无纺布铺设后,应采用"U"形钉或竹签及时固定,在风口处还应在其上下压土(石)、中部拉绳加固,覆盖的无纺布待苗出齐后(幼苗植株长到5~6cm或2~3片叶时)揭除。

(5)养护管理

植物喷播完毕后,应在草种发芽、成坪期和苗木恢复生根期进行养护工作,在这个时期每天保持基质层湿润,根据天气情况控制浇水量,结合浇水进行病虫害的防治和生长期追肥,使其顺利进入生长旺盛期。在草苗成坪、苗木生长正常后(大约3个月后)逐渐减少浇水次数,锻炼植物的适应能力,但在一年内尤其在旱季要视天气情况对其进行定期护理,使其逐步进入自然生长状态。

(6)补充栽种乔、灌木

为达到公路上边坡草、灌相结合,恢复边坡生态的目的,若确有客观原因喷播后草、灌木成活率及生长情况不符合设计要求时,应在适当的季节,根据附近自然植被生长情况和播种草、灌木生长情况,按设计要求在施工坡面补喷草种或挖坑栽种灌木并进行养护,确保边坡植被恢复的长期景观效果。

2.3.6.4 质量要求

①选择适合当地气候条件、易于生长的草(灌)种。混合草(灌)种应试验其萌芽情况,其纯度和萌发率均应达到90%以上。

②各种草(灌)种、肥料、黏合剂、保水剂要严格按设计要求参配。

③坡面应无杂草、无枯黄、无明显病虫害,草灌成活率应不小于95%。

2.3.7 养护管理

2.3.7.1 养管范围

种植工作结束,应进行有效的养护管理,使植物保持良好的生长条件。管理内容包括绿化区域内修剪、除杂草、中耕、浇水、施肥、管护、防止病虫害、灌木整形、草地除杂、草皮修剪、缺苗补植、藤本植物压条固定等所有保证绿化植物正常成活、生长所需的管理工作。

2.3.7.2 养管要求(包括植树当年)

①立支柱:为了防止较大苗木被风吹倒,应立支柱支撑;多风地尤应注意。支柱分为单支柱、双支柱和三支柱。单支柱:用固定的木棍或竹竿斜立于下风方向,深埋入土30cm。支柱与树干之间用草绳隔开并将两者捆紧。双支柱:用两根木棍在树干两侧垂直钉入土中。支柱顶部捆一横档;先用草绳将树干与横档隔开以防擦伤树皮,然后用草绳将树干与横档捆紧。三支柱:三条支柱呈三角形分布,斜插钉入土中,用草绳将树于与支柱隔开固定绑紧。

②浇水:早春灌溉要于每年3月下旬开始,要求大水漫灌。生长期,乔木浇透水不少于8次,常绿苗木浇水不少于6次,花灌木浇水不少于13次,灌水量以灌满围堰为准;花卉每周浇水1~2次,草坪草每周浇水1~2次,要求漫灌;边坡植草适时浇水,浸入深度大于10cm。秋末、上冻前灌冬水一次,要求大水漫灌。在干旱年份须增加浇水次数。

③除草:乔木林地除草不少于3遍,花灌木林地除草不少于6遍,常绿树林地除草不少于2遍。浇水围堰内要勤翻勤晒。草坪内杂草随长随除,原则上是除早除小为宜。

④修剪:乔木每年最少2次,春季须抹芽。常绿树每年最少2次,花、灌木每年最少2~3次,草坪草适时平剪。绿篱每年不少于2次,修剪须按设计的植物造型和功能要求进行。绿化区域内自然生长的非设计树种亦执行以上标准。

⑤树干涂白:每年冬季对乔木涂白1次,涂白高度为1.2m,涂白材料为生石灰加防啃剂等。

⑥施肥:基肥每年施肥不少于1次,基肥原料为腐熟的农家肥。施肥时间为每年在灌冬水之前。施肥方法须根据树木的根系分布情况而定,把肥料施在距根系集中分布层稍深、稍远的地方,具体施肥方法有环状施肥、放射沟施肥、条沟状施肥、穴施,施肥量要执行设计规定量。每年追肥不少于2次,施肥方法是撒施、水施、穴施,施肥量执行设计规定量。

⑦病虫害防治:采取防与治相结合的办法,根据疫情,每年防治不少于3次。农药的种类根据病虫害发生的实际情况确定。用药时一定要认真阅读说明书,以防发生药害。

2.3.8 安全生产、文明施工与环境保护

2.3.8.1 安全生产

(1)安全生产管理体系

①制订严格的安全生产操作规程,各工种必须严格遵守工地安全技术及文明卫生细则,对特殊工种必须持证上岗,对有违反操作规程及有关规定的处以经济处罚。

②严格执行安全操作和安全消防责任制度,加强安全教育,进行安全技术交底,配备专职安全员做好经常性的安全检查工作,把安全生产贯穿于施工的全过程。

③施工现场使用的电机设备必须完好,并按规定装齐防护装置的保险装置,操作规程要挂牌,严禁没有经过培训或不懂机械设备的人使用电机设备。施工现场电线、电缆按规程架设,不得有直接钢管乱拖、乱接等现象,动力与照明线路要分开设置,做到一机一闸一保险。

④科学地组织施工,严格执行现场管理制度,做好经常性的安全监督检查,保证现场整治,工完场清,材料堆放整齐,道路畅通。

(2)安全生产措施

①机械设备的防护装置一定要安全有效。

②架设临时电线要符合规程要求,不准绑在金属架上,电器设备必须全部接地接零。

③夜间施工要有足够的照明和可靠的安全措施,危险地区有警戒标志。

2.3.8.2 文明施工

①在施工场地入口处设醒目标牌,并设置专人指挥交通。

②在施工现场制订各种管理制度，明确各级主管生产或经营的领导为各级施工现场管理责任人。

③现场临建设施和围护设施搭设牢固整齐。

④在保证施工材料合理堆放的前提下，确保施工道路的畅通。

⑤临时管线必须搭设整齐，该设固定架的坚决固定，严禁绑扎和缠绕。

⑥每道工序及作业层面施工完后及时清理、清扫，将施工材料和废弃物及时清理干净。

⑦现场物质材料管理井然有序，确保施工场地的环境卫生，做到工完场清，文明施工。

2.3.8.3　环境保护

①施工期间遵守国家和地方有关环境保护、控制环境污染的规定，采取必要的措施防止施工中的燃料、油、污水、废料和垃圾等有害物质对河流、湖泊、池塘和水库的污染。防治扬尘、汽油等物质对环境空气的污染，防治噪声对环境的污染，把施工对环境、空气和居民生活的影响减小到法规允许的范围内。

②在居民集中居住区和靠近学校、医院等环境敏感区，噪声大的施工作业，应按监理人规定的作业时间施工。

③绿化施工中严格遵守国家环境保护的规定，采取措施防治和消除绿化施工期间的环境污染。

④制订施工期间环境保护措施送交监理人批准，做到统筹规划、合理布置、综合治理、化害为利。

⑤需要借土、弃土时，对现有的或规划的保护文物遗址，采取避让的原则进行地点的选择。

3 管理、工地建设

3.1 管　　理

3.1.0 文化建设口号

提升形象:

不以牺牲人格为代价换取个人利益;

不以牺牲国家利益为代价换取人情;

不以牺牲质量为代价换取高速度;

不以牺牲老百姓的利益为代价换取低成本;

不以牺牲全体职工利益为代价换取名誉。

提升素质:

正直的做人,严谨的做事,丰富的知识,科学的态度,良好的修养,宽广的胸怀,和谐的交往,愉快的生活,健康的身体,高效的工作。

为人处世实而不愚,工作态度烈而不燥,执行规范严而不死,工程管理活而不乱,结交朋友处而不庸,地方工作让而不失,对待上级敬而不卑,个人利益廉而不贪。

七提倡、七反对:

提倡好学上进树立远大的理想,反对愚昧无知;

提倡勤奋向上的创业精神,反对消极等待思想;

提倡实事求是,反对弄虚作假;

提倡敬业精神和集体荣誉感,反对极端个人主义;

提倡尊重知识、尊重人才,反对嫉贤妒能的陈腐观念;

提倡德才兼备的用人观,反对非正常的求官求职的歪风;

提倡团结紧张、严肃活泼的工作氛围,反对自由散漫、我行我素的无政府状态。

建设:

转变意识、提升修养、学习先进、创造品牌;全力打造功能齐全、成本合理、寿命耐久、视觉美观生态环保、行驶安全、出入方便、乘坐舒适的干线公路。

3.1.1 项目管理机构与工作职责

3.1.1.1 项目管理机构

设立指挥部。指挥长负责对工程项目的质量、进度、费用、安全、环保等实施总体过程控制,同时对项目的建设管理、廉政建设、环境保护等进行管理;结合承德山区干线公路的特点,为更好进行宏观控制、具体安排,做到既有重点又兼顾全局,建立一个科学、高效的组织机构,本指南供各参建单位执行。

3.1.1.2　指挥部工作人员工作准则

①今天的事情今天办,当天的工作当天办结。

②有制度的按制度办,没制度的请示办,对不合时宜的制度积极建议改进,新制度未出台前按原制度办。

③关键的人员在关键的时刻,必须出现在关键的地方。

④工作上互相多提醒,多配合,养成良好的工作方法。

⑤把心放在路上,把路放在心上。

⑥把沟通作为工作的重要手段,重要的事情及时沟通。

⑦交办的工作不折不扣的落实,没有任何借口。

⑧交办的工作件件有落实,有追踪,有反馈,有创造性的工作。

⑨明确职责分工,遵循办事流程,达到预期效果。

3.1.1.3　指挥部工作人员廉政守则

①不准索取、接受或者以借为名占用施工、监理等单位或者其他个人的财物。

②不准接受可能影响公正管理、服务对象的礼品、宴请以及旅游、健身、娱乐等活动安排。

③不准接受礼金和各种有价证券、支付凭证。

④不准以管理、处罚形式,谋取不正当利益。

⑤不准利用知悉或者掌握的内部信息谋取利益。

⑥不准侵害群众利益、违犯乡规民约,败坏公共道德。

⑦不准向施工单位介绍承包队、推销各种材料。

⑧不准向施工、监理单位派吃、派请、派工,核报与工程管理工作无关的额外费用。

⑨不准违犯廉政纪律和工作要求。

3.1.1.4　工作职责

(1)指挥长职责

①三总控:

a.工程质量、安全总控:负责项目质量控制,建立四级质量保证体系(承包人自检体系、监理工程师检测体系、指挥部质量管理体系、政府监督部门质量督导体系)。对监理单位的质量控制工作进行督导,确保项目质量目标的实现;建立安全生产监管体系,本着隐患就是事故的原则,将平安工地建设融于日常的安全生产管理。

b.工程进度总控:负责项目总体进度计划控制,定期检查项目阶段目标完成情况;按照与地方拆迁办的有关责任分工协调落实征地拆迁,确保项目建设总进度目标的实现。

c.工程投资总控:制订工程投资总控目标,使资金使用与筹资相协调;负责审批工程款支付及其他有关费用;负责合同外费用的管理(如变更、索赔等);合理计划、安排使用建设资金,控制工程总投资在批复的概算范围内。

②“七管”:

a.技术管理:负责项目技术规范、技术标准和精细化实施细则的制订和解释,组织重大设计方案或复杂技术问题的专题研讨,提供技术咨询服务支持。

b.合同管理:负责合同文件谈判,制订及签订;负责对合同履约情况进行检查、考评,根据检查考评结果进行奖罚；负责费用支付（预付款、中期支付、交工支付及结算）、计量控制、工程延期、索赔、价格调整、合同外分包、合同争端处理结果及违约处罚的审批。

c. 监理管理：制订工程项目监理目标，按部颁《公路工程施工监理规范》（JTG G10—2006）健全工程监理体系，加强对监理工程师的管理，督导监理工程师正确、全面履行工程监理职能。

d. 征地拆迁管理：配合地方政府完成征地拆迁工作，负责协调施工单位与地方政府之间的关系。协调施工单位进行取、弃土场的征地拆迁工作。

e. 项目开工、交（竣）工验收的管理：办理项目开工手续，组织项目交（竣）工验收及项目移交工作。

f. 安全管理：根据国家安全生产法律、法规制订与项目建设相适应的安全生产规章制度，建立安全生产监管体系，健全覆盖施工现场各个工序和环节的安全员管理制度；把平安工地建设活动和日常的安全管理相结合，贯彻于安全生产管理的每个环节；监管承包人安全生产措施费用的合理使用；组织安全生产检查、评价；组织重大安全事故调查、处理。

g. 环保管理：负责监督检查项目实施过程中的生态保护、水土保持工作，本着节能减排、低碳环保的建设理念实施工程建设项目管理，对施工单位的违规行为及时提出整改要求。

③“二协调”：

a. 协调参建单位与辖区地方政府（地方征地拆迁办）的关系。

b. 协调各参建单位（施工、监理、设计、科研、技术咨询单位）之间的关系。

（2）项目工程师职责

①负责贯彻执行国家、交通运输部、河北省以及上级部门政策、法规，全面落实精细化施工管理的各项要求。

②负责总监办审批后的各标段施工组织设计核备工作。

③监督检查施工、监理单位的质量、安全保证体系建设，负责施工现场的质量、安全监督管理工作。

④组织现场交桩、专家研讨会、现场会、经验交流会，参加技术交底、工地例会，做好工程调度工作。

⑤负责项目主体工程的进度管理工作。

⑥负责组织各合同段的首件（试验段）验收、管理工作。

⑦做好新技术、新材料、新工艺及科研项目的研发工作，并负责施工现场的组织实施。

⑧对监理及施工单位的人员履约情况检查，并对施工单位机械设备的进场情况按照合同约定和施工进度情况进行检查。

⑨督促、检查监理单位的工作。

⑩负责工程变更的管理工作。

⑪完成领导交办的其他工作。

（3）总监办职责

①质量监理：

a. 建立监理的试验、检测工作体系，按照监理规范及合同文件规定的频率独立开展监理的试验、检测工作，建立工程质量试验检测台账和质量月报体系，报送指挥部。

b. 督促承包人严格按照合同文件、技术规范和监理程序进行施工，通过旁站、巡视、检测、试验和整体验收等手段全面监督、检查和控制工程质量(包括变更项目);对隐蔽工程、关键工序、重要构件的施工实行全过程旁站监督,留存工程影像资料,并及时签认。

c. 参与交桩和技术交底工作。

d. 组织辖段内各承包人之间的控制点联测,审批承包人提交的测量成果并报总监办备案。

e. 审核承包人质量保证体系,并定期检查其充分性、适宜性和有效性;审查承包人配备的人员是否符合合同要求,并满足施工要求。

f. 审批原材料和配合比。

g. 审核承包人为实施本工程编制的总体施工组织设计和技术方案,审批分项工程技术方案和施工工艺。

h. 按照规定组织工程中间交工验收工作,对已交工工程中出现的缺陷、病害、剩余工程组织进行调查,确定相应责任,督促承包人修复、完成;签发中间交工证书。

i. 参与验收承包人的工地试验室。

j. 对承包人的检验、测试工作进行全面监理,使用自备的测试仪器设备,对工程质量进行独立检验,凭数据对工程质量进行监理。

k. 参加指挥部或上级主管部门主持的交、竣工验收工作。

l. 参与质量事故调查。

m. 参与首件认可、验收工作,负责单件的验收工作。

②进度监理:

a. 督促承包人尽快做好开工前施工准备工作,及时审核上报总体施工组织设计方案。

b. 审查批准单位、分部、分项工程的开工报告。

c. 签发分部、分项工程的停工、复工令,并指挥部备案。

d. 审核承包人提交的总体进度计划,阶段性计划,月、旬计划,并督促承包人实施。当工程未能按计划进行时,应及时分析原因,找出存在的问题,并通知承包人调整或修改计划,采取必要的措施加快施工进度,以使实际工程进度符合进度计划的要求。

e. 编制工程进度报表,监理工作月报、季报、年报及其他报表,做好监理日记和监理总结。

f. 定期报告工程进度情况,当施工进度可能导致合同工期严重延误时,及时提出应采取的措施和办法。

③费用监理:

a. 建好单位、分部、分项工程台账,对已完工程进行准确计量,签发计量证书。

b. 按施工合同的规定,现场计量与核实合同工程量清单规定的任何已完工程的数量和价值,隐蔽工程必须在隐蔽前测量记录和留存影像资料。

c. 已完成工程量必须按《公路工程质量检验评定标准　第一册　土建工程》(JTG F80/1—2004)检验评定达到规定要求,才能签署计量资料。

④合同管理:

a. 熟悉合同文件、施工技术规范、监理规范、精细化实施细则、设计文件及指挥部各项管理制度,了解施工现场。

b. 主持常规工地例行会议。

c. 审查承包人的劳务分包合同和劳务分包人的资质。

d. 根据合同规定处理承包人的违约事件。

e. 协调所辖标段内各承包人之间在施工中所发生的有关问题。

f. 监督承包人进入施工现场的农民工工资发放情况，对于拖欠农民工工资的承包人，应及时报告指挥部并发出书面通报。

g. 参加研究、处理、核实工程变更和技术问题的专题讨论，按施工合同规定及工程变更管理办法规定的变更范围，对工程或其任何部分的形式、质量、数量及任何工程施工程序的变更进行初步审查。

h. 对承包人提出的工期延长或费用索赔，应就其申述的理由，查清全部情况，并根据合同规定程序提出审核意见，报指挥部审批。

⑤安全生产：

a. 审查施工图设计文件时，发现不满足有关法律、法规、强制性标准的规定，或存在较大施工安全风险时，应及时按相关规定逐级上报。

b. 审查施工组织设计中安全技术措施或专项施工方案是否符合工程建设强制性标准。

c. 检查承包人的安全生产责任制、安全生产管理机构、安全管理规章制度、安全生产管理人员的落实情况及分项工程安全技术交底等。

d. 对施工现场安全生产情况进行巡视检查，检查承包人各项安全措施的具体落实情况和施工现场专职安全员、兼职安全员的工作情况。对易发生事故的重点部位和环节实施旁站监理。发现存在安全事故隐患的，应当要求承包人立即进行整改，情况严重的应当要求承包人暂时停工，并及时按相关规定逐级上报。

e. 审查承包人是否制订施工现场临时用电方案的安全技术措施和电气防火措施。

f. 督促承包人进行安全生产自查工作，参加施工现场的安全生产检查，不定期抽查现场持证上岗情况和施工机械设备的使用状况，认真做好施工监理日志。

g. 及时建立和收集安全生产监理全过程资料，督促承包人按规定投入、使用安全生产措施费用。

h. 督促承包人制订生产安全事故应急救援预案，针对重点部位和重点环节制订工程项目危险源监控措施和应急预案。

i. 参与安全事故调查。

⑥环境保护：

a. 组织工程环境监理交底会，向承包人提出应特别注意的环境保护要求及环境监理的工作程序。

b. 检查施工过程中承包人对承包合同中环境保护条款的执行与环境保护措施落实情况，重点监督检查施工区生活饮用水质保护、施工区珍稀物种保护、污水处理、空气污染控制、噪声污染控制、固体废弃物处置和卫生防疫等方面。

c. 检查承包人职业危害的防护措施是否健全。

d. 参加工程验收，并签署环境监理意见。

⑦其他：

a. 督促、检查承包人按指挥部的要求编制工程竣工文件，编制监理竣工文件。

b. 抓好自身廉政建设，加强职业道德教育，防止违法、违规行为的发生。

c. 接受政府监督部门的监督与检查，积极配合政府监督部门的工作。

d. 签订合同之后应积极组织监理人员对施工图设计进行审核。

3.1.2 项目建设管理

3.1.2.1 工程开工与进度管理

(1)工程开工

各合同段单位工程开工由总监办统一下达开工令。具体按照总监办制定的《监理实施办法》执行。

(2)进度计划管理

①各合同段的阶段工程进度计划由总监办根据各合同段的工程量分解下达。

②各合同段的月度工程进度计划由承包人根据总监办下达的阶段进度计划分解至具体部位、桩号,于上月25日前上报至总监办审批;工程进度计划应分别按网络计划和主要工作横道图绘制,包括每月预计完成的工程量和形象进度。

③分项工程开工前,承包人应对本合同段的工程进行单位、分部、分项划分,总监办审批合格后下发,分项工程作为工程开工的最小申请单元。分项工程进度计划由承包人根据合同段工程进度计划,在每个新的分项工程开工前7d递交开工申请。

(3)进度计划的检查与监督

①承包人应按照要求向总监办、指挥部上报月度进度工作计划报表。工程实际进度填报每周、月阶段报表(计划进度与实际进度的比较图表)。

②现场监理工程师应每天跟踪、检查工程项目的实施进展情况,将检查结果记录在监理日志中。

③总监办应定期组织承包人负责人召开现场会议,从中了解施工过程中存在的问题和潜在的问题,同时获得工程项目的实际进展情况,并及时采取相应措施预防不良情况的发生。

(4)进度计划调整

①月度计划未能完成,只能在下月度中补回未完成的工程;承包人应提出弥补工程进度的具体措施,报监理工程师批准。

②指挥部和总监理工程师有权根据全线总体施工进度的统筹安排,对承包人的合同工期、关键工程的工期、阶段计划、季度计划和月度计划做适当调整,承包人应严格按照监理工程师和指挥部调整后下达的计划执行,承包人应理解并无条件接受。

③对于未能按照要求完成进度计划或不采取积极措施予以弥补的承包人,指挥部和监理工程师有权依据合同条款的约定,对承包人予以违约追究。

(5)进度管理中的注意事项

①严格按照合同要求检查承包人的人员实际到位及主要设备的进场情况,并根据工程实际进展做出调整。

②认真审查承包人的施工组织设计和施工方案,确保合理组织施工。

③及时协调解决施工中发生的影响进度的问题,如征地拆迁、地方干扰等。

④缩短工程变更手续审批时限及压缩变更设计的周期。

⑤及时批复工程开工申请。

⑥及时做好甲供材料的计划和供应工作。

⑦及时办理中间计量和支付。

⑧及时协调好指定的检验、检测单位进场工作。

3.1.2.2 工程质量管理

(1)总则

①工程质量实行指挥部全面负责，监理单位控制，设计、承包人保证及政府监督相结合的质量管理体制。

②项目参建各方必须按照规定向质量监督机构报告公路工程质量情况，提供有关资料。任何单位和个人对公路工程的质量事故、质量缺陷和影响工程质量的行为有权向交通运输主管部门或质监机构进行检举、控告和投诉。

③参与工程建设的设计、施工、监理单位负责人对本单位的质量工作负领导责任；各单位的工程项目工程师，对本单位工程项目的工程质量负直接领导责任；各部门的工程技术负责人，对质量工作负工程技术方面的责任；具体工作人员为直接责任人。

④工程质量在设计使用年限内实行质量管理终身负责制和质量问题追究制。

⑤建立“政府监督、法人管理、社会监理、企业自检”的四级质量保证、责任追究体系。

⑥严禁设计、施工、监理单位将承接的工程建设项目转包。

⑦从事工程建设活动的专业技术人员和特殊职业的操作人员，应当按照有关工程建设的法律、法规、规章的规定取得相应资格证书，并在资格证书许可的范围内从事工程建设活动。

⑧结构混凝土采用高性能混凝土，预应力构件采用智能张拉、循环压浆设备。

（2）工程质量控制依据

①工程承包合同文件（含附件）、技术规范。

②设计文件。

③国家及政府有关部门颁布的有关质量管理方面的法律、法规文件。

④交通运输部颁发的《公路工程质量检验评定标准　第一册　土建工程》（JTG F80/1—2004）。

（3）工程质量检查程序

①分项工程质量检查程序。

a. 分项工程开工前的准备工作。

ⓐ施工图纸审查：施工准备阶段监理工程师和承包人应认真仔细审查施工图纸，检查设计图纸与说明是否齐全、吻合，设计图纸是否符合规定要求，图纸有无遗漏、差错或互相矛盾之处，地质和水文等基础资料是否充分可靠，所需材料来源有无保证，所提出的施工工艺、方法是否合理，是否切合实际，能否保证质量要求，路线、桥梁各桩位的坐标、高程是否正确等。

ⓑ工程开工申请的审查：各分项工程开工前，承包人必须首先提交分项工程开工报告，报告除按表格内容填写外，还应提出工程实施计划、施工方案及施工工艺、分项工程质量负责人、劳动力组织安排及承包人质量自检系统和质量保证措施、放样测量、标准试验等基础资料、工程材料供应情况及材料试验报告、施工机械型号和数量，工地试验室仪器与试验人员配备及临时资质的审批情况，并依据技术规范列明本项工程的质量控制指标及检验频率和方法。对承包人所报资料应逐项进行检查，在审批开工申请时，掌握以下原则：开工前所采用的设计图纸必须经过复核无误；材料、人力、机械设备不足不准开工；未经检验认可的材料不准使用；未经批准的施工工艺不准采用；前道工序未经检验，后道工序不准进行。

b. 分项工程开工后的质量控制。

施工放样和施工测量资料应提交监理工程师审查和复核，关键工序、重点部位、隐蔽工程的施工过程应有监理人员旁站或监督,必要时进行现场签认。每道工序完工后应进行工序检查验收。承包人的质量检验人员应按照经监理工程师批准的工艺流程和提出的工序检查标准,每道工序完工后,首先进行工序的自检。自检合格后,填报质量验收通知单,现场监理和专业监理工程师接到通知单后,在规定的时间内对该工序进行检查、抽检并签认质量检验报告单,如验收合格则应及时批准承包人进行下道工序的作业,否则责令承包人进行缺陷修补、返工或采取其他补救措施。

c. 中间交工证书。

单位、分部或分项工程完工后,承包人的质量检验人员应根据规范要求进行工程的自检,合格后汇总各道工序的检查记录及测量和抽样试验的结果并填报《中间交工证书》。总经办专业监理工程师检查汇总各道工序的质量检验单,进行必要的测量或抽样试验合格后,签认《中间交工证书》。签认后的《中间交工证书》作为该单项工程计量支付的依据。

d. 开工、检查、验收的审批权限。

分项工程开工申请的审查负责人为专业监理工程师,施工放样与施工测量检查的责任人为专业监理工程师;工序质量检查的责任人为现场监理;分项工程的质量检查责任人为专业监理工程师;分部工程、单位工程、合同段的开工申请及路基交验的验收由总监负责。首件工程验收由指挥部组织,总监办参加。单件验收由总监办组织,指挥部相关人员参加。

②分部、单位工程质量检查程序。

当组成某一分部工程的各分项工程或组成某一单位工程的各分部工程全部完工后,承包人应首先进行再次检查和评定并报请总监办检查、复查,办理中期交工。对诸如路基交验、基础及隐蔽工程、路面、梁板预制安装等《公路工程质量检验评定标准　第一册　土建工程》(JTG F80/1—2004)中的重要部位的单位、分部、分项工程由总监办组织中期交工验收。

(4)工程质量管理职责

①指挥部的质量职责:

a. 制订质量目标。

b. 执行和落实"政府监督、法人管理、社会监理、企业自检"的四级质量保证、责任追究体系。

c. 执行国家及合同文件规定的有关工程质量标准。

d. 接受省、市质监站的监督与检查,积极配合检查工作,执行检查部门提出的质量问题处理意见。

e. 支持监理机构为保证工程质量所采取的积极措施和对工程质量隐患的处理决定。

f. 对设计、施工中可能存在的质量缺陷、隐患提出修改、处理建议,督促相关单位整改落实。

g. 建立质量责任追究体系,完善各项质量管理制度和责任追究制度。

h. 组织单件工程验收,并对单件工程验收结果进行评价。

i. 组织交工验收,协助并参与主管部门组织的竣工验收。

j. 缺陷责任期和工程保修期的质量管理工作。

②监理机构的质量职责:

a. 完善监理机构自身的质量保证体系,制订、执行监理质量控制程序和控制方法。

b. 加强监理试验室的管理，全方位、全过程进行工程质量监控。

c. 检查并督促承包人完善质量保证体系。

d. 审批主要分项工程的首件工程（试验路段）或试验项目的施工工艺、施工方案，审批试验结果。

e. 检查承包人的施工工艺和方法是否符合技术规范、精细化施工的要求；是否按监理工程师审批的方案进行施工。

f. 检查、检验施工中所使用的原材料、混合料和材料组成设计等是否符合有关标准和规范的要求。

g. 对施工关键环节、重点部位和隐蔽工程全过程监督、旁站。

h. 及时进行各分项工程的中间交工质量验收，验收合格后批准承包人进行下道工序的施工。对于重点工序和分项工程应坚持旁站监理。

i. 参与指挥部组织的单件工程验收工作，并对验收工作提供真实、可靠的抽检数据及相关技术资料。

j. 尽早发现可能影响工程质量的任何不良因素或质量事故苗头，并及时采取措施给予制止；组织对施工中发现的工艺缺陷或质量事故进行调查、处理。当缺陷或事故经处理达到设计和技术规范要求后，批准承包人继续施工。

k. 加强工地巡视并认真填写监理工作日志及监理旁站记录。

l. 加强质量计划管理，结合质量分解目标建立已完工程质量情况的台账，定期分析质量目标实现的可能性和影响因素，以便采取相应的控制措施实施监控。

m. 参与、组织召开质量现场会。

n. 定期向指挥部报告工程质量情况，接受指挥部、省、市质监站的监督与检查，积极配合检查工作。

o. 进行合同段质量评定，参与指挥部主持的工程交工、竣工验收工作。

p. 缺陷责任期和工程保修期的质量管理。

q. 其他在交通运输部公路工程施工监理规范中明确的质量管理职责。

③承包人的质量职责：

a. 承包人对所施工的工程负有终身质量责任，必须树立全寿命质量意识，切实贯彻“百年大计、质量第一”的方针。

b. 承包人必须建立自检质量保证体系，实行分级管理的质量责任追究制度。项目经理为合同段质量第一责任人，项目技术负责人对本合同段的工程质量负技术和管理责任。质检工程师和操作人员为质量的直接责任人。

c. 严格执行国家和合同要求的质量标准，制定相关控制程序和方法，尤其是重点部位和隐蔽工程的质量保证措施，预防质量事故的发生。

d. 严格按照指挥部制定的精细化施工管理实施细则的规定组织施工。

e. 严格执行监理程序，实行从材料质量、施工程序、施工工艺、内部自检的全过程质量管理。建立相关质量台账和档案。

f. 严格执行监理指令，对施工中存在的质量问题及时整改，并以书面形式予以反馈。

g. 积极配合并接受指挥部组织进行的第三方试验检测，并对检查中发现存在的无异议的问题认真给予落实、整改。

h. 按照有关要求进行质量自检评定，并及时整理已完工程的技术资料，申请进行单件工程的验收。

i. 按照有关管理规定，实时的组织一线劳务人员和施工技术人员进行岗前技术培训，并严格执行三级技术交底制度。

j. 负责缺陷责任期的质量缺陷维修和承担保修期的质量责任。

（5）工程质量事故的处理

①工程质量事故定义：

工程质量事故是指由于勘察、设计、施工、监理、试验检测等责任过失而使工程在下述时间内遭受损毁或产生不可弥补的本质缺陷，因构造物倒塌造成人身伤亡或财产损失以及需要加固、补强、返工处理的事故。

a. 道路工程：现场监理签认至工程项目通车后两年内。

b. 结构工程：施工过程中、设计和使用年限内。

②工程质量事故的分类及其分级标准：

工程质量事故分为质量问题、一般质量事故、重大质量事故三类。

③质量事故的处理：

由于影响工程质量的因素众多而且复杂多变，因此，监理工程师的质量监控应以主动控制为主，以避免工程质量事故的发生。当施工过程中出现质量事故时，应按以下程序进行处理。

a. 当工程出现质量事故后，监理工程师应首先以“监理通知单”的形式通知承包人，并要求停止有质量问题部位和与其有关联部位及下道工序的施工，需要时，还应要求承包人采取安全保护措施。同时，要督促承包人及时上报主管部门。

b. 要求承包人接到“监理通知单”后，在监理工程师的组织与参与下，尽快填报《工程质量事故处理报告单》进行质量事故的调查，写出调查报告。调查报告的主要内容应包括以下几个方面：

ⓐ与事故有关的工程情况。

ⓑ质量事故的详细情况，如质量事故发生的时间、地点、部位、性质、现状和发展变化情况等。

ⓒ事故调查中的有关数据、资料。

ⓓ质量事故原因分析与判断。

ⓔ是否需要采取临时防护措施。

ⓕ事故处理及缺陷补救的建议方案与措施。

ⓖ事故涉及的有关人员和责任者的情况。

c. 在事故调查的基础上进行事故原因分析，正确判断事故原因。事故原因分析是确定事故处理措施方案的基础。对于质量事故，指挥部将组织设计、监理、施工等各方进行事故原因分析。必要时，委托有关咨询单位或邀请专家进行现场技术论证。

d. 在事故原因分析的基础上，研究制订事故处理方案。事故处理方案的制订应以事故原因分析为基础。如果某些事故一时认识不清，而且事故一时不致产生严重的恶化，可以继续进行调查、观测，以便掌握更充分的资料数据，做进一步分析，找出原因，以利制订处理方案。

e. 确定事故处理方案后，监理工程师应指令承包人按既定的处理方案，实施对质量事故的处理。如果发生的质量事故不是由于承包人的责任和原因造成的，则处理质量事故所需的费用或延误工期，应和指挥部协商，根据实际情况给予承包人合理的补偿。

f. 质量事故处理完毕后，应由总监办组织、指挥部等相关人员对处理的结果进行严格的检查、鉴定和验收，写出“质量事故处理报告”，提交指挥部，并上报主管部门。

（6）工程质量缺陷的处理

①对于存在质量缺陷工程，要求承包人应根据质量缺陷的原因提出不同的处理意见，报监理工程师批准，及时进行修补、加固或返工处理。

②在质量缺陷的处理过程中，监理工程师应实施“三全”（全面、全员、全过程）监督检查。

（7）首件工程认可

①为加强对本项目工程质量的监督与管理，确保工程施工的内在和外观质量，消灭主要质量通病，消除重大质量问题和质量隐患，本项目实行首件工程认可制度。

②首件工程认可制立足于“预防为主，先行试点”的原则，抓住首件工程的各项质量指标进行综合评价，以指导后续工程批量生产，及时预防和纠正后续批量生产可能产生的各种质量问题。

③方案选定：

a. 路基工程：试验段、软基处理、特殊路基处理、结构物回填、不同压实标准及不同填料的路基填筑、基坑回填、台背回填前的地表处置、路基填挖方、路床底高程以下 80cm 的第一层填筑等。

b. 路面：垫层、底基层、基层、中央隔离带混凝土护栏安装、下面层、中面层、上面层（各结构层的试验段）。

c. 桥涵：预制梁底座、预制板张拉台、基础、墩、台身、台帽（盖梁），上部结构预制（第一片梁板，包括张拉、压浆），上部结构安装（第一片梁板），上部结构现浇（第一联或第一块），桥面铺装、防撞护栏（长度均为一个沉降缝间距）、混凝土的养生。

d. 隧道工程：洞口路堑开挖，洞门仰拱开挖，管棚、洞门开挖，初期支护，仰拱混凝土，衬砌混凝土，中心管沟，纵、横向排水管，洞门墙，削竹式洞门，路面、边沟盖板、防水板。

e. 防护工程：急流槽（3 道）、边沟（1 段长 50m 左右）、护坡（1 段长 50m 左右）、上或下挡土墙外露面（一段）、上或下护坡（一段）、护面墙（一段）、挖方小矮墙（一段）、迎水墙（一段）。

f. 绿化、交通工程（1 段，长度宜取 1km），开挖后的土质上边坡绿化、坝上地区的边坡绿化。

④实施：首件工程施工前，各项技术准备工作必须完成，人员、机械设备必须到位，且设备运行状况良好，施工必需的各种材料已进场且已检验合格，具备分项工程开工所应具备的基本条件，分项工程开工报告已审查批复且首件工程施工申请报告已经批复。根据实际情况确定首件工程开始施工的具体时间，通知总监办及指挥部参加，并详细记录整个施工过程及施工过程中的各项技术数据。

⑤评价和认可：在首件工程完成以后，承包人应对已完成项目的施工工艺进行总结，并对质量进行综合评价，提出自评意见；总监办进行复评、指挥部终评。评价意见分为合格和不合格两等，合格工程由总监办签发首件工程认可证书，在完善提高后进行后续工程施工；不合格工程责令返工，重新进行首件施工。

⑥运用与推广：实行首件工程认可制，是通过首件工程的示范作用，带动、推进和保障后续工程的质量。

⑦资料管理:首件工程认可的检查用表,均须采用指挥部统一制定的格式申报,并由相关责任人签字。首件工程资料包括:

a. 首件工程施工申请报告(承包人填写)(附件 A-1)。

b. 首件工程施工许可证(总监办签认)(附件 A-2)。

c. 首件工程认可证书(总监办、指挥部签认)(附件 A-3)。

3.1.2.3 安全生产监督管理

(1)总则

①为加强建设项目安全生产监督管理工作,防止和减少生产安全事故,保障人身和财产安全,根据《中华人民共和国安全生产法》、《建设工程安全生产管理条例》《安全生产许可证条例》、《公路工程安全生产监督管理办法》《河北省安全生产条例》等有关法律、法规、规章,结合实际,编制安全生产监督管理办法,供参建单位遵照执行。

②适用范围:指挥部、各参建单位(勘察、设计、施工、监理)和个人。

③指挥部负责施工现场的日常安全监督检查工作,总监办负责对各参建单位的安全生产工作实施现场监督、检查。

④各参建单位应当遵守有关工程安全的法律法规,在各自的业务范围内对建设工程的安全负责,确保实现以下安全控制目标:

a. 无责任性的工伤死亡事故。

b. 年重伤频率低于 0.6‰。

c. 年负伤频率低于 6‰。

d. 无重大机械事故。

e. 无重大火灾事故。

f. 无重大安全隐患。

⑤指挥部、监理单位和施工单位应当向社会公布安全生产监督举报电话。

⑥本项目的安全生产监督管理坚持“安全第一、预防为主、综合治理”的方针和“管生产必须管安全”、“隐患就是事故”的原则,建立健全安全生产保障体系和安全生产责任追究制度。

(2)安全生产管理组织

①指挥部成立以指挥长为组长,项目工程师、总监任副组长,各项目经理为成员的指挥部安全生产领导小组。

②监理单位应成立安全生产监督领导小组,负责对所辖合同段安全生产的监督和安全技术的指导,由总监理工程师或总监代表任组长,为安全生产第一负责人,并由安全监理工程师负责日常安全生产的监督管理工作。

③各项目经理部相应成立安全生产领导小组,安全生产领导小组由项目经理部经理、副经理、总工和专职安全员组成。项目经理和分管安全生产的副经理为第一和主要负责人。

(3)安全生产管理职责

①指挥部安全生产管理职责:

a. 贯彻执行国家、交通运输部及河北省制定的安全生产法律、法规、条令及有关规定,严格监管项目工程建设的安全生产工作。

b. 根据项目的工程特点建立、健全安全生产监管体系,成立安全生产领导小组,制订安全生产管理、考核制度、安全生产责任追究制度以及安全生产台账,并按照有关规定及与参建单位签订的合同要求加强对参建单位安全生产活动的监管和考核。

c.督促项目各参建单位建立、健全安全生产保障体系和安全生产责任制,并定期进行检查,督促各施工单位常态化的开展平安工地建设活动。

d.通过不同方式的检查,对施工单位分部、分项工程的安全管理进行检查,做出各施工单位的安全生产管理工作评价。

e.按程序对施工单位施工组织设计中的安全保障措施及应急预案进行审查。必要时,委托具有相应资质的咨询机构进行安全评价并制订出安全应对措施,消除安全隐患。

f.对各个项目部的专职安全员工作进行检查、考核、监督。

②监理单位安全生产管理职责:

a.贯彻执行"安全第一、预防为主、综合治理"的方针和"隐患就是事故"的原则,认真贯彻落实国家、河北省现行的安全生产的法律、法规,指挥部关于安全生产管理的制度和标准。

b.督促承包人落实安全生产的组织保证体系,建立健全安全生产责任制。

c.督促承包人对一线施工人员进行安全生产技术教育、培训教育及分部分项工程的安全技术交底。

d.审查专项安全、环保施工组织设计方案并签署意见。

e.把安全生产作为日常监理工作的重要内容,及时纠正承包人在安全生产中的违规行为,督促承包人严格按照强制性标准的规定组织施工。

f.监督检查施工现场的消防工作、冬季防寒、夏季防暑、文明施工、卫生防疫等工作。

g.严格执行监理工作制度,重要施工环节确保做到旁站和24h巡视。

h.对危及工程安全的施工,按照监理权限果断下达停工指令。

i.负责组织对所辖施工单位的安全生产检查,并书面记录检查结果和事故隐患的整改情况。

j.及时向指挥部报告拒不整改安全隐患的行为。

k.对施工方案的安全性和承包人的安全生产管理做出评价,并列入竣工验收资料。

③施工单位的安全职责:

a.施工单位应当按照法律、法规和工程建设强制性标准实施施工,并对建设工程安全生产承担直接责任。

b.项目经理作为施工安全第一负责人,对施工安全管理工作负有主要责任。

c.项目部要建立安全生产管理组织体系,建立安全工作领导小组,配备足够的专职安全员。并将各施工班组的班组长设为兼职安全员,建立覆盖施工现场各个岗位的安全员制度体系,做到每个施工环节、每道工序遍布安全监管的"电子眼",使安全生产管理"无死角、无遗漏"。每个作业班组的班组长,即兼职安全员,具体负责每天开工前的班组安全教育和完工后的安全检查以及现场作业过程中的安全隐患排查工作。

d.项目部需配备足够的安全生产专项经费并专款专用。

e.项目部应依据工程特点编制安全生产计划,对高空作业、桥梁架设、用电、起重等危险性大的施工项目应编制专项施工技术方案;对危险性大的施工项目或特殊工种每天施工前安全员应当向施工人员做好技术交底,双方签字确认。

f.项目部要经常性组织施工人员学习,使施工人员清楚本职工作范围内的建设工程强制性标准。学习有关安全生产方面的规定、规范、标准,及时传达上级建设主管部门、业主有关建设工程安全工作文件和会议精神等,并在内部定期学习和交流。

g. 依法对从业人员进行生产安全教育与培训,增强安全意识和责任心。

h. 项目部技术负责人负责编制施工组织设计中的安全技术措施或专项施工方案,负责对施工组织设计中的安全保障措施及应急预案进行预演,检查方案的可行性。安全技术措施应由中标单位具有法人资格的技术负责人批准。

i. 项目部应派专职安全员对施工现场有重大安全隐患的部位巡视,应每天至少一次对施工现场进行安全工作检查,按施工现场实际情况并对照相关要求逐项填写"安全工作日常巡视检查记录",并签字确认。专职安全员必须填写安全生产日记,记录每天施工现场安全工作实施情况。

j. 项目部各级管理组织应定期或不定期地组织开展活动,充分发挥作用。领导小组应定期召开安全工作会议和专题分析研究会议。

k. 要抓好体系运行中的重要环节,抓好责任制的分解落实环节,抓好责任制的执行运作环节,抓好责任制的督促检查环节,抓好责任制的考核奖惩环节,抓好责任制的责任追究环节。

l. 强化责任制落实中的重点工作:强化各级人员安全培训教育,强化设备使用安全管理,强化施工安全的过程性控制。

m. 一旦发现存在安全事故隐患,应立即整改。整改过程中必须有纠正措施和预防类似事件重演的预防措施,措施要经过审核、批准,整改过程中要进行跟踪、检查、验收,资料要存档备案。

n. 组织和参与安全生产事故的调查、分析、处理。协助有关部门做好事故的处理工作。

o. 参加上级主管部门安排组织的"安全生产活动周"、"安全生产活动月"等专项活动,组织开展安全生产检查评比活动。将平安工地建设活动和项目部的日常安全生产管理相结合。

p. 施工单位应严格执行有关的安全工作管理规定,执行安全生产领导带班制度,对施工现场发生的安全事故和人员伤亡事故,应立即电话报告指挥部,并在24h内书面呈报突发安全事故报告。书面报告应说明安全事故发生的时间、地点、工程项目名称、建设单位和施工单位、安全事故简要情况(包括造成的伤亡情况和影响、初步估计的经济损失)、安全事故原因的初步分析和责任的初步判断、安全事故发生后所采取的应急措施,影响是否得到控制等。

(4)安全生产技术管理

①各参建单位从事本项目的工程建设,应当具备法律、行政法规规定的安全生产条件。任何单位和个人不得降低安全生产条件。

②项目部项目经理、技术负责人、专职安全生产管理人员,必须具有建设部或交通运输部颁发的相关类别的安全考核合格证书。

③施工单位项目部应当对施工现场的安全技术资料建立档案,并确定专人管理;安全技术资料应当真实、完整、齐全。

④项目部在编制施工组织设计时,应当根据工程的特点制定相应的安全技术保障措施、现场临时用电方案和施工安全紧急处理预案。在项目部分项工程开工前,必须实行安全技术交底制度。

⑤在跨线交叉施工路段,施工单位应在现场设置专职交通安全管理人员,负责现场交通疏导工作。

⑥各参建单位应不断进行科技创新,以科技创新促进安全生产水平的提高。

(5)安全生产教育培训

①施工单位应当加强对从业人员的安全生产教育和培训,重点对新进从业人员和采用新工艺、新技术、新材料或者使用新设备的从业人员进行安全生产教育培训。

②安全生产教育培训应当依据管理人员和从业人员的不同岗位制订相应的培训内容,安全教育要有教材。

③施工单位的垂直运输机械作业人员、爆破作业人员、安装拆卸工、起重信号工、电工、焊工等国家规定的特种作业人员,必须按照国家规定经过专门的安全作业培训,并取得劳动行政部门颁发的《特种作业人员操作证》后,方可上岗作业。

(6)安全生产费用保障

①施工单位项目部对列入合同文件的安全作业环境及安全施工措施费用,应建立使用台账,设立专门账户管理,专款专用,任何部门和个人不得擅自挪用。

②安全生产措施费主要包括以下几个方面:

a.安全技术措施费用。

b.安全生产宣传教育和培训费用。

c.应急预案中需配备的应急救援器材、设备和现场作业人员安全防护物品支出等措施费、演练费。

d.安全生产检查与评价支出。

e.重大危险源、重大事故隐患的评估、整改、监控支出。

f.其他与安全生产直接相关的支出。

③工程项目开工前,项目部应编制安全生产资金使用计划,根据不同阶段对安全生产和文明施工的要求,实行分阶段使用。

(7)事故隐患排查及整改制度

①各参建单位负责所辖范围内各类事故隐患排查和隐患整改的监督管理工作。

②监理和施工单位应当根据自身工作特点,定期对安全生产状况进行检查。必须按规定及时上报,并认真开展监控和整改工作。

③事故隐患实行一次整改制。

④任何部门和个人均有权利和义务向有关职能部门举报各类事故隐患。接到举报后,相关职能部门应当对事故隐患进行检查,并进行整治。

⑤事故隐患整改责任单位,整改督办单位要分别建立隐患整改档案,记录整改情况。

(8)重大事故隐患挂牌督办制度

①指挥部对以下重大隐患实行挂牌督办:

a.指挥部督查、巡视发现的重大隐患。

b.施工单位或个人报告或举报并经查实的重大隐患。

c.政府安全监管部门移交的重大隐患。

d.其他需要挂牌督办的重大安全生产问题。

②重大隐患排查治理实行“业主组织、监理核实、施工治理”的工作机制。

③施工单位是重大隐患排查治理的责任主体,应建立相应的工作机制,并层层落实责任人。施工单位项目经理对重大隐患排查治理工作全面负责。

④对确认存在重大隐患的应在施工现场设立风险告知牌,并对一线作业人员进行风险

告知。

⑤监理单位应加强对隐患治理过程的检查核实与整改督促,对整改不及时或不到位的施工单位,应及时反馈到指挥部。

⑥重大隐患治理整改结束后,施工单位应及时将整改报告报监理单位及指挥部。

(9)应急预案及演练制度

①各项目部应当组织制订所负责施工项目的生产安全事故应急救援预案,建立健全应急救援体系。

②各施工单位应当将救援预案报总监办、指挥部及所在地安全生产监督管理部门备案。

③施工单位应当组织应急救援预案的演练,并不断修改完善预案,确保预案的可操作性和有效性。

(10)安全生产监管及责任追究

①指挥部有权对各参建单位的安全生产工作进行定期(月度检查)或不定期(日常巡查)专项检查。

②承包人有违反安全生产规定的,责令限期改正;逾期未改正的,责令其暂时停工,并可处3000元以上5000元以下罚款。

③事故报告应当及时、准确、完整,事故发生单位对事故不得迟报、漏报、谎报或者瞒报,否则,可处5000元以上10000元以下的罚款。

④监理单位监管不力、对安全方面疏于检查、安全方案审查不彻底的,责令限期改正;逾期未改正的,处5000元以上10000元以下的罚款。

⑤指挥部做出的处罚决定,有关单位或个人应当主动履行,拒不履行的,指挥部可提请财务部门在计量支付时加倍代扣。罚款统一进入项目建设单位账户,严禁个人代收代支。

(11)附件

①附件B-1:月度检查考评表。

②附件B-2:日常巡视检查表。

③附件B-3:安全事故隐患及违规整改通知单。

④附件B-4:安全事故隐患及违规整改验收报告。

⑤附件B-5:违规处罚审批表。

⑥附件B-6:违规处罚通知单。

⑦附件B-7:安全生产费使用台账。

3.1.2.4 计量支付

(1)总则

①为规范本项目建设管理,控制投资,确保资金安全,并能真实、准确地反映建设投资的完成情况,严格计量支付工作的程序和行为,促进工程计量管理的程序化、规范化,根据本项目招标文件及合同约定,结合工程实际,制订计量支付管理办法。

②原则上在合同条件允许的范围内,加快计量工作的进程,缩短支付周期,为承包人资金的正常流动创造条件,以利于保证工程的质量和进度等。

(2)一般规定

①计量支付应严格按照合同文件的规定进行,计量支付程序应符合项目内的有关规定。

②进行计量支付的工程项目应是经过验收后,质量达到规定要求的合格工程。

③计量支付不能免除承包人应尽的任何义务。已经计量支付的工程项目,如发现有严

重质量缺陷隐患或发生质量事故的，承包人应无偿返工并承担相应的责任。

(3)计量的依据、原则与基本要求

①工程计量的依据：

a. 工程量清单及说明。

b. 审核后的施工图设计文件、变更设计文件。

c. 合同条款中有关计量与支付的条款。

d. 技术规范。

e. 批准的工程变更令、工程索赔相关资料。

f. 中间交工证书及质量保证资料。

g. 有关计量支付的补充协议。

h. 由指挥部(总监办)印发的工程变更设计文件及其与计量支付有关的其他文件。

②工程计量的原则：

a. 工程计量是按合同条款的有关规定，对承包商已完成的质量合格的工程数量进行测量与统计，准确地确定工程的实际完成数量。

b. 按合同文件规定的方法、范围、内容、单位计量。

c. 工程量以施工图(变更设计)纸标识的尺寸计算为准。

d. 合同外发生的工程量要严格按照变更令批复的工程数量及单价据实计量，但不能超过变更令批复的工程数量和单价。

e. 承包人应根据有关规定和格式如实填报已完成工程数量和工作量。不得超前计量，复核人员应认真细致，实事求是。

f. 计量周期原则上每月一次，工程量的统计截止日期为 20 日，承包人申报计量截止时间为每月 26 日，总监办审核时间截止日期为每月 30 日，指挥部审核时间截止日为次月 7 日。

g. 工程量清单中有数量但未填入单价或总额价的工程项目，将被认为其已包含在工程量清单中的其他子目的单价和总额价中，将不另行支付。

h. 已完工程所采用的测量与计算方法，必须符合招标文件技术规范和《公路工程标准施工招标文件》(2009 年版)的具体规定，并应经监理工程师批准或认可。承包人应提供一切计量设备和条件，并保证其设备精度符合要求。

③计量的基本要求：

a. 对一次完全计量的项目需附有《中间交工证书》，对分次完成计量的项目，最后一次完全计量必须有《中间交工证书》，中间分次计量的，需附质量检验凭证(工程检验认可书)。

b. 计量数据的名称、单位要求。报表中各工程子目的子目号、子目名称、单位必须与工程量清单一致。

c. 精度要求。工程细目数量按四舍五入精度要求，长度、宽度和高度精确到厘米，面积单位精确到平方米后小数点两位，体积单位精确到立方米后小数点两位，土方单位精确到立方米，钢筋单位精确到千克后小数点一位，金额精确到元(按强制进位)。

d. 土石方计量。路基土石方总量计算根据设计断面尺寸，以路基设计高程为上限，一般路基段以填前碾压高程为下限，软基处理段以砂砾垫层顶高程或换填后高程为下限，以经监理工程师审核确认的结果为准。各段土方总量作为计量总量控制的依据。

e. 桥梁、涵洞工程。

ⓐ桥梁基础及下部构造：按完成一根桩、一个基础、一个墩或台（一个台帽、承台、系梁、盖梁）为计量单元。桩基础混凝土7d强度达到要求且无损检测合格时钢筋计100%，混凝土计80%；28d强度达到要求时计混凝土剩余的20%。其余计量单元不考虑分次计量。

ⓑ桥梁上部构造原则上以单幅一跨作为计量单元，连续现浇结构以整个连续段为计量单元。单跨现浇结构按整跨浇筑经验收合格后一次计量，连续现浇结构可分次计量，每次按完成整跨的数量进行计量，连续段全部完成，经验收合格后全部计量。

ⓒ预制结构如空心板、箱形梁、T形梁等，在压浆强度达到具备出坑堆放要求后，混凝土计量100%，相关的钢筋与正弯矩预应力钢绞线计量100%，在吊装完成整孔梁板经验收合格后计量运输吊装费用。

f. 涵洞、通道以基础、墙身、现浇板混凝土计量。

g. 对已经完工质量经验收合格的变更工程，承包人应尽快办理变更计量支付。

（4）工程支付

①工程支付条件：

a. 完成了合同文件规定的工程项目。

b. 完成的分项（工序）工程质量合格，质量保证资料完备。

c. 工程数量计算准确、真实。

d. 支付金额大于最低支付限额。

②开工预付款的支付和扣回（如合同中约定有该款项）：

a. 开工预付款的支付。根据合同条款规定，在承包人签订了合同协议书并提交开工预付款保函后，监理工程师应按投标函附录中规定的金额，签发开工预付款支付证书，并报指挥部审核。指挥部在收到该支付证书7d内核批，第一次付款额为开工预付款的70%；在承包人承诺的主要设备进场后，再支付预付款的30%。针对有路面工程的承包人第一次付款额为开工预付款的50%，在承包人承诺的除路面外的主要设备进场后，支付预付款的20%，待路面主要设备进场后支付剩余的30%。

b. 开工预付款的扣回。开工预付款在进度付款证书的累计金额未达到签约合同价的30%之前不予扣回。在达到签约合同价的30%以后，开始按工程进度以固定比例（即每完成签约合同价的1%，扣回开工预付款的2%）分期从各月的进度付款证书中扣回，全部金额在进度付款证书的累计金额达到签约合同价的80%时扣完。

③工程进度款的支付：

a. 工程进度款的支付主要包括：清单工程费用、工程变更费用、索赔费用。

b. 工程进度款根据工程完成量按月支付。监理工程师应在合同规定的时间内完成审查和核实，按程序审批后，在合同规定时间内向承包人付款。特殊情况下经指挥部批准，可增加中间支付次数。

④材料预付款的支付和扣回（如合同中约定有该款项）：

a. 材料预付款是提供给承包人用于购买永久工程组成部分的材料的一笔无息款额（按合同文件的规定，本项目只预付钢材、水泥、沥青及主要地材等材料价款的75%）。监理工程师在确认承包人所购永久工程材料的质量及储存方式符合合同要求后，按合同规定将所购材料费用的70%计入进度付款证书，指挥部根据监理工程师的证明向承包人付款。动员预付款扣回完成后将不再支付材料预付款。

b. 监理工程师应随时了解材料的使用情况，当材料已用于永久工程，相应材料预付款应在当期的进度付款证书中按合同规定扣回。

⑤计日工的计量与支付：

对所有经监理工程师批准的按计日工施工的工程，承包人应在工程持续进行的过程中，每天向指挥部现场项目工程师提交一式两份经监理工程师签认的清单，其中确认开列受雇从事该项工作的所有工人的姓名、工种及工时；以及一式两份的报表，其中写明该项工作所用材料，所用承包人的机械设备的种类和数量。如果清单报表中内容正确并经同意后，指挥部现场项目工程师应在其上签字并将每份清单和报表各一份复印件退还给承包人，其金额由承包人汇总，在监理工程师复核并经指挥部同意后，列入月末进度付款证书中。

⑥其他合同价款的支付：

a. 其他合同价款的支付主要有工程变更费用、索赔费用和价格调整费用。

b. 工程变更费用的支付。所有工程变更项目均需执行工程变更令审批制度，只有当工程变更令得到批复后，该变更工程项目方可进行计量支付。

c. 索赔费用的支付。

ⓐ如果承包人根据合同的任何条款或其他文件索取任何追加付款时，应在索赔事件首次发生后的7d 内将要求索赔的意向通知监理工程师，并报指挥部备案。

ⓑ在发出索赔通知后的28d 内，承包人应向监理工程师送交一份说明索赔数额和索赔依据等详情的报告，并附必要的记录和证明材料，同时向指挥部提供所有报告的复印件。

ⓒ如果承包人未按规定的程序要求索赔，则承包人最多只能得到由监理工程师按当时记录予以核实的款额。

ⓓ索赔支付。监理工程师对承包人提供的合乎规定的索赔证据和详细账目进行审查核实，在与指挥部和承包人协商确定承包人有权得到的全部或部分款额后，列入支付证书中进行支付。

d. 价格调整按《公路工程标准施工招标文件》(2009 年版)项目专用合同条款规定，确定价格调整差额，每季度支付一次。承包人应向监理工程师提交真实完整的有关材料单价、调整价差、材料消耗数量及价差调整额的基础材料和计算书，经监理工程师签认后作为支付依据。

⑦质量保证金的扣留与支付：

a. 质量保证金应按照合同规定的比例(5%)乘以承包人的月支付额，从每期应支付给承包人的工程款中扣留，直至质量保证金的金额达到合同规定的限额为止。

b. 如果承包人未履行合同中的责任，则指挥部有权扣留与未履行责任剩余工作所需金额相应的质量保证金金额，指挥部可用此金额雇用其他承包人完成工程。

c. 按合同约定，在整个工程缺陷责任期满并发给缺陷责任终止证书后，由监理工程师签发质量保证金支付证书，将质量保证金退还给承包人。

⑧农民工工资保障金：

为确保施工单位的农民工及时领取工资，设置农民工工资保障金，在承包人每期计量支付时暂扣应付金额的1.5%，作为农民工工资保障金，设专用账户，专项用于拖欠农民工工资的垫付。待工程完工后，经结算公示(10 个工作日)，若无争议，再将剩余的保障金一次性返还给承包人。

⑨监理费用的支付：

监理服务费用根据监理合同条款的要求，按规定进行支付。支付报表应按指挥部规定的格式进行填报。

(5)工程计量支付程序

①每月计量由监理工程师对承包人所计量工程项目的工程数量、单价、金额进行核对,若发现不符合计量规定或与实际情况不符,应通知承包人,指明报表中存在的问题,承包人将数据修改无误后上报总监办(每月26日前完成)。

②总监办应核对报表中的计量方法是否满足合同规定、数据是否真实可靠、计算是否正确。若发现不符合要求,应向承包人说明存在问题,并将数据修改无误,由总监理工程师签字后上报指挥部(当月30日前完成)。

③指挥部对承包人的工程计量和支付进行最后的核定,如发现差错,应退还总监办将数据修改无误后重新上报。项目工程师负责对实际工程数量和质量保证资料审核;处审核科对计量规则、计算依据、计量数量、单价和各项支付金额全面审核;由处长和主管工程副局长签认、审批后的支付月报作为承包人本期工程进度支付的最终付款凭证(次月7日前完成)。

④承包人以书面计量申报资料一式6份,签认齐全的计量支付月报由处财务、指挥部、总监办和承包人分别存档。

(6)罚则

①所有上报的资料必须真实、有效,若有弄虚作假,一经查实,将对承包人罚款5000元,监理工程师罚款1000元,并限期整改。

②不合格工程不得计量,如果有不合格的工程计量的,将对承包人罚款50000元,对监理单位罚款10000元。

③监理单位上报的资料必须真实、有效,若有弄虚作假,一经查实,将对监理单位罚款1000元,并限期整改。

3.1.2.5　合同管理

(1)工程变更

①工程变更的分类:

a. 按提出变更申请和变更要求的部门划分,工程变更分为两种,即业主单位变更,施工单位变更。

ⓐ业主单位变更是指业主单位根据国家政策性调整、现场实际情况、设计图纸完善及优化、地方政府及群众要求等引起的工程变更。

ⓑ施工单位变更是指施工单位在施工过程中发现现场的地形、地貌、地质构造等情况与设计图纸不一致而提出的工程变更或技术修改等。包含施工单位变更及监理单位变更等。

b. 按工程方案及金额,公路工程设计变更分为重大设计变更、较大设计变更、一般设计变更和较小设计变更。

②工程变更的条件:

a. 增加或减少合同中的任何工程的数量。

b. 取消合同中的任何单项工程。

c. 改变合同中的任何工作的性质、数量和种类。

d. 改变本工程任何部分的线形、高程、位置和尺寸。

e. 改变本工程所必需的任何种类的附加工作。

f. 改变本工程任何分项工程规定的施工顺序或时间安排。

③工程变更原则(凡符合下列之一者,可考虑变更设计):

a. 保持原设计标准质量,可降低投资或节省用地。

b. 保持原设计标准质量,不增加投资或投资增加不多,能解决特殊技术问题,或对缩短工期、便于施工效果明显。

c. 原设计虽然可行,但明显欠合理。

d. 由于水利、工矿、文物、环保等方面的可预见因素,必须变更原设计方案。

e. 在不增加投资的情况下,便于采用已由技术管理部门鉴定的新技术、新材料、新工艺、新设备,有利于提高工程质量标准,提高工效和促进技术进步。

f. 不增加投资或投资增加不多,有利于改善行车条件,或节省工程的维修费用,或便于日后工程改造和扩建者。

g. 其他特殊情况需要进行工程变更的。

④工程变更的程序:

a. 工程变更管理实行工程变更申请审批制度和工程变更审批制度,所有工程变更项目都要执行工程变更申请和工程变更审批制度。工程变更分为三个大的阶段:一是变更方案的确定;二是变更申请的批复(含变更单价和变更工程量的确定);三是变更令的批复。严格执行变更报批程序,禁止未报先干、未批先干。

b. 变更方案的确定。

ⓐ业主单位变更方案以下发至总监办的变更通知为准。

ⓑ施工单位变更方案的确定采用现场会议纪要的形式。

c. 变更申请的批复。

ⓐ变更申请是正式实施工程变更的依据,总监办复核后以文件形式上报指挥部逐级按变更权限审批。

ⓑ变更申请文件原则上由《工程变更申请书》、变更内容及详细说明、工程变更金额明细表、工程变更现场会议纪要或指挥部有关文件通知、相关图纸或示意图(勘察设计单位提供)、相关实验数据、现场照片(彩色)(重点反映变更原因)、其他相关资料组成。

ⓒ变更申请审批程序。

施工单位变更:由相关单位填写《工程变更申请书》,经现场监理、总监、项目工程师、指挥长、处长、主管局长签字审核后执行。

业主单位变更:经指挥部内部审核完成后,下发变更通知。

变更申请文件应在现场变更会议纪要形成后 12 日内(其中施工单位准备资料 5d,总监办审核 7d)报指挥部,同时将电子版上报总监办、指挥部。

变更单价的确定:按照合同规定,能套用单价的直接套用,不能套用单价的,施工单位应编制预算,总监办审核后,报指挥部审批。

变更工程量的确定:工程量原则上以设计图纸为准。特殊情况下图纸当时无法确认的,需根据现场实际进展情况,工程量由施工单位提出,施工单位、总监办、勘察设计单位、指挥部四方签字确认。

总监办、勘察设计单位、指挥部在审查变更后,必须由负责人签字并加盖印章。

d. 签发工程变更令。经审查变更资料齐全、变更要求合理、变更工程单价确定,并按监理服务协议授权和监理制度规定完备了有关手续,监理工程师应及时签发变更令,其内容应包括:

ⓐ工程变更项目。

ⓑ工程变更理由及说明。

ⓒ工程变更数量、支付单价及总额价。

⑤工程变更的审批权限：

a. 重大工程变更由省交通运输厅审查后上报原初步设计审批部门审批。

b. 较大工程变更由省公路管理局审查后上报省交通厅运输审批。

c. 一般工程变更由指挥部审查后上报公路局审批。

d. 较小设计变更，由指挥部负责组织审批，50000 元以下由处长审批、50000 元以上 200000 元以下由主管局长审批、200000 元以上须组织专家论证后逐级审批。建立设计变更台账，并负责对公路工程设计变更的实施进行管理。

⑥各部门职责：

a. 指挥长。负责工程变更总体把关，对工程变更申请进行审查、审批。

b. 项目工程师。负责工程变更的组织和管理，变更方案的审查和批复文件的办理工作。

c. 勘察设计单位。负责对工程变更申请提出审核意见并签字盖章，参加工程变更会议并依据会议要求补充、完善、修改设计图纸。

d. 总监办。负责所有工程变更令的管理、签发，负责对工程变更申请文件进行审查，提出意见并签字盖章。

e. 施工单位。负责变更申请书、变更审批单及相关附件的准备，提出意见并签字盖章。

f. 承包人、总监办、指挥部均应建立工程变更台账。

(2)履约检查

①主要人员的检查。

a. 项目经理。一般不允许更换，如确需更换，按合同约定办理。

b. 项目总工程师。一般不允许更换，如确需更换，按合同约定办理。

项目副经理和主要技术人员（包括试验室主任）等无特殊情况均不准更换。以上人员若需更换，承包人报总监办审查，由总监办报指挥部批准。

②施工机械。

指挥部、总监办按照合同要求逐项检查承包人的机械设备的型号、功率、性能以及是否按时到场，有无拖延、短缺现象，以及是否满足合同及工程需要，督促承包人及时调整，必要时可按照合同进行违约处理。

③检测仪器。

工程检测的精度直接影响工程施工质量，总监办应着重检查承包人的仪器的品牌、型号、性能和精度等方面是否满足项目施工的要求。

(3)工程量清单核查

①工程量清单核查工作由项目工程师牵头组织，制订核查指导原则。

②承包人根据合同文件、施工图纸、清单核查原则进行清单自查。

③总监办、设计代表、共同协助对承包人的清单核查资料进行审定。

④指挥部批准下发核查后的工程量清单，各方执行。

(4)违约处理及奖惩

①指挥部对总监办开具违约通知单时，由指挥部具体现场检查人员填写，指挥长签批。

②总监办对承包人开具违约通知单时，由专业监理工程师以上人员签认，总监理工程师审批，并报指挥部备案。

③奖惩内容及方式。

a. 监理人员合同履约。

ⓐ监理人员考勤。监理人员未经请假批准离开岗位或擅自延长假期，总监办总监课以3000元/d的罚金，试验室主任课以2000元/d的罚金，专业监理工程师课以1000元/d的罚金，监理员课以500元/d的罚金。

ⓑ检测仪器、设施。根据合同文件澄清文件中承诺的检测仪器、设施未能按规定的数量、规格、型号进场课以500元/台·d的罚金，直到符合要求的车辆、设备及仪器进场为止。

b. 工程监理实施。在本项目监理实施过程中，指挥部将通过日常巡查、不定期抽查、专项检查、举报等方式考核工程监理，如存在以下情况可进行违约处理。

ⓐ全体监理人员应该严格监理，对工程项目的每个部位、每道工序进行检验、抽检。接到检验申请后须在24h内进行现场检验，48h内审批报检资料。延误1次将给监理单位警告，出现两次及以上的课以3000元/次的罚金。

ⓑ监理人员对每道工序的检验、抽检必须认真负责，上道工序未经检验合格进入下道工序施工，而监理人员未及时制止的，视情节轻重，课以2000~10000元/次的罚金。发现串道施工者立即清退，清退的人员按人员变更罚金的2倍处罚。

ⓒ施工现场有明显不符合规范的作业行为，而监理人员不制止，视情节轻重，课以500~5000元/次的罚金；同一监理人员累计发生3次及以上者，将立即清退，清退人员按人员变更罚金的2倍处罚。

ⓓ监理人员应按要求对承包人的施工用料质量、数量进行控制，防止承包人偷工减料或使用质量不合格产品。如监理人员监管不严，检查发现此类情况，课以监理单位2000~20000元/次的罚金。

ⓔ承包人上报的计量资料与实际情况不符的，监理单位未审核或未作更正，故意作假、欺骗业主的，课以2000~10000元/次的罚金，累计3次后，撤换相关责任人，撤换的人员按人员变更罚金的2倍处罚。

ⓕ上级主管部门或质量监督部门对本工程的质量、进度进行通报，视情节轻重，课以相关监理单位5000~10000元/次的罚金。

ⓖ各监理单位要加强本项目施工现场的环境保护工作，如因监理单位不履行监管职责，发现一处不符合规范要求，课以责任监理单位2000~5000元的罚金。

ⓗ监理人员应遵守职业道德、廉洁自律，如发生向承包人索贿、谋取私利，或与承包人串通损害指挥部利益，视给建设单位造成损失的情况，课以5000元/次的罚金。

c. 承包人合同履约。

ⓐ施工人员考勤。如发现承包人的人员未按合同文件承诺及监理要求按时进场，将视为违约，向承包人课以500元/人·d的罚金。项目经理、总工擅自离开工地，未满足驻工地的最少时间(原则上不少于26d/月)，课以5000元/人·d的罚金，如有特殊情况，应凭上级部门文件、通知等特殊审批，免扣罚金。

ⓑ施工机械、试验检测仪器。承包人应按照合同文件的承诺及监理要求配备相应数量、规格、型号的施工机械设备、试验检测仪器，并保证其处于完好的可用状态。若施工机械设备和试验检测仪器未能按规定的数量、型号进场分别课以1000~5000元/台·d和500元/台·d的罚金，直到符合施工要求的机械设备及仪器进场为止。

d. 质量控制。

ⓐ承包人须严格执行项目合同文件的质量标准，制定相关控制程序和方法，若因安全、质量保证措施不到位，降低工程质量或造成安全、质量事故，视情节轻重，课以5000～100000元/次的罚金。

ⓑ承包人须严格执行监理程序，未经检验或检验不合格的工程，不准进行下道工序施工，否则将课以5000～50000元/次的罚金。

ⓒ发现承包人有偷工减料行为的，课以2000～50000元/次的罚金。

ⓓ承包人的技术管理人员不在工程的施工现场，课以1000元/次的罚金。

ⓔ施工现场有明显不符合规范的作业行为，视情节轻重，课以1000～10000元/次的罚金。

ⓕ上级主管部门或质量监督部门对本工程的质量、进度进行通报，视情节轻重，每次课以相关单位10000～50000元的罚金。

e. 进度控制。

ⓐ未能按期开工，课以10000～50000元/d的罚金。

ⓑ未能及时完成下达的月度进度计划，课以10000元/d的罚金。

ⓒ未能按合同进度计划及时完成合同约定的工作，已造成或预期造成工期延误，课以50000元/d的罚金。

f. 计量管理。承包人必须严格按要求对检验合格的分项工程进行计量申报，不多计，不重计，不漏计。有虚报行为的，视情节轻重，课以1000～10000元/次的罚金。

g. 廉政。承包人应严格遵守国家有关法律、法规及河北省交通系统廉政建设的有关规定，如与指挥部或监理单位发生不廉洁行为，造成经济损失或不良影响，视情节严重程度，课以5000～50000元/次的罚金，直至扣除部分或全部履约或廉政保证金。

④附则。

a. 对施工、监理单位课以的罚金在同期计量支付中予以扣除。

b. 项目经理、总监须向指挥长请假，同意后方可离开工地。

承包人违约通知单见附件C-1。

监理单位违约通知单见附件C-2。

整改通知单见附件D-1。

整改验收报告见附件D-2。

3.1.2.6　工程会议管理

(1)会议制度

①坚持以办公例会、工地现场会等形式，及时贯彻和落实省委、省政府、省交通运输厅、公路局和指挥部的有关指示精神和决定，及时研究和解决工程管理中存在的问题，交流信息和经验体会，不断完善和改进管理工作。

②各单位需要向会议汇报的问题，事先必须做好调查研究和充分准备，提出处理建议和意见，并准备好提交会议的书面材料。

③与会人员必须会前做好准备并准时出席。会议发言要开门见山，紧扣议题，有针对性，有具体明确意见。

④对已经会议决定的事项，各部门要坚决执行、抓紧办理。在执行过程中如有问题，应及时反馈。对各自职责范围内的问题，应积极协调解决；对涉及其他部门经协商仍然解决不了的，应如实及时向主管领导反映。

(2)会议组织管理

①工地会议。

工地会议是围绕施工现场问题而召开的一种会议。工地会议有以下三种类型:第一次工地会议、生产调度会和现场协调会议。

a. 第一次工地会议。第一次工地会议是项目全面展开前,为了履约各方相互认识、熟悉并取得联络,和检查开工前各项准备工作,明确监理程序而召开的会议。第一次工地会议由总监办主持。各施工单位、指挥部、监理单位及地方协调部门的主要负责人均应参加。

第一次工地会议的主要内容与议程如下:

ⓐ介绍履约各方,包括指挥部有关领导、承包人、监理工程师及地方协调负责人员。

ⓑ澄清履约各方的组织机构。出席会议的各方都应递交一份包括本组织内部机构管理框图、组织分工及各职能部门职权的文件,便于今后工作对口联系和履行审批程序。承包人递交的组织机构及主要负责人图表应事先得到监理工程师书面批准。

ⓒ承包人陈述施工准备。

ⓓ总监办说明开工条件和项目总体进度安排。

ⓔ监理工程师明确施工监理例行程序及监理实施细则。

第一次工地会议前,总监办应事先发出会议通知和会议议程,明确各方应递交的文件或材料。与会各方应精心准备各自的会议文件,尤其做好施工前准备工作的落实,完善内部管理机构,配齐人员,履行合同职责。

b. 生产调度会。生产调度会是按一定的程序召开的,以研讨工地出现的包括计划、进度、质量、支付、征拆协调等诸多问题为目的的工地会议。生产调度会由指挥部组织召开,一般每月底召开一次。

ⓐ生产调度会的参加者有:指挥长、项目工程师、设计代表,总监办正副总监或代表,承包人项目经理和技术负责人,其他人员。遇有重大设计变更时,可邀请设计单位派员参加。

ⓑ生产调度会的主要内容和议程包括:听取各承包人关于月度工程进度、质量情况、下月工程计划安排、存在问题及拟采取的措施的书面汇报;听取总监办关于当月监理情况、存在问题及拟采取的措施、要求或建议的汇报;传达上级领导精神,部署下月工作;指挥长讲话。各承包人的书面汇报材料应简洁明了,人手一份。

c. 现场协调会议。现场协调会议由指挥部或承包人提出建议,由总监办视现场情况主持召开,也可以由总监办决定应某项管理事项而召开会议,还可以由生产调度会授权总监办邀请有关人员讨论某项专题。参加会议的人员取决于会议的内容。

②技术专题研讨会议。

技术专题研讨会议是就工程建设中重大技术问题召开的临时会议,由有关业务部门书面提出申请(包括会议议题、时间、地点、参加人员、拟邀请专家名单、费用)。

会议由指挥部或总监办主持,并负责整理会议纪要。

③重大问题专题会议(质量、安全、环保、进度)。

重大问题专题会议是指工程建设中,为加强施工质量、安全、环保、进度的管理,专门召开的大型会议。不定期举行。可分别由指挥部或总监办主持,指挥长、项目工程师、总监、总监代表、承包人项目经理、技术负责人及相关部门负责人参加。会务由主持单位承办。

3.1.3 廉政建设

3.1.3.1 总则

为又好又快地建设干线公路工程项目,充分发挥廉政建设的重要保障作用,根据党中央国务院、河北省委省政府以及交通行业各级行政管理部门关于廉政建设若干文件的精神和有关规定,结合本项目管理实际,制订本管理办法。

3.1.3.2 组织机构

指挥部成立廉政领导小组,具体负责工程建设过程中的廉政建设和纪检监察工作。各施工和监理单位成立相应的职能部门,共同做好工程建设过程中的各项廉政建设工作;并且根据工程项目管理实际,由指挥长牵头,领导和组织开展工程项目范围内廉政建设日常工作。

按照党中央、国务院《关于实行党风廉政建设责任制的规定》的具体要求,建立项目廉政建设责任制。参建各单位的负责人为本单位廉政建设第一责任人。党风廉政建设第一责任人对辖权范围内党风廉政建设工作负总责。在项目建设范围内,不同企业法人在签订施工合同时,订立并签署"廉政合同"。

3.1.3.3 责任追究

①对于违纪违法和违反制度行为,严格依纪依法和有关制度规定对有关责任人予以追究。

②有下列情形之一的,将对单位负责人进行责任追究。

a. 对直接管辖范围内发生的严重违反党和国家政策法规以及明令禁止的不正之风不制止、对上级领导机关交办的党风廉政责任范围内的事项拒不办理,或者对严重违纪违法问题隐瞒不报的。

b. 发生重大违纪违法案件的。

c. 利用职权违反规定乱办事,造成负面影响的。

d. 授意、指使、纵容下属人员阻挠、干涉、对抗监督检查,或者对办案人员、检举控告人、证明人打击报复的。

e. 对配偶、子女、身边工作人员严重违纪知情不管的。

f. 对贯彻落实党风廉政责任制失职渎职的。

③有下列情形之一的,将对直接行为者进行责任追究。

a. 在公务活动中,接受或索要礼金、有价证券和贵重物品的。

b. 利用职务之便,接受参建单位及其工作人员为其住房装修、婚丧嫁娶及其他喜庆活动、出国出境、旅游、配偶和子女工作安排等提供方便的。

c. 在公务活动中,参加参建单位及其工作人员安排的超标准宴请和高档娱乐活动的。

d. 接受参加参建单位及其工作人员提供通信工具、交通工具和高档办公用品的。

e. 利用职务之便,向承包人推荐分包单位的,要求承包人购买合同文件之外的工程建筑材料和设备的。

f. 利用职务之便,从事或安排配偶子女从事与工程项目有关的设备、材料、工程分包、监理分包等经营活动的。

g. 利用职务之便,在工程招标、工程施工监督、工程变更、工程交工验收中,放弃原则、降低标准、谋取私利的。

h. 利用职务之便,要求其他参建单位报销应由个人支付的费用的。

④具有上述情形之一,情节较轻的,给予批评教育或者责令做出检查;情节较重的,按照《中国共产党纪律处分条例》和政纪有关规定给予处分;涉嫌犯罪的,移交司法机关追究刑事责任。

3.1.3.4　监督与投诉

由指挥部负责对政务公开制度的落实进行监督。任何单位和个人,有权对指挥部工作人员不遵守政务公开制度的行为进行监督、投诉。

附:监察举报投诉登记表(附件E)。

3.1.4　环境保护管理

3.1.4.1　总则

①为有效保护干线公路建设项目沿线的生态环境、自然环境、社会环境和人民生活环境,降低环境污染,减少水土流失,提高公路环境保护与水土流失保持的质量和水平,依据原交通部《交通建设项目环境保护管理办法》(〔2003〕第5号令)和《关于进一步加强山区公路建设生态保护和水土保持工作的指导意见》(交公路发〔2005〕441号)的有关规定,结合本项目实际,制订本办法。

②本办法适用于本项目所有参建单位,以施工用地为界,范围包括全线主体工程占地(含路面路基边坡、桥梁、涵洞)、施工便道、施工场地、取土场、弃渣场等。环境保护的主要内容包括沿线生态环境、声环境、水环境、大气环境、社会环境和人民生活环境。

③环境保护与水土保持工作由指挥部统一领导,各监理单位、施工单位设专人、专岗、专职负责该项工作。

④本项目环境保护工作贯彻"预防为主、防治结合、综合治理"的原则。各参建单位应本着"节能减排、低碳环保"的可持续发展理念建设生态环保、社会和谐的美丽高速。

⑤在全线推行环境保护与水土保持目标责任制。各施工单位务必增强环保与水保意识,强化环保措施,组建环保领导小组,建立环保组织管理体系,分管领导具体抓落实,职责到人。

⑥各施工单位应自觉接受、主动配合地方行政机关和环境监察机构的监督检查,把环境保护与水土保持"三同时"制度(即环保与水保工程与主体工程同时设计、同时施工、同时投产)落实到位,力争各项环境指标达到规范要求。

3.1.4.2　建设期污染源

(1)大气环境污染源及污染物

生产区砂石料场扬尘,运输汽车的二次扬尘,机动车尾气污染。

(2)水环境污染源及污染物

①钻孔灌注桩施工过程中的钻渣、泥浆,混凝土拌和站的废水,施工机械(如钻机、空压机等)的废油料及润滑油,施工人员生活污水、一次性塑料餐具使用可能造成的白色污染等。

②生活污水及粪便污水,冲洗运输机械的油污水,砂石料及道路的洒水、冲洗污水等。

(3)噪声污染源

施工机械设备,混凝土搅拌楼,钢结构加工设备,空压机和柴油发电机组;流动源有运输车辆、推土机、装载机、混凝土运输车等。

(4)固体废弃物

施工中固体废弃物主要为施工弃土弃渣(砂石渣、建筑垃圾、钻渣等),施工人员日常生活垃圾(食堂瓜果皮、菜渣、剩饭、金属、塑料、废纸等)。

3.1.4.3　环境保护措施

(1)大气污染的防治措施

①对易产生扬尘的砂石料,进行遮盖或适当洒水,淘汰落后工艺,降低粉尘排放。

②生产、生活区道路要定期洒水降尘，同时对施工便道进行定期养护、清扫，保证其良好的路况。

③土方、水泥等散装物料运输和临时存放，应采取防风遮挡措施，以减少起尘量。

④根据施工场地整体规划，生产及生活区周边进行适当绿化，种植抗粉尘树种。

⑤选用符合国家卫生防护标准的施工机械设备和运输工具，确保其废气排放符合国家有关标准，保证上路行驶的机动车尾气排放完全达标。施工运输避开交通高峰时段，大件或突击运输选择夜间进行，减少污染。

(2)水污染的防治措施

①钻孔桩施工所产生的钻渣和废弃泥浆须送到指定位置。

②水泥、膨润土等掺和料，应安全堆放，妥善遮盖；生产用油料必须严格保管，防止泄漏，污染水源。

③施工人员的生活污水、混凝土拌和站的废水，须集中净化处理后进行排放。

④交通工具、施工机械产生的废油料及润滑油等，必须集中收集运至业主指定的弃土场深埋，或定期进行回收、处理；施工机械运转中产生的油污水，采取隔油池等措施处理，不得超标排放。

⑤清洗骨料及其他生产污水，须进行过滤沉淀后循环使用或统一排放。

⑥生活区、办公区生活污水直接排入污水排放区。

(3)噪声污染的防治措施

①建立隔声屏障，根据施工现场情况，使用隔声材料或结构来阻挡噪声传播。

②对于固体振动产生的噪声，采取隔振措施以减弱噪声。

③施工用运输车辆，采取禁(限)鸣措施，减少噪声污染。

(4)固体、废弃物的处置措施

①建立严格的固体、废弃物管理制度，废弃物设专用场地堆放，集中管理。

②在生产、生活区设置若干垃圾桶，集中储放生活垃圾，定期运至指定的垃圾场处理或进行深埋。

③施工过程中的废弃物、边角料、包装袋等及时收集、清理，运至垃圾场掩埋。

④对机械设备废弃物的管理，加强废弃物的回收管理制度。在维修或保养机械的过程中严格执行废弃物回收制度，对维修或保养机械过程中产生的废机油、废手套、废棉纱等废弃物，指定专人负责回收，并设立收集废弃物的专门容器。

(5)生态环境的保护

①施工单位应采取有效措施以预防和消除因施工造成的环境污染，对工程范围以外的土地及植被应注意保护。

②施工期间，应特别加强对施工人员的防火安全教育，杜绝带火种进入林区，草场。

③加强生态环境保护的宣教和管理力度，使全体施工人员充分认识到保护环境的重要性。

(6)文物保护措施

施工过程一旦发现地下有考古、地质研究价值或地下文物时，及时停止施工，尽快通知业主及有关文物保护部门，及时采取保护现场的紧急措施，避免人为的破坏。

3.1.4.4 环境保护设施竣工验收

本项目在正式使用前，项目法人向负责审批的环境保护部门提交《环境保护设施竣工验收报告》，说明环境保护设施运行的情况、治理的效果、达到的目标等。建设项目竣工验收时,须有省环保局或省交通运输厅派员验收环境保护工程。

3.1.4.5　附则

本办法自管理大纲发布之日起施行。

3.2　工地建设

3.2.1　总则

3.2.1.1　目的

为规范承德山区干线公路工地建设,提高工程安全管理及文明施工水平,保证工程质量,督促各参建单位树立品牌意识,特编制本指南。

3.2.1.2　编制依据

①国家、交通运输主管部门发布的与工地建设相关的文件、标准、规范、规程和指南。

②《公路工程施工安全管理手册》。

③《公路工程质量检验评定标准　第一册　土建工程》(JTG F80/1—2004)。

④《公路工程施工监理规范》(JTG G10—2006)。

3.2.1.3　适用范围

本指南适用于承德市干线公路工程的施工及监理单位。

3.2.1.4　主要内容

工地建设共10部分,分别为总则,项目经理部,监理驻地,工地试验室,施工场站,施工现场,施工便道、便桥,"十公开",环境保护,安全生产、文明施工。

3.2.2　项目部

项目部的选址必须满足安全和便于管理的要求。建设方案经总监办审批后方可实施,项目部建设完成后,总监办验收。

3.2.2.1　组织机构

各标段应根据各自企业的管理模式和项目的实际情况,建立健全组织管理机构,并满足以下基本要求。在此基础上,可根据具体情况增设其他部室。项目部组织机构见图3.2.2-1。

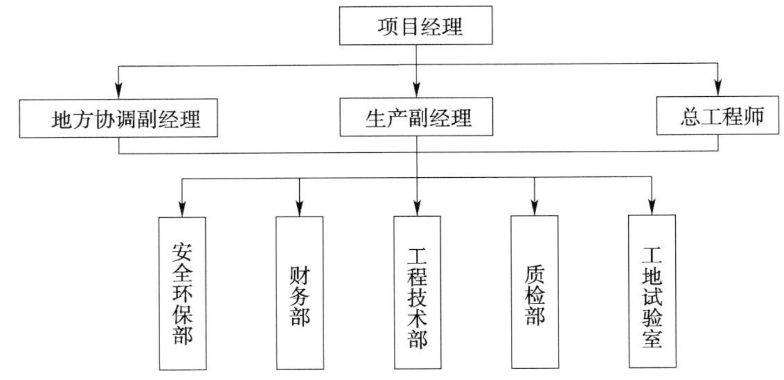

图3.2.2-1　项目部组织机构

注:本框架图为项目部的基本构架图,各单位根据本单位的情况,可增加相关部门和人员。

3.2.2.2　项目部建设

(1)建设要求

①项目部选址宜在主线两侧垂直距离2km内,应考虑交通、通信、工作、医疗、生活便利等条件。项目部建设见图3.2.2-2,并满足以下要求:

a. 不受洪水、泥石流和台风威胁。

b. 避开塌方、落石、滑坡、高压线、危岩等地段。

c. 避开取、弃土场。

d. 距爆破区 500m 以上。

②驻地建设不小于 800m^2,确因地理条件限制不能达到要求的须经总监办同意。

③项目部办公区、停车区、生活区等布局合理,符合"消防、安全、卫生、环保"的要求。

④项目部门口设立一块醒目的名称标牌,内容为项目部名称(应与其公章一致)。要求采用规格尺寸为 40cm×230cm。其他标识标牌标准见表 3.2.2-1 ~ 表 3.2.2-7。形象进度图见图 3.2.2-3。

图 3.2.2-2　项目部建设

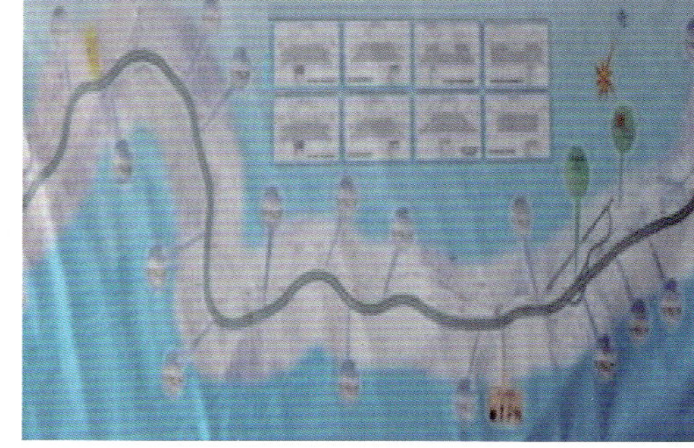

图 3.2.2-3　形象进度图

⑤在进入项目部路口处明显位置设指路牌,指路牌采用铁皮制作,蓝底白字、白箭头,规格为 150cm(长)×100cm(高)。

⑥驻地房屋应满足防雷电的有关要求,用电应安装漏电保护器。

项目部驻地标识标牌标准　　表 3.2.2-1

项次	标识牌名称	尺寸(长×宽)(cm×cm)	颜色及字体要求	材质	标识牌内容及要求	设置位置
1	项目名称牌	250×35(竖牌)	金底黑字		项目名称及合同段名称与公章一致	驻地大门
2	办公室桌牌	20×12	蓝底红字		姓名、岗位、职称、办公电话、二寸相片	办公桌
3	办公室门牌	30×10	金底红字		—	—
4	宿舍门牌	18×10	金底红字		—	—
5	管理制度牌	90×60	蓝底白字		组织机构、管理制度,要求在牌底部有单位名称	会议室
6	岗位责任制	90×60	蓝底白字		岗位职责,要求在牌底部有单位名称	办公室
7	廉政监督牌	200×150	—		廉政制度、领导小组、监督小组及监督电话	驻地
8	工程公示牌	200×150	蓝底白字		—	驻地
9	安全保障体系	90×60	蓝底白字		—	会议室

续上表

项次	标识牌名称	尺寸(长×宽)(cm×cm)	颜色及字体要求	材质	标识牌内容及要求	设置位置
10	质量保障体系	90×60	蓝底白字		—	会议室
11	组织机构图	90×60	蓝底白字		—	会议室
12	文明施工牌	200×150	蓝底白字		—	驻地
13	形象进度图	120×300	蓝底白字		—	会议室
14	标段平面图	120×300	蓝底白字		—	会议室
15	标段纵段图	120×300	蓝底白字		—	会议室
16	宣传栏	200×150	—		可设置多窗、钢立柱遮阳棚	驻地
17	项目指路牌	140×100	蓝底白字白箭头		—	项目部入口

试验室标识标牌标准 表 3.2.2-2

项次	标识标牌名称	尺寸(长×宽)(cm×cm)	颜色及字体要求	标识标牌内容及要求	设置位置
1	工地试验室标牌	80×60(横牌)	金底黑字	建设项目合同段名称+工地试验室	试验室门口
2	办公室门牌	30×10	金底红字	—	各办公室门墙上
3	宿舍门牌	18×10	金底红字	—	各宿舍门墙上
4	管理制度牌(含职责牌)	90×60	蓝底白字	岗位职责、管理制度,要求在牌底部有单位名称	办公室、会议室
5	试验操作规程牌	90×60	蓝底白字	—	各仪器设备上方
6	消防保卫牌	200×150	蓝底白字	底部应标有火警电话119	驻地院内

拌和站标识标牌标准 表 3.2.2-3

项次	标识标牌名称	尺寸(长×宽)(cm×cm)	颜色及字体要求	标识标牌内容及要求	设置位置
1	拌和站简介牌	200×150	蓝底白字	拌和的数量、供应主要构造物情况及质量、安全保障体系等(钢管双腿)	场地入口处
2	混凝土配合比牌	150×120	蓝底白字	—	拌和楼旁
3	材料标识牌	60×50	蓝底白字	—	材料堆放处
4	操作规程	120×100	蓝底白字	各机械设备操作要求	机械设备旁
5	消防保卫牌	200×150	蓝底白字	底部应标有火警电话119	场内
6	安全警告警示牌	按国标制作	—	—	各作业点
7	宣传牌	140×100	蓝底白字	安全生产、文明施工、质量管理、消防明示牌(钢立柱遮阳棚)	场站入口

钢筋加工场标识标牌标准　　表 3.2.2-4

项次	标识标牌名称	尺寸(长×宽)(cm×cm)	颜色及字体要求	标识标牌内容及要求	设置位置
1	加工场简介牌	200×150	蓝底白字	钢筋加工的数量、供应主要构造物情况及质量、安全保障体系等	场地入口处
2	材料标识牌	60×50	蓝底白字	—	材料堆放处
3	操作规程	80×60	蓝底白字	各机械设备操作要求	机械设备旁
4	消防保卫牌	200×150	蓝底白字	底部应标有火警电话 119	场内
5	安全警告警示牌	按国标制作	—	—	各作业点

预制场标识标牌标准　　表 3.2.2-5

项次	标识标牌名称	尺寸(长×宽)(cm×cm)	颜色及字体要求	标识标牌内容及要求	设置位置
1	预制场简介牌	200×150 蓝底白字	蓝底白字	预制梁板的数量、供应主要构造物情况及质量、安全保障体系等	场地入口处
2	施工平面布置图	200×150	蓝底白字	—	场内
3	工艺流程图	90×60	蓝底白字	预制、张拉、压浆工艺流程	相应操作处
4	操作规程	90×60	蓝底白字	各机械设备操作要求	机械设备旁
5	材料标识牌	60×50	蓝底白字	材料堆放处	材料标识牌
6	混凝土配合比牌	150×120	蓝底白字	拌和楼旁	混凝土配合比牌
7	消防保卫牌	200×150	蓝底白字	底部应标有火警电话 119	场内
8	安全警告警示牌	按国标制作	—	—	各作业点

施工现场标识标牌标准　　表 3.2.2-6

项次	标识标牌名称	尺寸(长×宽)(cm×cm)	颜色及字体要求	标识标牌内容及要求	设置位置
1	工程公示牌	200×300	蓝底白字	项目名称、起讫桩号、工程概况、建设单位、质量监督单位、承包人、监理单位、设计单位名称、项目经理、监理负责人姓名及开、交工时间等信息。钢管双腿支撑	—
2	工地宣传牌	140×100	蓝底白字	安全生产、文明施工、质量管理、消防明示牌、危险源公示牌、“十公开”牌等。钢立柱遮阳棚式结构	—
3	路基、路面作业标示牌	30×60 蓝底白字	—	填筑区、平整区、压实区、检验区、摊铺区、碾压区、养生区等	—
4	路基、路面施工报验牌	80×60	蓝底白字	桩号、层次、压实度(或其他指标)、抽检时间、监理工程师等	—
5	构造物公示(信息)牌	200×150	蓝底白字	工程名称、结构形式、施工负责人、技术负责人、现场监理、举报电话等。钢管双腿支撑	—

续上表

项次	标识标牌名称	尺寸(长×宽)(cm×cm)	颜色及字体要求	标识标牌内容及要求	设置位置
6	机械安全操作规程	90×60	蓝底白字	—	机械明显位置
7	桥梁墩号标牌	直径50	—	—	结构明显位置
8	便道标示牌	80×60	蓝底白字	便道序列号、方向(通往××)、里程等内容	—
9	百米桩	12×12×30	白底红字	××线　K×××+×00	便道外侧
10	公里桩	12×50×100	白底红字	××线　K×××+000	便道外侧

“十公开”、“农民工工资管理”专栏公示牌　　表3.2.2-7

项次	标识标牌名称	尺寸(长×宽)(cm×cm)	制作要求	公示牌内容及要求	设置位置
1	项目部组织机构“十公开”专栏	300×200		工程概况、组织机构、人员履约情况公示等	项目部
2	项目部材料采购“十公开”专栏	300×200		劳务分包公开、租赁设备公示、甲控材料采购公开、甲供材料采购公示等	项目部
3	项目部“农民工工资管理”专栏	300×200		驻地办农民工工资投诉电话、筹建处农民工工资投诉电话、工资发放记录(银行出具)等材料	项目部
4	拌和站组织管理“十公开”专栏	300×200		拌和站简介、质量安全小组、施工平面图等	拌和站
5	拌和站生产管理“十公开”专栏	300×200		混凝土生产控制及检验标准、工艺流程及工序负责人公示图、安全操作规程等	拌和站
6	拌和站“农民工工资管理”专栏	300×200		驻地办农民工工资投诉电话、筹建处农民工工资投诉电话、工资发放记录(银行出具)等材料	拌和站
7	预制场生产管理“十公开”专栏	300×200		预制场简介、质量安全小组公示、平面布置图等	预制场
8	预制场施工管理“十公开”专栏	300×200		预制施工工艺责任公示、施工工序质量标准及责任体系公示等	预制场
9	预制场“农民工工资管理”专栏	300×200		驻地办农民工工资投诉电话、指挥部农民工工资投诉电话、工资发放记录(银行出具)等材料	预制场

⑦管理人员工作期间必须佩戴上岗证。

a.上岗证内容:单位名称、姓名、职务、编号、照片。

b.格式:背景为蓝色,字体为黑体(监理单位:黄底黑字。业主单位:红底黑字),小二寸红底照片,尺寸为15cm(高)×10cm(宽),塑封制作。

(2)项目部配套设施要求

项目部配套设施包括食堂、会议室（不小于$40m^2$，见图3.2.2-4）、宿舍（图3.2.2-5）、厕所、配电箱等。

图3.2.2-4　会议室

图3.2.2-5　职工宿舍

3.2.2.3　人员配备

①中标单位应根据投标承诺以及工程实际需要，及时组建项目部，配备项目部主要负责人、部室负责人及其他人员。承包人应按照精细化管理规定设立相关部门并配置相关人员，各承包人可根据自身特点增设其他必要的部门，并配置相关人员，并保持人员稳定。

②中心试验室人员要求：根据建设项目规模和投标承诺，满足施工要求。

3.2.3　监理驻地

监理驻地的选址应符合安全和便于管理的要求，可以租住房屋，但使用面积及选址位置必须征得业主同意。

3.2.3.1　组织机构

监理驻地组织机构见图3.2.3-1。

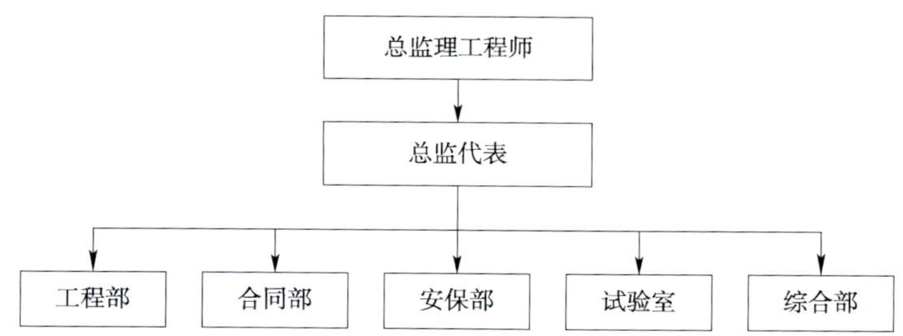

图3.2.3-1　监理驻地组织机构

3.2.3.2　人员配备

监理单位根据投标承诺及工程实际需要，配备监理人员，包括总监、驻地监理工程师、专业监理工程师、监理员及后勤工作人员。中心试验室设试验室主任、技术负责人及试验员等。

3.2.3.3　监理驻地建设

(1)建设要求

①项目总监理工程师负责在进场前按招标文件要求，确定驻地选址。总监办驻地须经业主审批。

②监理驻地占地面积不小于$500m^2$，办公、生活、停车场规划科学合理。

③院内设置质量管理、廉政建设、“十公开”等标牌宣传栏。

④在总监办办公场所前显著位置，设立总监办名称标牌（应与其公章一致）。规格尺寸为40cm×230cm。

⑤在进入驻地的路口处明显位置设指路牌，指路牌采用铁皮制作，蓝底白字、白箭头，规格尺寸为150cm（长）×100cm（高），腿高120cm。

（2）部室设置

总监办设合同部、工程部、安保部、综合部、试验室等。

各部室上墙图表见表3.2.3-1。

监理各部室上墙图表内容　　表3.2.3-1

序号	名称	上墙内容
1	会议室	质量方针、质量目标、反腐倡廉制度、监理组织机构框图、安全环保体系、质量保证体系、晴雨表、规章制度、监理工作流程图、标段平面图、标段纵断图、形象进度图等
3	工程部	标段施工形象进度图、工程部职责、工程管理制度、岗位责任制等
4	安保部	安保部职责、岗位责任制等
5	合同部	合同部职责、计划部管理制度、岗位责任制等

注：上墙图表规格尺寸和要求见附件F。

（3）监理驻地配套设施

配套设施包括宿舍、食堂、会议室（不小于$40m^2$）、厕所、配电箱等。

3.2.4　工地试验室

工地试验室的选址必须满足安全和便于管理的要求，试验室硬件设施必须满足招标文件及相关文件的要求，要求使用统一的试验专用软件。

3.2.4.1　组织机构

工地试验室包括第三方检测机构试验室、监理单位试验室和施工单位试验室。组织机构图，见图3.2.4-1。

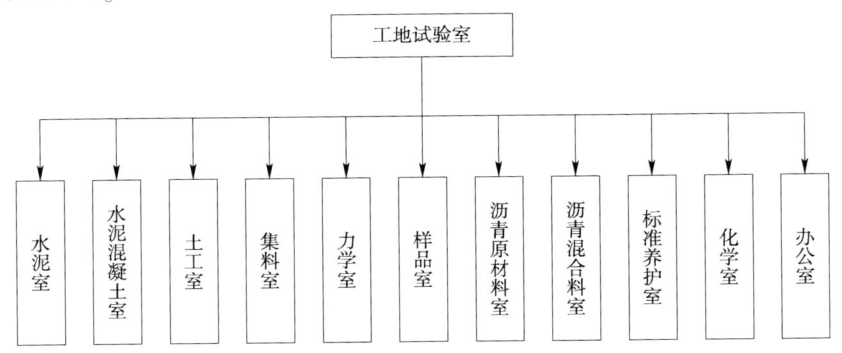

图3.2.4-1　工地试验室组织机构框图

可根据工程实际情况对上述机构进行组合。

3.2.4.2　人员配备

工地试验室人员配备原则：工地试验室按照招标文件要求配备试验检测人员。

3.2.4.3　工地试验室建设

（1）工地试验室建设要求

①试验室要求：设置办公室（图3.2.4-2）标准养生室（图3.2.4-3）、土工室、集料室、化学室、水泥室（图3.2.4-4）、水泥混凝土室、沥青原材料室（路面单位）、沥青混合料室（路面

单位)、力学室(图 3.2.4-5)等。

图 3.2.4-2　试验室办公室

图 3.2.4-3　标准养生室

图 3.2.4-4　水泥室

图 3.2.4-5　力学室

②环境要求。

a. 试验室地面水泥硬化。

b. 试验室房屋必须坚固、安全、耐用。

c. 工地试验室应有安全和环保措施。

d. 有温、湿度要求的水泥室、标准养生室等,必须配备温、湿度自动控制设备。

e. 消防设施配备应齐备,并设置相应的标志标牌。

(2)试验室布置

①试验室根据功能合理分区,相互独立,有效隔离,保证试验时互不干扰。

a. 试验室操作平台稳固、整齐,台面仪器摆放合理、有序。

b. 试验室电线统一用线槽或暗埋敷设,每台用电仪器设备单独配置开关。

c. 标准养护室保温、隔热,室内设置养护试件支架和蒸汽(或自动喷淋)养生设备,地面设置横坡,便于排水。

d. 力学仪器底安装在高度不低于 20cm 的混凝土底座上,具备自动打印功能。

e. 样品室配备样品柜(架),分类存放,标识清楚。储存环境安全措施齐全,做到防火、防盗、防腐、防鼠、防潮、通风,卫生良好。设置样品取样、试验台账记录。

f. 每台试验仪器设置台账,随时记录仪器使用、维修、保养等情况。

g. 室外设置试验后的样品存放区,并进行有效标识。存放期不少于 3 个月,便于样品溯源。保存期满后,对样品进行合理处理,不得乱弃。

h. 室外用试验检测仪器设备单独存放在现场仪器室。设置现场检测仪器管理使用台账。

②试验室上墙内容。

a. 工地试验室备案通知书。

b. 试验室职责。

c. 试验室安全工作制度。

d. 试验室主任、技术负责人职责。

e. 仪器设备管理制度及操作规程。

f. 试验检测流程图。

g. 试验检测报告的审核、签发制度。

h. 试验检测原始记录的填写、计算、复核、分析制度和资料档案保管制度。

i. 留样制度及样品保管制度。

j. 事故分析报告程序。

(3)其他要求

①工地试验室的临时资质认证:所有施工单位工地试验室、总监办试验室,统一向市质量安全监督处提出验收申请,所有工地试验室必须取得质量安全监督处的临时资质证书后方可开展试验检测工作。

a. 工地试验室的试验仪器设备必须符合现行标准规范使用要求。工地试验室须按河北省公路工程质量安全监督站的相关规定对仪器设备进行校准和检测。

b. 工地试验室所用软件符合河北省公路工程质量安全监督站的相关规定。

c. 工地试验室建立仪器设备管理、使用档案和台账,并做好使用和维护记录。

②工地试验室应按照现行有效的国家或行业标准、规范和规程开展认证范围内的工地试验检测工作。对认证范围以外的试验检测的项目,需委托有相应资质并经建设单位或总监办认可的试验检测机构进行试验。

③试验室所有从事试验工作的人员必须持证上岗,并保持稳定,不得随意更换。定期组织试验室人员进行学习、培训、新规范宣贯等活动,并形成培训记录。

④试验人员作业前按规定对设备进行检查,严格执行操作规程和有关的安全规章制度。

⑤试验样品留存符合规范的相关规定,废弃原材料回收或存放符合环保要求。

⑥试验试件要求用漆清晰标示,要标示构件留存日期,实体部位,并应建立试件留存台账。

⑦试验室室内环境保持整洁卫生。

3.2.5 施工场站

施工场站包括拌和站(图3.2.5-1)、机械设备停放区、料场、钢筋加工场、梁板预制场、小型构件预制场、库房等。选址应满足要求,建设规模必须满足施工需要。场站建设方案须经建设单位审批后方可建设,建设后经达标验收,方可生产。

3.2.5.1 拌和站

(1)一般规定

①拌和站选址必须满足安全、便于施工和管理的要求。建设规模根据工程量的大小确定。拌和站场地面积原则上满足以下要求:混凝土拌和站场地面积不小于5000m^2,硬化面积不小于1000m^2;沥青混凝土拌和站场地面积不小于12000m^2,硬化面积不小于10000m^2;基层拌和站场地面积不小于18000m^2,硬化面积不小于10000m^2。确因地理条件限制,缩小规模的须经建设单位和总监办审批。拌和站内道路硬化见图3.2.5-2。

图 3.2.5-1　拌和站

图 3.2.5-2　拌和站内道路硬化

②拌和站必须由项目部直接管理，不允许分包、转包给其他单位和个人。

③拌和站所有的安装设备设置不低于 C30 水泥混凝土基座，保证安装设备稳定、牢固；必要时，采取桩基础或扩大基础基座，以及设风缆拉绳等防倾覆措施。

(2)场地建设

①场内排水。场地硬化按照分区设置排水横坡，站区内要做到雨天不积水、不泥泞，晴天不扬尘。

②合理分区。拌和站综合考虑施工生产情况，合理划分生活区、拌和作业区。生活区和其他分区隔开。

③场地硬化。

a. 存料场必须硬化处理。

b. 场地内行车道路宽不小于 6m，用不小于 20cm 厚的 C15 水泥混凝土硬化处理。沥青拌和站进站口处配备轮胎冲洗设备及冲洗平台。

④拌和设备。

a. 拌和站拌和设备采用质量法自动计量，水、减水剂计量采用全自动电子称量法计量，禁止采用流量或人工计量方式。按相关要求定期标定，并经监理人验收。拌和设备具有自动记录和打印功能。

b. 拌和设备控制室安装空调，以保证各部电气元件正常工作。

c. 拌和设备料斗数量应满足用料数量，料斗顶应安装防止超大粒径材料进入的钢筋网盖；料斗三面及顶部应搭设必要的防雨雪轻型钢结构棚，上料铲车铲斗宽度和料斗宽度匹配，料斗间焊接高度不低于 80cm 的钢板，防止串料。

d. 拌和站设避雷针，搅拌主机立柱涂刷或粘贴 10cm 长的红白相间反光漆警示标线。

e. 拌和站采取封闭防尘措施。

f. 配备足够数量的储料罐。

g. 料斗内未用完的原材料及时排放处理。

(3)其他事项

①拌和站必须使用散装水泥，水泥储存罐数量不少于 3 个，存储量满足工程实际需要。

②罐体必须安装避雷设施及防倾倒措施。

③拌和楼、混凝土运输车应有冬季保温措施。

(4)拌和作业管理及监理旁站要点

①拌和站拌和作业期间执行承包人试验员和监理工程师旁站制度。承包人试验员、监理工程师不同时在场，拌和站不得开始拌和作业。

②拌和作业前准备工作。

a. 各种用料抽取的检测材料经检验合格。检测含水率，提供施工配合比，向操作人员进行交底，并指导操作人员输入施工配合比。

b. 查验水、外加剂等计量设备是否良好、准确。

③记录拌和机开盘时间，检查、记录拌和料拌和情况、铲斗上料情况、停拌时间、交接班情况及异常情况处理等。

④留取试样，及时标识、储存和养生。

⑤水泥混凝土拌和时，检测、记录混凝土和易性、坍落度。冬季施工时，检查、记录集料、拌和用水温度，拌和温度，出料温度，车号等。

⑥沥青混凝土拌和时，检查、记录混合料拌和温度、出料温度、车号、装载量等。

3.2.5.2　机械设备停放区

机械设备要按照计划安排的数量、技术性能、工作效率等，根据施工安排先后进场，满足工程施工进度和质量需要。

机械站的场地应合理划分，地面采用不小于10cm厚的C15水泥混凝土硬化处理。对于长期存放及固定不动的设备，必须搭棚，避免遭受雨淋等。

3.2.5.3　料场及库房

(1)料场

①一般规定：

a. 靠近使用地点，确保运输及卸料方便。

b. 各种材料分区存放，设置明显的标志牌，堆放场地需进行硬化，上盖彩钢棚顶；存放场应留有足够宽度的通道，便于装运。

c. 各种材料的堆放做到一头齐，一条线，砂石成堆，材料标志牌规范齐全。

d. 各种原材料进场须有出厂合格证、材质单等质量证明资料。

e. 严格控制进场材料的质量。材料产地必须根据监理工程师平行试验结果确认许可，进场的材料必须按频率进行试验检测，不合格的材料一律限期清理出场。

f. 现场存放的其他工程材料，如砂砾、石灰等随用随运，须堆放整齐；片、块石码放堆放并不得占用便道、路基等。

②场地建设：

a. 料场必须采用不小于20cm厚的C15混凝土全部硬化。钢筋存放、加工场地见图3.2.5-3。

b. 分区隔离。用于工程的砂石料按不同状态、规格、不同品种分仓堆放，并设置明显的标志牌。料仓隔离墙宽度不小于50cm，高度不小于160cm。

c. 集料料仓的容量满足最大单批次连续施工的需要，同时满足运输车辆和装载机等作业要求，并留有一定的余地。集料仓夏季有降温设施，冬季有保温设施，冬季集料储存棚内温度保

图3.2.5-3　钢筋存放、加工场地

持在5℃以上，集料温度出库达到0℃以上。

d. 场内排水。场地硬化按照料仓“里高外低”的原则合理设置，与场区外排水沟等连通，确保场内排水系统完善。

③存放要求：

a. 混凝土拌和站的砂石料按不同状态、规格、不同品种分仓堆放，并设置明显的标示牌，C40以上混凝土砂石料必须进行水洗。

b. 钢筋加工存储场地必须硬化不小于600m^2，并有不小于200m^2的加工棚，并在施工前将场地平面图报监理工程师及发包人批准。

c. 堆放钢板及钢杆件时，其高度不得超过1m；易滑落的材料堆放必须捆绑牢固；大模板存放时，应有可靠的防倾倒措施。钢筋分类存放见图3.2.5-4，钢筋成品存放区见图3.2.5-5。

图3.2.5-4　钢筋分类存放

图3.2.5-5　钢筋成品存放区

d. 钢绞线除有防锈措施外，还需有方便转动的法兰及防崩设施；钢绞线、锚垫板、连接器、锚具、波纹管不得露天存放。

e. 支座等构配件要入库存放，并采取防污、防腐等措施。不得露天存放。

（2）库房

①一般规定：

a. 库房应选择合理的地点设置，方便使用，并满足安全要求。

b. 库房道路须平整、硬化。

c. 易燃易爆物品的仓库必须远离施工现场、居民区，设明显标识和围挡设施。

d. 危险品库须具有良好的通风、防爆、照明设备和防静电措施，必须符合防爆、防雷、防潮、防火、防鼠、防盗等要求。

e. 混凝土外加剂入库存放，存放高度不大于2m，库房靠近拌和站。

②存放要求：

a. 施工现场的储存、运输、使用必须符合《民用爆炸物品安全管理条例》及当地公安机关对爆炸物品管理的规定。

b. 氧气瓶、乙炔瓶分开、隔离存放，间距不小于5m，通风良好，悬挂安全标志。

c. 油库区与生活区有足够的安全距离（不小于50m），油罐不得露天存放。不同油品不得混放，夏季轻质油料的油罐必须有降温措施，库内禁止存放易燃、易爆等危险品。

d. 值班室必须设在库外。设专职值班人员，24h不间断看护。

3.2.5.4　预制场

（1）一般规定

①施工单位签订合同后,立即着手进行预制场的选址与规划,明确预制场设置规模及位置,避免占用河道,避开洪水、泥石流等自然灾害的地段。

②预制场选址与布置应经过多方案比选,合理划分办公生活区、制梁区、存梁区、加工区域等。规划方案经监理工程师审批同意后方可进行预制场建设。建设完成后,施工单位填写预制场验收表并报监理工程师进行验收。

③预制场规模满足工程需要,须具备符合冬季施工要求的蒸养措施。

④预制梁板模板实行准入制度。台座底板、芯模及侧模等模板全部采用钢模板。

⑤预制场不允许建在路基范围内。

⑥T 梁、箱梁配备上梁顶,扶梯采用购买的铝制折叠梯,数量与模板数量相同。

⑦选用优质脱模剂。

⑧需设置预制场建设时,提前预埋蒸汽养生用暖气管道。

⑨每片梁板的混凝土浇筑时间不超过 4h。

(2)场地建设

①占地面积。预制场的占地面积不小于 30000m^2。

②场地硬化。场内作业区要采用强度等级不低于 C15、厚度不小于 25cm 的水泥混凝土硬化处理。

③排水设施。场区道路两侧以及底座两端设置矩形盖板(30cm×40cm)排水沟,场内底座之间可设梯形、浅碟形、矩形盖板等形式的排水沟,并设置一定的纵坡,保证场区内不积水。

④梁板芯模、侧模等模板。

a. 芯模模板。模板间接口夹缝内粘贴厚度不小于 2mm 的回力胶条。不得用胶带、油毡等处理接口。

b. 侧模模板。采用精细化的整体钢模,钢板厚度不小于 6mm,各种螺栓采用精细化的螺栓。

c. 梁端堵头及翼缘板齿板模板均采用定型钢模板。钢筋孔切割预留,梁端钢筋孔用帽檐式橡胶垫封堵,齿板钢筋孔用橡胶垫封堵,防止漏浆。不得使用海绵、麻线、布条等封堵。

d. 模板在使用过程中加强维修与保养,每次拆模后指派专人进行除污与防锈工作,平整放置防止变形,并做到防雨、防尘、防锈。在吊装与运输过程中,采取有效的措施防止模板的变形与受损。混凝土振捣时,振动棒不要碰撞模板。

⑤存梁场。场地平整、不沉陷、不积水。存梁台座设置在稳固、干燥的地基上,如遇软基,应进行必要的加固处理。

⑥梁板存放。箱梁、T 梁不超过两层,层间支点处采用方木等支垫,并支设防倾覆支架(包括梁板拆除模板后)。

⑦存梁区内预留不小于 6m 宽的运输通道。

⑧预制场使用完毕后,由承包人及时自行恢复。

3.2.5.5 小型构件预制场

路缘石、排水沟盖板、各种防护工程用预制块、中央分隔带混凝土护栏及其他小型混凝土预制构件统一集中预制。

①为便于集中管理,统一工艺,小型构件采用统一集中预制,统一安装。

②根据预制总量、型号、预制工期等确定小型构件预制场规模,不应小于 2000m^2,同时满足工程需要。

③模具采用钢模、高强度塑料模具。中央分隔带混凝土护栏及其超高段横向排水口预留孔采用定型钢模板。采用塑料模板预制的边沟盖板见图3.2.5-6和图3.2.5-7。

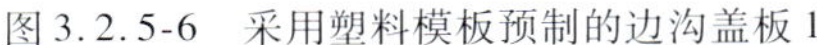

图3.2.5-6 采用塑料模板预制的边沟盖板1

图3.2.5-7 采用塑料模板预制的边沟盖板2

④采用自动喷淋养护系统结合土工布覆盖养生,养生期不应小于7d。

⑤成品按不同规格分层码放,并规范标识;严格控制码放高度,层间用土工布隔离。养生期内预制件不得进行堆码存放,以防损伤;运输过程中轻拿轻放,防止缺边掉角。

⑥配备具有自动计量装置的小型拌和站,每条生产线设置振动台。

⑦路缘石、防护工程的各型预制块等小型构件采用C40以上水泥混凝土预制。

小型构件预制场其他要求参照梁板预制场执行。

3.2.6 施工现场

施工现场包括路基、路面、桥梁、隧道等施工场地。突出施工工点管控,抓好施工工点四要素(责任主体、工艺流程、质量控制要点、自检体系),在每个主要施工工点均设置项目简介公示牌。

进入现场的有关人员必须穿戴好劳动防护用品。业主人员安全帽为红色,施工人员为黄色、施工单位管理人员为蓝色,监理人员为白色、专职安全员必须佩戴袖标,管理人员挂牌上岗、操作人员持证上岗。

在项目部、隧道洞口、高填深挖、集中预制场、高桥墩等存在安全隐患的重点、关键部位,设置专职安全员。

3.2.6.1 路基工程

①清表前,沿永久占地线开挖边沟,实现田路分离;并将占地界至坡脚范围内与路基同时填筑不低于50cm的高度,作为绿化平台。

②路基填筑施工工点。在高填深挖施工现场设置公示牌(项目简介及责任人),路基外观做到表面平整、排水畅通、边线顺直、边坡顺适。路基整平后碾压见图3.2.6-1。

图3.2.6-1 路基整平后碾压

③防护和支挡工程所用的块、片石等堆放整齐,施工时防止污染路面。

④弃方整齐堆放,弃方按水保方案进行防护、绿化,防止水土流失。

3.2.6.2 路面工程

①路面施工现场采用封闭管理。面层摊铺前应先将平交道口硬化,防止社会车辆对面

层的污染。

②路面施工单位、监理单位建立健全安全、环保与文明施工组织机构，完善文明施工的各项管理、考核制度，加强参建人员的安全、环保与文明施工的培训，使安全文明的理念贯穿施工的全过程。

③路面下面层应尽量与上基层安排在同一年内施工完成，需要越冬的应在进入冰冻期前在上基层顶面洒布透层油，以防雪水渗入产生冻害。

④越冬前仅施工至下基层时，对下基层越冬应采取有效防冻措施。

⑤路面底基层、基层、面层等各施工工点。在现场设置移动式公示牌(项目简介及责任人)。

⑥“零污染”施工。路面层间和路面无污染，避免交叉施工污染路面。

⑦路面面层摊铺前，要用泡沫板等材料封堵桥梁伸缩缝，对桥面混凝土铺装层进行精铣刨，并做防水处理。

⑧喷洒透层、黏层和封层前，应用苫布覆盖路缘石和防撞护栏，防止污染。

3.2.6.3　桥涵工程

①监理单位参加对作业人员的安全技术交底，并有文字记录。

②桥梁基础及下部施工场地平整，排水顺畅，施工机械直达工点。泥浆池规划合理，泥浆不得随意排放，及时清理。破除桩头的混凝土块要运至指定地点处理，不得随意丢弃或掩埋。

③施工场地内的水泥袋、钢筋头等杂物应及时清理，确保施工场地清洁、整齐。

④立柱、盖梁等工程实体脱模后及时采用滴灌法进行养护。

⑤墩台、盖梁施工用的脚手架应支设牢固，并设两侧带有栏杆的扶梯；墩台高度超过40m时，墩台顶设置固定作业平台，平台周围应用钢管围护。10m以上高空作业须挂防落网。

⑥桥面系施工时，桥梁两侧用围栏防护，并封闭管理；跨线桥同时要采取防坠物措施。桥面系混凝土养生采用土工布覆盖、洒水的方式养生7d。T梁蒸汽养生见图3.2.6-2。

⑦伸缩缝安装施工时，伸缩装置要整齐存放，并采取必要的隔离保护措施；作业区段两端设置栏杆限行，栏杆高度不低于1.2m；切割开挖出的伸缩缝废料堆放在桥面上时，不得就地堆放，不得随意丢弃，及时运至指定地点处理。

⑧浇筑剩余的混凝土不得随意倾倒，要运至指定地点处理。

⑨特大桥、大桥、在明显位置设置路线平面图、工程简介牌、责任单位牌、阳光监督牌、施工工序责任牌等公示牌(图3.2.6-3)。

图3.2.6-2　T梁蒸汽养生

图3.2.6-3　桥梁公示牌

⑩除永久性公示要求外,不得在桥梁等永久结构任何部位喷涂施工企业名称。

3.2.6.4　隧道工程

①隧道洞口区场地应采用炮渣石或透水性材料处理平整。

②施工现场设置工程公示牌、人员组织机构、隧道施工安全操作规程、重大危险源公示牌、施工工序责任牌、应急救援流程图、进洞须知牌、进入隧道人员动态显示牌、施工作业告示牌等。

③隧道施工必须采取封闭管理,洞口必须设置值班室,专人负责,建立人员进洞登记制度,严格执行登记制度。人机通道要分开。洞口醒目位置设置禁止、指令标志。

④洞内作业人员穿反光背心,戴反光安全帽,钻爆、施喷作业人员还需佩戴防尘口罩。分区设置反光警示标志。

⑤隧道内通风、排水设备、设施完善。必须在掌子面和二衬之间设置直径为 800 ~ 1000mm 钢管逃生管道;分节制作,法兰连接。逃生通道距离掌子面不应大于 20m。必须安装应急照明设施,配备应急救援箱(水、食品、通信设备)。

⑥施工现场布置靠近洞口,便道、料场、拌和站等位置须结合场地、隧道工程量、进口数量综合考虑。

⑦初期支护要紧跟"掌子面",二衬要和"掌子面"保持合理的距离。隧道喷射混凝土表面见图 3.2.6-4。

⑧严格控制隧道用电。

a. 成洞地段固定的输电线路,应采取绝缘良好的胶皮线架设;施工地段的临时输电线路采用橡套电缆;瓦斯地段的输电线路必须使用密封电缆;动力干线上每一分支线路,必须装设开关及保险装置;严禁在动力线路上加挂照明设施。

b. 所有配电箱和开关应置于不低于 1.5m 的专用平台上,并全部进行责任人和用途标识。

c. 隧道洞身开挖并完成初支施工后,应在隧道一侧每隔 10m 设置照明灯,高度离隧道地面以上 2m 处。

⑨现场施工设备符合下列要求:

a. 各类进洞车辆必须完好,制动有效,严禁人料混装。车辆行驶中严禁超车,洞口、平交洞口及施工狭窄地段设置缓行标志,并设专人指挥交通。隧道洞口值班室见图 3.2.6-5。

b. 隧道内施工设备应靠边停放在岩石完整性好、无渗水的地段,并远离爆破点;设置红色警示灯,显示限界。

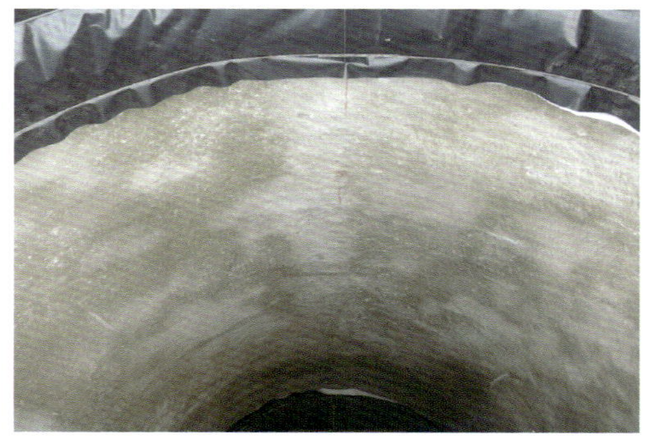

图 3.2.6-4　隧道喷射混凝土表面

图 3.2.6-5　隧道洞口值班室

3.2.7 施工便道、便桥

3.2.7.1 一般规定

①施工纵向便道应靠近本合同段各主要工点，横向便道以直达用料地点为原则，避免二次倒运。

②便道干线不得占用路基，以减少施工与运输相互干扰。

③施工便道分为纵向便道和横向便道，应充分与地方道路相结合，改善乡村道路，方便当地群众。

④施工期间应经常对便道（便桥）进行维护保养，做到雨天不泥泞，晴天不扬尘。

⑤严格控制便道的最大纵坡。在道路交叉口要设置警示、警告、限速等标志。

⑥施工便道一次规划完成，不得随意开挖临时便道。尽量减少路堤上下坡道口设置数量，设置位置尽量避开高填方地段，同时尽量不占用路基和干扰路基施工。

⑦施工结束后，自行拆除施工便桥、便道，做好复垦、河道清理及垃圾处理等工作。

3.2.7.2 施工便道、便桥建设

（1）施工便道

①施工便道路面宽度不小于4m，见图3.2.7-1。

②施工便道路面平整，专人负责维修养护，路况完好。

③便道经过水沟地段，应埋置钢筋混凝土圆管或设置过水路面，做到排水畅通。

（2）施工便桥

①便桥结构按照实际情况专门设计，满足排洪要求。便桥桥面宽度不小于4.5m，见图3.2.7-2。

②为防止水流冲刷，桥台上游回填部分应有防护措施。

③桥面高度不低于上年最高洪水位。

图3.2.7-1 便道

图3.2.7-2 便桥

3.2.8 “十公开”

在项目中全面、深入推行“十公开”制度，坚持政策透明、制度公开、要求明确、操作规范、监督到位、管理有效的工作机制，坚持公开、公正、依法办事，主动接受社会各界监督，保证高速公路建设优质、高效、廉洁、和谐、健康发展。

实施“十公开”主体单位的项目负责人是实施“十公开”的第一责任人，对落实“十公开”制度负全面领导责任。

实施“十公开”的主体、地点、内容、方式、范围和时间如下：

(1)公开主体

公开主体包括发包人、监理工程师、承包人，以及其他从业单位。

(2)公开方式

现场公开：在工地现场设置内容统一、规格统一的公示牌、公示栏、宣传橱窗等进行公开。

(3)发包人

①公开内容：工程概况，组织机构，岗位职责，投诉方式、廉政制度、计量支付、安全生产、质量管理制度、工程质量检查结果、安全检查结果等内容。

②公开方式：公示栏、宣传橱窗公开。

③公开地点：发包人驻地。

④公开时间：自项目立项批复始至竣工验收止。

(4)监理单位

①公开内容：负责合同段的工程概况、履约情况、监理组织机构、岗位职责、投诉方式、廉政制度、安全生产、质量管理制度、工程质量、安全检查结果、阶段任务目标完成情况等内容。

②公开方式：利用驻地公示栏、宣传橱窗公开。宣传橱窗至少每月动态公示一次，并建立宣传橱窗“十公开”台账，对公示内容进行存档。

③公开地点：监理驻地。

④公开时间：施工期。

(5)施工单位

①公开内容：合同段工程概况、项目经理部组织机构、岗位职责、廉政制度、安全生产制度、质量保证措施、工程质量安全检查结果、阶段任务目标完成情况、施工分包管理、劳务分包管理、农民工工资发放情况、设备材料采购情况、土地复垦结果等内容。

②公开方式：利用驻地的公示栏、宣传橱窗、重要工点的公示牌公开；宣传橱窗至少每月动态公示一次，并建立宣传橱窗的“十公开”台账，对公示内容进行存档。

图3.2.8-1 院内公示橱窗

③公开时间：施工期。

(6)公示栏、橱窗

规格：采用不锈钢支架，玻璃橱窗，尺寸为250cm(宽)×150cm(高)，安置高度为橱窗下边高出地面50cm。院内公示橱窗见图3.2.8-1。

3.2.9 环境保护

施工过程中的环境保护工作应与整个施工组织管理相结合，强化环保意识，完善环保措施，严格落实，加强环境监测，使环保工作制度化、规范化、合理化。

3.2.9.1 临时设施的环保要求

①供水：生活用水必须符合国家有关饮水标准的要求。

②污水处理：生活污水予以管理和维护，不得随意排放。

③垃圾处理：对于生活垃圾和施工垃圾必须设专人负责清理集中并运至指定地点处理。施工垃圾必须当天作业停止后清理完毕，保持现场整洁卫生。

④扬尘控制：

a. 拌和站必须设置防尘设施,回收粉尘。

b. 运输时,对于易引起扬尘的石灰、粉煤灰等材料用帆布等进行覆盖运输。

c. 料场储存易扬尘的材料时,应予覆盖、洒水处理。

⑤噪声控制:对于在居民区、学校等敏感地带施工时,一要合理安排施工作业时间,二要调整施工设备,三要采取降噪措施。

3.2.9.2　路基路面施工的环保要求

①清除的表层腐殖土应集中堆放,备绿化、复垦等使用。

②对于现场液态、固态等各类废弃物应按照规定进行处理,不得排放于生活用水水源附近,禁止擅自掩埋或焚烧。

③清除的杂草、树木,严禁就地焚烧。

④施工现场配备洒水设施,及时对施工便道进行洒水,做到晴天不扬尘、雨天不泥泞。

⑤按环评报告和水土保持方案确定取、弃土场,取、弃土场应避开自然保护区等敏感地带,采取措施防止水土流失。同时结合新农村建设将其改造为农田或其他用地。

⑥自然保护区和国家级森林公园内及附近采用小剂量多点延时控制爆破工艺,减少噪声振动影响。

⑦临时排水的污水不得排入农田、耕地和污染自然水源,也不得造成淤积和冲刷。

⑧路基开挖时,注意考虑对保护地下的历史文物、自然保护区的保护措施,不得对邻近设施及其正常使用产生破坏及干扰。

⑨挖弃方不得弃入或侵占耕地、农田灌溉渠道、现有道路等场所,必须运至指定的弃方地点。

⑩取土和运输过程中不得损坏自然环境。借土结束后或借土场废弃时,应对借土场地面进行修整和清理,做好复垦工作。

⑪路面摊铺剩余废料不得随意乱弃,必须运至废弃料场集中处理。

⑫施工完毕按环评报告和水土保持方案要求恢复耕地。

3.2.9.3　桥梁工程施工的环保要求

①桩基施工钻孔桩必须设置泥浆沉淀池,不得将泥浆直接排水河道或河水中。

②桩头破除的混凝土块、施工垃圾等必须当天清理。

③废弃的水泥混凝土、基层残渣和所有机械设备的修理残渣和油污等废弃物应分类集中堆放或掩埋。

3.2.9.4　隧道工程施工的环保要求

①从施工技术角度制订保护水土流失的措施。

②隧道排水的处理应以不改变原地下水环境为原则,以堵为主,堵排结合。

③浅埋路段的地表预注浆,从注浆材料、注浆范围等方面充分考虑施工对地表植被的影响和破坏。

④隧道弃渣场的选择和设置,应充分考虑对原地貌、斜坡岩体的稳定性、地表径流的影响,对下游的威胁程度及弃渣场的绿化和综合利用等问题,防止产生次生灾害。

⑤采取合理措施,保护隧道内外的环境,以避免因施工产生的粉尘、噪声等污染造成的对人员或财产的损害。

⑥在主要的施工便道组织人力与车辆进行维修,避免有坑槽出现,同时不定时的用水车洒水,减少灰尘污染。

3.2.10 安全生产、文明施工

3.2.10.1 驻地建设

①建筑材料须耐火、阻燃、防水。

②生活用品放置整齐,室内无私拉乱接现象。

③宿舍内夏季有消暑、防蚊虫叮咬措施,冬季有保暖和防煤气中毒措施。

④制订食堂卫生管理责任制度。炊事员(包括工作人员)有健康证,工作时必须穿工作服。

⑤食堂配备必要的排风设施和冷藏设施。燃气罐单独设置在通风良好的存放间内,严禁存放其他物品。

⑥厕所须指定专人负责卫生工作,定时进行清扫、冲刷、消毒,防止蚊蝇滋生,化粪池覆盖并及时清掏。

⑦配电箱应满足要求:

a. 配电箱、变压器等设置明显的禁止、警告标志。

b. 固定式配电箱、开关箱与地面的垂直距离控制在 1.3 ~1.5m。

⑧必须配备灭火器材,消防设施存放处设置提示标志,废旧物品存放区设置明示标志。

⑨试验区域、有毒有害物体存放处设置禁止、指令标志。

⑩在特定环境下储存的样品,严格控制环境条件。易燃、易潮和有毒的危险样品隔离存放,做出明显标记。

⑪试验用有毒有害物品,执行双人保管制度,严格按照规程操作。

3.2.10.2 拌和站

(1)安全生产

①建立和健全拌和站安全生产领导小组和安全保证体系,配备足够的专(兼)职安全员。

②站内各区在明显位置设置消防设施。

③临时用电办理正规的报批手续,规范用电,实行"一机一箱一闸一漏"。

a. 配电房(室)、变压器等固定场所设置明显的禁止、警告标志。

b. 固定式配电箱、开关箱与地面的垂直距离控制在 1.3 ~1.5m。

c. 所有配电箱设专人负责管理,张贴安全警示标志。

d. 施工现场的机动车道与外电架空线路交叉时,架空线路的最低点与路面的最小距离符合以下要求:

ⓐ外电线路电压为 1kV 以下时,最小距离为 6m。

ⓑ外电线路电压为 1 ~10kV 时,最小距离 6.5m。

ⓒ场内线路距离地面不小于 4.5m,电线穿红白相间的绝缘管并悬挂警示标牌。

④人员安全保障措施。施工、操作人员须进行岗前安全培训,持证上岗。现场施工、操作人员要穿戴好安全防护用品。

⑤现场照明设施齐全,配置合理,满足正常的生产、生活需要。

⑥材料储存罐不得负载装卸。上料爬斗不得负载维修,爬斗坑不得在爬斗负载时清理。

⑦拌和主机等维修时,切断电源,并有专人负责看管电源。

(2)文明施工

①拌和站大门醒目位置设置项目工程简介、进场须知、拌和站安全生产领导小组、安全保证体系等公示牌。

②在拌和机前醒目位置设置混合料动态配合比公示牌,注明拌和料配合比,技术负责人,试验负责人、监理负责人,拌和站负责人;设置安全操作规程公示牌。

③拌和站出入口、拌和机控制室设置禁止、警告、指令标志等标志。

④拌和站内施工机械定点停放。

3.2.10.3　机械设备停放区

(1)安全生产

①各种机械设备在移动、清理、保养、维修时,必须切断电源,设专人监护,并挂停用标志牌。

②项目部对机械的安全检查每月不少于两次,班组长每天检查,对检查中发现的问题应采取相应措施,及时解决。

③机械设备必须严格执行"五个一",即一机、一人(专职防护)、一本(机械施工日志)、一牌(设备标识牌)、一证(机械操作证)。

④操作人员应严格执行机械设备各项管理规定。不属于本人负责的设备,未经领导同意,不得随意上机操作。

⑤现场施工作业设备临时停放时,应停靠在安全地点。继续作业时,先对设备及四周进行检查。施工人员不得在设备下休息。

⑥现场施工机械设备停止施工作业后,在指定的地点停放。停放点符合安全、治安、环保要求。

⑦自卸车卸料后,料斗完全回落后方可驶出施工工点。

⑧弃渣场和现场作业车辆设专人指挥,并穿反光背心。

(2)文明施工

①机械站设置设备管理领导小组、安全操作规程、维修保养制度、管理制度等公示牌,并设置禁止、警告、指令等标志。

②所有设备分类进行编号,并在设备前右方、后左方有效标识。

③废机油等维修垃圾及生活垃圾在指定的地点进行处理,不得随意焚烧、掩埋或乱弃等。

3.2.10.4　料场及库房

①库房应保持清洁整齐,做到设备无锈蚀,地面无油迹。

②在库房醒目位置设置重大危险源公示牌、值班人员公示牌等明示标志。

③各库房门口设置分区标识牌,各种材料库房内设置材料标识牌,易燃易爆处设置禁止标志。

④使用氧气、乙炔等易燃易爆场所设置禁止、明示标志。

⑤消防器材放置场所设置提示标志。

3.2.10.5　钢筋加工场

(1)安全生产

①严格遵守持证上岗制度,机械操作人员必须熟悉机械的构造、性能,熟练掌握机械设备的操作规程,严格执行有关的安全规章制度。

②作业人员进入施工现场必须穿戴相应劳动保护用品。

③工作台牢固稳定。

④加工场内必须在明显位置设置防火设施。

⑤起吊钢筋时，下方禁止站人，待钢筋降落到距地面1m以内方准靠近，就位支撑好方可摘钩。

⑥各种气瓶要有标准色、防震圈。

(2)文明施工

①加工场内醒目位置设置工程公示牌、安全生产牌、消防牌、管理人员名单等标志标牌。

②储存区、加工区、成品(半成品)区布设合理，设置明显的标志标牌。

③严格按规定对现场材料进行标识，标识内容包括材料名称、产地、规格型号、生产日期、出厂批号、进场日期、检验状态、进场数量、使用部位等。

④在加工场出入口、焊接、切割场所设置禁止标志、警告标志，氧气、乙炔等易燃易爆场所设置禁止标志和明示标志，用电场所、易发生火灾场所设置警告标志；消防器材放置场所设置提示标志。

⑤不合格品挂牌标识，对于废弃钢筋，下脚料等定点存放，及时清理。

3.2.10.6　预制场

①预制场内醒目位置设置项目工程简介、工艺流程图、进场须知、预制场安全生产领导小组、安全保证体系、质量保证体系、安全操作规程等公示牌。

②吊装作业区、安全通道设置禁止标志，预制场的制梁区、存梁区、构件加工区、钢筋骨架绑扎区等各生产区域设置标示牌。

③钢筋绑扎区应设置钢筋骨架绑扎台座，在台座上使用胎架绑扎钢筋骨架，整体吊运就位。

④预制梁板完成后，应统一在梁板一侧、一端、用同一模具及时喷涂标识和编号。

⑤张拉区域内应设置警示标志，并设置钢板等防护隔离设施。

⑥机械设备在醒目位置悬挂安全操作规程公示牌，在易发生机械伤害的场所、施工现场出入口设置禁止和警示标志。

3.2.10.7　施工现场

①夜间施工要有足够的照明，施工现场临时安装的电器设备必须符合安全用电要求，严禁私拉乱接。

②进行爆破作业前，向所在地有关部门办理审批手续，由具备爆破资质的专业机构实施。爆破作业应根据地形、地质和施工地区环境的具体情况，采取相应的防护措施。爆炸器材库严格管理，严格入库、出库、退库手续，爆破作业现场设置安全警戒防护，由专人统一指挥。在清方过程中发现有瞎炮、残药、雷管时，必须及时由爆破人员处理。

③开挖与装运作业相互错开进行，严禁双层作业。松动的土、石块及时清除，弃土下方和滚石危及范围内的道路，应在距现场200m处设警告标志，作业时下方严禁通行。

④施工现场道路平整，施工范围内场地整洁无杂物，做到工完场清。

⑤取土场形状规则、底部平整，取土深度符合要求。现场醒目位置设置标志牌。

⑥施工现场必须做好交通安全工作。交通繁忙的路口应设立交通管制标志，并有专人指挥。所有路口、模板及基准线桩附近应设置警示灯或反光标志，专人管理灯光照明。

⑦桥涵基坑施工现场沿边缘设立两道护栏，栏杆柱打入地面深度不少于50cm，距基坑边缘不小于50cm，立柱间距不大于3m。设置安全指令标志，夜间加设红色标志灯。

⑧对于跨路时封闭的道路，应根据现场实际情况和有关规定，设置隔离栏杆和醒目的标志牌、限速牌等，夜间应设置指示灯。对于要在支架中设行车通道的，行车道两旁的支架应

设置防撞设施，两头应有专人指挥交通。通道顶部应设置一层隔离板，侧面挂设安全防护屏。

⑨高空临边作业有可能造成坠落的处所，设置红白相间的钢制防护栏，并设置明显的安全警示标志。

⑩隧道洞内运输道路平顺、整洁，排水设施良好，并有人定期维护。各种机械车辆、人员能顺利到达作业面。

⑪隧道洞内照明应根据开挖断面的大小、施工工作面的位置合理分布，保证灯光充足、均匀、不耀眼。漏水地段应用防水灯头和灯罩，在有瓦斯的隧道内，供电照明及其他电气设备必须是防爆性设施。

附　　件

附件 A-1

首件工程施工申请报告

致：＿＿＿＿＿＿总监办

我项目部＿＿＿＿＿＿＿＿（承包人）根据现场实际情况，决定将＿＿＿＿＿＿＿＿（单位工程名称）＿＿＿＿＿＿＿＿（分部工程名称）＿＿＿＿＿＿＿＿（分项工程名称）＿＿＿＿＿＿＿＿（首件工程名称）选定为我项目部＿＿＿＿＿＿＿＿（分项工程名称）的首件工程，施工前的各项准备工作已全部完成，经我项目部组织自检，具备首件工程施工条件，特此向总监办申请首件工程施工。

承包人（盖章）：

承包人技术负责人：

年　　月　　日

附件 A-2

首件工程施工许可证

致:___________合同段项目经理部

你项目部提出的_______________(单位工程名称)_______________(分部工程名称)_______________(分项工程名称)_______________(首件工程名称)首件工程施工申请,经总监办各专业监理工程师检查,认为具备首件工程施工条件,同意进行首件工程施工。

总监办(盖章):

总监理工程师:

年　　月　　日

附件 A-3

首件工程认可证书

合同段：　　　　　　　　　　　　　　　　　　　　　　　　　　编号：

<table>
<tr><td>单位工程名称</td><td></td><td>里程桩号</td><td></td></tr>
<tr><td>分部工程名称</td><td></td><td>里程桩号</td><td></td></tr>
<tr><td>分项工程名称</td><td></td><td>里程桩号</td><td></td></tr>
<tr><td>首件工程名称</td><td></td><td>桩号或部位</td><td></td></tr>
<tr><td colspan="4">监理工程师审查意见：

监理工程师：
年　　月　　日</td></tr>
<tr><td colspan="4">签发意见：

总监办(盖章)
签发：
年　　月　　日</td></tr>
<tr><td colspan="4">签发意见：

指挥部(盖章)
签发：
年　　月　　日</td></tr>
</table>

附件 B-1

月度检查考评表

受检单位名称：　　　　　　　　　　　　　检查时间：　　　年　　　月　　　日

内容 序号	考核项目	考　核　内　容	标准分值	实际得分	考核办法
1	安全生产组织管理	1. 建立本单位安全生产领导小组(3 分)。 2. 安全生产管理机构、人员、经费、办公场地、车辆等落实到位(4 分)。 3. 专、兼职安全员对本单位施工现场安全生产工作实施有效地监督管理(4 分)。 4. 专、兼职安全员每日巡视现场，并按日期填写安全生产日志(4 分)	15		查文件和相关安全生产日志
2	安全生产宣传教育	1. 认真学习《中华人民共和国安全生产法》及有关安全生产方面法律、法规(2 分)。 2. 结合实际，认真落实上级安全生产的部署、指示、要求，研究本单位的安全生产工作，有记录、有材料(3 分)。 3. 每月主持召开安全生产工作例会，逢会必讲安全(3 分)。 4. 有年度安全生产工作计划(2 分)。 5. 能利用宣传简报、墙报、板报等开展形式多样的安全生产教育(3 分)。 6. 安全生产责任人、专、兼职安全员、特种作业人员持证上岗率达到100%(7 分)	20		查文件、相关台账、资料及会议记录
3	安全生产管理制度	1. 安全生产责任制的制定及落实情况。项目经理、项目技术负责人以及施工人员、安全员、班组长、劳务队伍负责人等人员的岗位职责是否得到落实(4 分)。 2. 安全生产检查和验收制度的制定及落实情况。是否按制定要求进行检查。是否坚持“验收合格方可准使用”原则，严格执行安全生产验收制度(4 分)。 3. 安全生产培训教育制度的执行情况。安全生产责任人、专、兼职安全员、特种作业人员，以及转岗、换岗的职工从新换岗前是否按《中华人民共和国安全生产法》有关规定进行安全培训教育，并做到持证上岗(4 分)。 4. 重特大安全事故有应急预案，并根据工程施工的特点、范围，对施工现场易发生重大事故部位、环节进行监控，制定施工现场安全事故应急救援预案(3 分)	15		查文件和相关资料

续上表

序号\内容	考核项目	考核内容	标准分值	实际得分	考核办法
4	安全生产基本保障措施	1. 安全生产投入有计划，有落实。保证安全生产费用专款专用(4分)。 2. 施工组织设计中编制安全技术措施和施工现场临时用电方案，并对达到一定规模的危险较大的分部分项工程编制专项施工方案(3分)。 3. 对安全施工技术交底有记录(3分)。 4. 施工现场安全标志齐全、明显。危险部位安全警示标志的设置符合要求(3分)。 5. 施工现场生活区、作业区设置及环境符合要求(3分)。 6. 按规定采取了有效的环境污染防护措施(3分)。 7. 在施工现场建立消防安全责任制度，确定消防安全责任人，按要求建立民爆物品仓库并配备专人值守，严格出、入库手续，登记台账，责任到人，并按要求配备消防器材(4分)。 8. 按劳动安全管理规定采取有效的安全防护措施并为施工人员办理工程保险及人身意外伤害保险(4分)。 9. 按要求配备、使用符合国家标准的安全防护用具及机械设备、施工机具(4分)。 10. 做到生产与安全工作同时计划、布置、检查、总结和评比。按要求认真开展各项安全生产大检查，每季度不少于一次。结合施工特点，按要求认真开展各项安全生产专项整治活动(4分)。 11. 各类生产安全事故隐患能够及时整改或按要求限期整改(5分)	40		查文件、相关台账资料、发票资料、现场查看
5	安全事故报告及处理	1. 按要求如实上报生产安全事故(4分)。 2. 按要求调查、处理每起事故，责任追究及时、准确到位(3分)。 3. 配合上级部门做好事故调查处理(2分)。 4. 按时完成事故月报表(1分)	10		查相关资料
合计			100		

考核：　　　　审核：　　　　日期：

注：受检单位发生重大安全事故，或月度检查考评得分低于80分(含80分)，则指挥部可以取消其评优资格并可以暂停该受检单位当月计量支付。

附件 **B-2**

日常巡视检查表

受检单位(标段):　　　　　　　　　　　　　　　　　检查时间:　　　年　　月　　日

序号	检 查 内 容	检 查 情 况	检查人意见或建议
1	是否有《安全生产监督管理办法》3.8 条第二款所列情形		
2	是否有《安全生产监督管理办法》3.8 条第三款所列情形		
3	是否有《安全生产监督管理办法》3.8 条第四款所列情形		
4	是否有《安全生产监督管理办法》3.8 条第五款所列情形		
5	是否有《安全生产监督管理办法》3.8 条第六款所列情形		
6	是否存在其他违反《安全生产监督管理办法》的情形或其他安全隐患		

项目经理(签名):　　　　　　　　检查人:　　　　　　　　检查部门:

注:本通知单一式二份(其中:一份交受检单位,一份存检查部门)。

附件 B-3

安全事故隐患及违规整改通知单

编号：

______________________________（违规单位）：

根据______年______月______日____________________（检查部门）巡视检查，发现你单位存在以下安全隐患及违规行为：

1.

2.

3.

经审查核实，现依据合同文件和《安全生产监督管理办法》的有关规定，限______日内将整改方案及纠正和预防措施报监理单位和指挥部备查，并在_______日内进行整改到位，整改结果经监理工程师和项目工程师验收合格后报指挥部备案。

指挥部：

日期：　　　年　　月　　日

注：本通知单一式四份（其中：一份交整改单位，一份交监理单位，一份交处里，一份存指挥部备案）。

附件 **B-4**

安全事故隐患及违规整改验收报告

<table>
<tr><td>违规单位名称</td><td></td><td>标段</td><td></td></tr>
<tr><td>整改通知单所列安全隐患及违规行为</td><td colspan="3"></td></tr>
<tr><td>违规单位整改措施</td><td colspan="3">签章：　　　　日期：　年　月　日</td></tr>
<tr><td>违规单位整改情况</td><td colspan="3">签章：　　　　日期：　年　月　日</td></tr>
<tr><td>安全监理工程师验收意见</td><td colspan="3">签章：　　　　日期：　年　月　日</td></tr>
<tr><td>总监审核意见</td><td colspan="3">签章：　　　　日期：　年　月　日</td></tr>
<tr><td>项目工程师审核意见</td><td colspan="3">签章：　　　　日期：　年　月　日</td></tr>
<tr><td>指挥长</td><td colspan="3">签章：　　　　日期：　年　月　日</td></tr>
</table>

注:违规单位整改措施如在本表格中填写不下,可另附纸。

附件 B-5

违规处罚审批表

<table>
<tr><td>违规单位名称</td><td></td><td>标段</td><td></td></tr>
<tr><td>检查部门</td><td></td><td>检查时间</td><td>年　　月　　日</td></tr>
<tr><td>违规事由</td><td colspan="3"></td></tr>
<tr><td>处罚意见及依据</td><td colspan="3">经办人：　　　　　　　日期：　　年　　月　　日</td></tr>
<tr><td>项目工程师意见</td><td colspan="3">签名：　　　　　　　日期：　　年　　月　　日</td></tr>
<tr><td>指挥长</td><td colspan="3">签名：　　　　　　　日期：　　年　　月　　日</td></tr>
</table>

附件 B-6

违规处罚通知单

________________________（违规单位）

根据__________年________月________日__________________________（检查单位）巡视检查，发现你单位存在以下违规行为：

1.

2.

3.

经审查核实，现依据合同文件和《安全生产监督管理办法》的有关规定，对你单位进行如下处罚：

1.

2.

3.

指挥部：

年　　月　　日

注：本通知单一式三份（其中：一份交违规单位，一份交监理单位，一份存指挥部备案）。

附件 **B-7**

安全生产措施费用使用台账表

单位名称：

序号	费用名称	规格	单位	数量	单价	金额（元）	使用时间	使用地点或桩号	领用人	登记人	登记时间	对应发票号	财务做账凭证号	驻地安全监理确认	备注

填报人：　　　　　　　　　　　　　　　　　　　　填报单位（盖章）：

附件 C-1

承包人违约通知单

承包人名称		时间： 年 月 日
违约情况及整改要求		
专业监理工程师意见	年 月 日	
总监理工程师意见	年 月 日	

附件 C-2

监理单位违约通知单

监理单位名称		时间：　　年　　月　　日
违约情况及整改要求		
项目工程师意见	年　　月　　日	
指挥长意见	年　　月　　日	

附件 D-1

整改通知单

编号：

____________（违规单位）：

根据________年________月________日________________________（检查部门）巡视检查，发现你单位存在以下违规行为：

1.

2.

3.

经审核核实，现依据合同文件及相关法律、法规的有关规定，限________日内将整改方案及纠正和预防措施报监理单位和指挥部备查，并要求在________日内进行整改到位，整改结果经监理工程师验收合格后报指挥部备案。

指挥部

日期：　　年　　月　　日

注：本通知单一式三份（其中：一份交整改单位，一份交监理单位，一份交指挥部备案）。

附件 D-2

整改验收报告

违规单位名称		标段	
整改通知单所列违规行为			
违规单位整改措施	签章： 日期： 年 月 日		
违规单位整改情况	签章： 日期： 年 月 日		
总监办审核意见	签章： 日期： 年 月 日		
指挥部审核意见	签章： 日期： 年 月 日		

注：违规单位整改措施如在本表格填写不下，可另附纸。

附件 E

监察举报投诉登记表

举报编号:【　　　】　号

<table>
<tr><td>举报方式</td><td colspan="6">□来访　□信函　□移送　□来电 ☎　□其他</td></tr>
<tr><td rowspan="2">举报/投诉人情况</td><td>姓名</td><td></td><td>性别</td><td></td><td>联系电话</td><td></td></tr>
<tr><td>工作单位</td><td colspan="3"></td><td>举报/投诉时间</td><td></td></tr>
<tr><td rowspan="3">被举报/投诉人情况</td><td>姓名</td><td></td><td>性别</td><td></td><td>职务</td><td></td></tr>
<tr><td>单位</td><td colspan="5"></td></tr>
<tr><td>联系电话</td><td colspan="3"></td><td>其他情况</td><td></td></tr>
<tr><td>举报/投诉内容</td><td colspan="6"></td></tr>
<tr><td>主要证据或线索</td><td colspan="6"></td></tr>
<tr><td>初步查证情况及处理意见</td><td colspan="6">负责人员:　　　年　月　日</td></tr>
<tr><td>指挥长意见</td><td colspan="6">签字:　　　年　月　日</td></tr>
<tr><td>备注</td><td colspan="6"></td></tr>
<tr><td>举报/投诉时间</td><td colspan="2">年　月　日</td><td colspan="2">接待/记录人</td><td colspan="2">年　月　日</td></tr>
</table>

说明:1. 举报/投诉人超过 1 人的,另添纸逐一列明举报/投诉人情况。

2. 提供的证据材料须注明原件或复印件及数量。

附件 F

上墙图表规格尺寸和要求

项次	标识牌名称	尺寸(长×宽)(cm×cm)	颜色及字体要求	材质	标识牌内容及要求	设置位置
1	项目名称牌	250×35(竖牌)	金底黑字		项目名称及合同段名称与公章一致	驻地大门
2	办公室桌牌	20×12	蓝底红字		姓名、岗位、职称、办公电话、二寸相片	办公桌
3	办公室门牌	30×10	金底红字			
4	宿舍门牌	18×10	金底红字			
5	管理制度牌	90×60	蓝底白字		组织机构、管理制度,要求在牌底部有单位名称	会议室
6	岗位责任制	90×60	蓝底白字		岗位职责,要求在牌底部有单位名称	办公室
7	廉政监督牌	200×150			廉政制度、领导小组、监督小组及监督电话	驻地
8	工程公示牌	200×150	蓝底白字			驻地
9	安全保障体系	90×60	蓝底白字			会议室
10	质量保障体系	90×60	蓝底白字			会议室
11	组织机构图	90×60	蓝底白字			会议室
12	文明施工牌	200×150	蓝底白字			驻地
13	形象进度图	120×300	蓝底白字			会议室
14	标段平面图	120×300	蓝底白字			会议室
15	标段纵段图	120×300	蓝底白字			会议室
16	宣传栏	200×150			可设置多窗、钢立柱遮阳棚	驻地
17	项目指路牌	140×100	蓝底白字白箭头			项目部入口

参考文献

[1] 中华人民共和国行业标准. JTG F10—2006 公路路基施工技术规范[S]. 北京:人民交通出版社,2006.

[2] 中华人民共和国行业标准. JTC F80/1—2004 公路工程质量检验评定标准[S]. 北京:人民交通出版社,2004.

[3] 中华人民共和国国家标准. GB 50203—2002 砌体工程施工质量验收规范[S]. 北京:人民交通出版社,2011.

[4] 中华人民共和国行业标准. JTG F90—2015 公路工程施工安全规程[S]. 北京:人民交通出版社股份有限公司,2015.

[5] 中华人民共和国行业标准. JTG G10—2006 公路工程施工监理规范 北京:人民交通出版社,2006.

[6] 王云明,曾水泉,陈园. 公路工程施工质量控制与检查实用手册[M]. 北京:人民交通出版社,2006.

[7] 河北省交通运输厅. 河北省高速公路施工标准化管理指南[M]. 北京:人民交通出版社,2012.

[8] 中华人民共和国行业标准. JTG F30—2014 公路水泥混凝土路面施工技术细则[S]. 北京:人民交通出版社,2014.

[9] 中华人民共和国行业标准. JTG F40—2004 公路沥青路面施工技术规范[S]. 北京:人民交通出版社,2004.

[10] 中华人民共和国行业标准. JTG/T F50—2011 公路桥涵施工技术规范[S]. 北京:人民交通出版社,2011.

[11] 中华人民共和国行业标准. JTG D60—2015 公路桥涵设计通用规范[S]. 北京:人民交通出版社,2015.

[12] 中华人民共和国行业标准. JTG D62—2004 公路钢筋混凝土及预应力混凝土桥涵设计规范[S]. 北京:人民交通出版社,2004.

[13] 中华人民共和国行业标准. JTG E30—2005 公路工程水泥及水泥混凝土试验规程[S]. 北京:人民交通出版社,2005.

[14] 中华人民共和国行业标准. JTG G10—2006 公路工程施工监理规范[S]. 北京:人民交通出版社,2006.

[15] 中华人民共和国行业标准. JTG F60—2009 公路隧道施工技术规范[S]. 北京:人民交通出版社,2009.

[16] 中华人民共和国行业标准. JTG D70—2004 公路隧道设计规范[S]. 北京:人民交通出版社,2004.

[17] 朱汉华,王迎超,祝江鸿,等. 隧道预支护原理与施工技术[M]. 北京:人民交通出版社,2008.

[18] 中华人民共和国行业标准. JTG/T F60—2009 公路隧道施工技术细则[S]. 北京:人民交通出版社,2009.

[19] 中华人民共和国行业标准. JTG H10—2009 公路养护技术规范[S]. 北京:人民交通出

版社,2009.
[20] 北京市质量技术监督局. DB11/T 212—2009 城市园林绿化工程施工及验收规范[S]. 北京:人民交通出版社,2009.
[21] 中华人民共和国交通运输部公路局. 公路工程标准施工招标文件(2009 年版)[M]. 北京:人民交通出版社,2009.
[22] 中华人民共和国行业标准. JTG F71—2006 公路交通安全设施施工技术规范[S]. 北京:人民交通出版社,2006.
[23] 中华人民共和国行业标准. JTG D81—2006 公路交通安全设施设计规范[S]. 北京:人民交通出版社,2006.
[24] 中华人民共和国行业标准. JTG D82—2009 公路交通标志和标线设置规范[S]. 北京:人民交通出版社,2009.
[25] 成振兴. 公路工程安全生产许可达标与施工现场安全技术操作规范及国家标准强制性条文[M]. 北京:当代中国出版社,2006.
[26] 沈其明,刘燕,李红镝,等. 公路工程施工安全管理手册[S]. 北京:人民交通出版社,2008.